高等院校测绘类多元合作信息化教材

测 绘 基 础

（第 2 版）

主　编　周小莉　胡仪员　师维娟

副主编　陈锐　李开伟　巫山　吴勇　李建

参　编　谢潇　谭詹　贾家琳　胡澄宇　曾许航

主　审　张元军

西南交通大学出版社
·成　都·

内容提要

本书是根据四川省高职示范院校建设要求,以"项目导向、任务驱动、工学结合"的教学模式为出发点,以技能培养为主线,结合行业需求,以《测绘基础》课程标准为依据编制的工程测量技术专业示范教材。本教材共分 9 个项目,具体内容包括测绘基础知识、水准测量、角度测量、距离测量与直线定向、测量误差基本知识、控制测量、地形图测绘、地形图的应用、施工测量等子项目。

本教材为工程测量技术专业教学用书,也可供地籍测量与土地管理技术、地理信息技术等专业教学使用,及测量相关专业技术人员参考使用。

图书在版编目(CIP)数据

测绘基础 / 周小莉,胡仪员,师维娟主编. -- 2 版.
成都:西南交通大学出版社,2025.6. -- ISBN 978-7-5774-0470-7

Ⅰ.P2

中国国家版本馆 CIP 数据核字第 2025L6P767 号

Cehui Jichu (Di 2 Ban)
测绘基础(第 2 版)

主　编／周小莉　胡仪员　师维娟	策划编辑／郭发仔
	责任编辑／宋洁田
	封面设计／墨创文化

西南交通大学出版社出版发行
(四川省成都市金牛区二环路北一段 111 号西南交通大学创新大厦 21 楼　610031)
营销部电话:028-87600564　　028-87600533
网址:https://www.xnjdcbs.com
印刷:四川森林印务有限责任公司

成品尺寸　185 mm×260 mm
印张　13.75　字数　343 千
版次　2014 年 10 月第 1 版　2025 年 6 月第 2 版
印次　2025 年 6 月第 1 次(累计印刷 5 次)

书号　ISBN 978-7-5774-0470-7
定价　48.00 元

课件咨询电话:028-81435775
图书如有印装质量问题　本社负责退换
版权所有　盗版必究　举报电话:028-87600562

第 2 版前言

　　本教材是依据四川省高职院校工程测量技术专业的人才培养方案和课程建设目标与要求进行编写的。是一本以"项目导向、任务驱动、工学结合"的教学模式为出发点，以技能培养为主线，结合行业需求，按照所制定的测绘基础课程标准为依据编制的工程测量技术专业示范教材。根据课程的教学目标要求，本教材按照地形图测绘和工程建设具体案例进行编写，理论与实际相结合，全书结合当今测绘行业主流的测绘手段和学生特点，摒弃了大量已经被淘汰和适用性差的测量工具和手段，力求使教材易学够用、内容新颖、图文并茂，便于学生学习和组织开展教学工作，有利于学生掌握测量理论和全面提高学生的实践能力。

　　本教材由四川水利职业技术学院周小莉、胡仪员、师维娟担任主编，周小莉编写了控制测量、地形图测绘、地形图应用、施工测量部分的内容；四川水利职业技术学院胡仪员编写了测绘基础知识、水准测量、测量误差基本知识以及地形图应用部分的内容；四川水利职业技术学院师维娟编写了角度测量、距离测量和地形图应用部分的内容；四川水利职业技术学院陈锐编写了角度测量部分的内容；四川水利职业技术学院李开伟编写了控制测量部分的内容；四川水利职业技术学院巫山编写了施工测量部分的内容；重庆工程职业技术学院李建编写了地形图测绘部分的内容；四川水利职业技术学院吴勇编写了地形图测绘部分的内容；四川水利职业技术学院谢潇编写了地形图测绘部分的内容；四川水利职业技术学院谭詹编写了水准测量部分的内容；四川水利职业技术学院贾家琳编写了角度测量部分的内容；四川水利职业技术学院胡澄宇编写了地形图测绘部分的内容；四川水利职业技术学院曾许航编写了地形图测绘部分的内容；全书由周小莉统稿；四川水利职业技术学院张元军担任主审。

　　由于编者水平有限，书中难免存在一些不足之处，热忱希望各院校使用本教材的教师和读者提出宝贵意见，对书中的缺点和错误给予批评指正。

编者

2025 年 1 月 8 日

第1版前言

本书是依据四川省高职院校工程测量技术专业的人才培养方案和课程建设目标与要求进行编写的。本书是以"项目导向、任务驱动、工学结合"的教学模式为出发点，以技能培养为主线，结合行业需求，按照所制定的测绘基础课程标准为依据编制的工程测量技术专业示范教材。根据课程的教学目标要求，本书按照地形图测绘和工程建设具体案例进行编写，理论与实际相结合，全书结合当今测绘行业主流的测绘手段和学生特点，摒弃了大量已经被淘汰和适用性差的测量工具和手段，力求做到易学够用。本书内容新颖、图文并茂，便于学生学习，有利于学生掌握测量理论和全面提高实践能力。

本书由四川水利职业技术学院周小莉担任主编，编写了控制测量、施工测量以及距离测量与直线定向部分内容；四川水利职业技术学院胡仪员编写了测绘基础知识、水准测量、测量误差基本知识以及地形图应用部分内容；四川水利职业技术学院师维娟编写了角度测量、距离测量和地形图应用部分内容；四川水利职业技术学院李开伟编写了距离测量部分内容；四川水利职业技术学院凌燕编写了直线定向部分内容；四川省地质工程勘察院梁文旭编写了地形图测绘部分内容；重庆工程职业技术学院李建编写了地形图测绘部分内容；四川省地质工程勘察院王瑞编写了地形图测绘部分内容；四川省地质工程勘察院唐然编写了地形图测绘部分内容；四川省地质工程勘察院魏良帅编写了地形图测绘部分内容；四川省地质工程勘察院白鸿起编写了地形图测绘部分内容；四川省地质工程勘察院肖勇编写了地形图测绘部分内容；四川省地质工程勘察院余泽江编写了地形图测绘部分内容；四川水利职业技术学院何永中编写了施工测量部分内容；四川水利职业技术学院谢潇编写了施工测量部分内容；四川水利职业技术学院凌燕编写了直线定向部分内容。全书由周小莉统稿，四川水利职业技术学院汪仁银主审。

由于编者水平有限，书中难免存在不足之处，热忱希望使用本书的教师和读者提出宝贵意见，对书中的缺点给予批评指正。

编　者
2014年4月30日

目　录

项目 1　测绘基础知识 ……………………………………………………………………… 1
　　任务 1.1　认识测绘 ………………………………………………………………………… 1
　　任务 1.2　地面点位的确定及测量坐标系 ………………………………………………… 2
　　任务 1.3　用水平面代替水准面的限度 …………………………………………………… 8
　　任务 1.4　测量工作的程序及基本内容 …………………………………………………… 9
　　小　结 ……………………………………………………………………………………… 13
　　思考题 ……………………………………………………………………………………… 13

项目 2　水准测量 …………………………………………………………………………… 14
　　任务 2.1　水准测量原理 …………………………………………………………………… 14
　　任务 2.2　认识水准测量的仪器和工具 …………………………………………………… 16
　　任务 2.3　水准仪的操作使用方法 ………………………………………………………… 21
　　任务 2.4　水准测量的方法及成果整理 …………………………………………………… 23
　　任务 2.5　DS_3 型水准仪的检验与校正 …………………………………………………… 29
　　任务 2.6　水准测量的误差来源及消减办法 ……………………………………………… 32
　　任务 2.7　了解精密水准仪和电子水准仪 ………………………………………………… 35
　　思考题 ……………………………………………………………………………………… 38
　　习　题 ……………………………………………………………………………………… 38

项目 3　角度测量 …………………………………………………………………………… 40
　　任务 3.1　角度测量的原理 ………………………………………………………………… 40
　　任务 3.2　认识角度测量的仪器 …………………………………………………………… 42
　　任务 3.3　DJ_6 型经纬仪的操作使用 ……………………………………………………… 45
　　任务 3.4　水平角观测 ……………………………………………………………………… 48
　　任务 3.5　竖直角观测 ……………………………………………………………………… 52
　　任务 3.6　DJ_6 型光学经纬仪的检验与校正 ……………………………………………… 55
　　任务 3.7　角度测量的误差来源及消减办法 ……………………………………………… 59
　　任务 3.8　了解电子经纬仪和激光经纬仪 ………………………………………………… 63
　　小　结 ……………………………………………………………………………………… 65
　　思考题 ……………………………………………………………………………………… 66
　　习　题 ……………………………………………………………………………………… 66

项目 4　距离测量与直线定向 ……………………………………………………………… 68
　　任务 4.1　钢尺量距 ………………………………………………………………………… 68

任务 4.2　视距测量 …………………………………………………………………… 77
　　任务 4.3　了解电磁波测距 ……………………………………………………………… 80
　　任务 4.4　直线定向 ……………………………………………………………………… 83
　　任务 4.5　坐标正、反算 ………………………………………………………………… 87
　　任务 4.6　全站仪测量 …………………………………………………………………… 89
　　小　结 ……………………………………………………………………………………… 98
　　思考题 ……………………………………………………………………………………… 98
　　习　题 ……………………………………………………………………………………… 98

项目 5　测量误差基本知识 ………………………………………………………………… 99
　　任务 5.1　测量误差概述 ………………………………………………………………… 99
　　任务 5.2　衡量精度的标准 …………………………………………………………… 102
　　任务 5.3　误差传播律 ………………………………………………………………… 104
　　小　结 …………………………………………………………………………………… 106
　　思考题 …………………………………………………………………………………… 106
　　习　题 …………………………………………………………………………………… 106

项目 6　控制测量 ………………………………………………………………………… 108
　　任务 6.1　平面控制测量 ……………………………………………………………… 108
　　任务 6.2　高程控制测量 ……………………………………………………………… 123
　　小　结 …………………………………………………………………………………… 130
　　思考题 …………………………………………………………………………………… 130
　　习　题 …………………………………………………………………………………… 131

项目 7　地形图测绘 ……………………………………………………………………… 134
　　任务 7.1　地形图的基本知识 ………………………………………………………… 134
　　任务 7.2　大比例尺地形图的测绘 …………………………………………………… 157
　　小　结 …………………………………………………………………………………… 180
　　思考题 …………………………………………………………………………………… 180
　　习　题 …………………………………………………………………………………… 181

项目 8　地形图的应用 …………………………………………………………………… 182
　　任务 8.1　地形图的判读 ……………………………………………………………… 182
　　任务 8.2　地形图的基本应用 ………………………………………………………… 185
　　任务 8.3　地形图在工程建设中的应用 ……………………………………………… 189
　　小　结 …………………………………………………………………………………… 195
　　思考题 …………………………………………………………………………………… 195
　　习　题 …………………………………………………………………………………… 195

项目 9　施工测量 ··· 197
　　任务 9.1　了解施工测量 ··· 197
　　任务 9.2　施工测量基本工作 ·· 198
　　任务 9.3　测设点的平面位置 ·· 202
　　任务 9.4　测设已知坡度线 ··· 205
　　任务 9.5　测设圆曲线 ·· 207
　　小　　结 ·· 210
　　思考题 ·· 211
　　习　　题 ·· 211

参考文献 ··· 212

项目 1　测绘基础知识

【学习目标】

本项目着重介绍测绘基本知识。要求了解测绘的研究对象、任务、作用及基本工作原则；熟悉地面点位的表示方法及水平面代替水准面的限度；掌握铅垂线、水准面、大地水准面、水平面等重要概念；激发学生对测绘的学习兴趣。

任务 1.1　认识测绘

1.1.1　测绘及其学科体系

测绘，是指对自然地理要素或者地表人工设施的形状、大小、空间位置及其属性等进行测定、采集、表述以及对获取的数据、信息、成果进行处理和提供的活动。

根据研究对象和工作任务的不同，测绘又有以下几门主要分支学科：

1. 大地测量学

指研究在地球表面广大区域内建立大地控制网，测定地球形状、大小和地球重力场的理论、技术和方法的学科。其主要任务是为小范围的测量工作提供起算数据；为空间技术和军事用途提供控制基础；为地球科学研究问题提供资料。

2. 地图制图学

指研究模拟地图和数字地图的基础理论、设计、编绘、复制的技术方法。主要包括地图投影、地图编制、地图整饰、地图制印等内容。

3. 摄影测量与遥感

指研究利用摄影或遥感的手段获取地面目标物的影像数据，从中提取几何或物理信息，并用图形、图像和数字形式表达的理论和方法的学科。

4. 工程测量学

指研究工程建设中测量工作的理论、技术与方法的学科。其主要任务是配合工程进程进行各种测量工作，为工程建设的顺利实施提供服务和保障。

以上各门学科，既自成系统，又是密切联系、互相配合。本课程中所包含的内容主要涉及：大地测量学中的地球基本形态；工程测量学中的基本测量原理、基本测量仪器、测量误差知识、控制测量、地形测量；地图制图学中的绘图基本知识。对于测绘类专业，测绘学科中的大地测量、工程测量、摄影测量与遥感、地图制图学等将作为后续的专业课程。

1.1.2 测绘的任务和主要工作内容

在国民经济建设中，测绘技术的应用非常广泛，如工业厂房、民用建筑和各种市政工程在设计时都需要有地形图和其他测量数据；施工时，要将设计的工程结构物的平面位置和高程在实地测设；在这些工程建筑完成后，还需要测绘竣工图，供管理、维修、改建、扩建之用。对于许多建筑物，其在建成以后，还需要进行变形（沉降、倾斜、位移等）观测，以保证建筑物的安全使用。

本教材主要介绍工程建设各阶段的测绘工作，包括地形信息的采集、应用和施工放样。即把测绘的任务分为地形图测绘和施工测量。

地形图的测绘是指使用测量仪器、经过测量和计算得到的一系列测量数据，或将地球表面的地形按一定的比例缩小绘制成图，供经济建设、国防建设和科学研究使用。地形图的测绘也叫测定。

施工测量是指将图纸上规划设计好的建筑物、构筑物的位置在实地标定出来，作为工程施工的依据。施工测量也叫测设。测定和测设是两个相反的过程。

1.1.3 测绘的发展

当前测绘科技手段与应用日新月异，早已从传统的测量制图，演变为包括全球卫星定位系统、空间航空遥感、地理信息系统等多种科技手段的地理空间信息科学。现代化的测量仪器如全站仪、测量机器人、电子水准仪、GPS 等已经普及，完成了由传统测绘向数字化测绘的过渡。伴随着大数据、云计算、物联网、智能机器人等新技术的快速发展，测绘新装备、新技术、新方法也不断涌现。出现了北斗导航卫星导航系统、机载雷达、无人机、倾斜摄影等新型技术装备。在此基础上，实现了数据获取实时化、处理自动化、应用社会化等新技术。随着国家经济建设的快速发展，测绘的应用范围也愈来愈广，为工程建设、基础测绘、地理国情监测、防灾减灾、海洋开发、现代化农业、智能交通、智慧城市建设、社会经济发展战略布局等提供了基础数据和信息支持。

任务 1.2　地面点位的确定及测量坐标系

1.2.1 地球的形状和大小

地球表面是极其不规则的，有山地、丘陵、平原、盆地、海洋等起伏变化，陆地上最高处珠穆朗玛峰高出海水面 8 848.86 m（我国 2020 年 12 月公布数据），海洋最深处马利亚纳海沟深达 11 022 m，看起来起伏变化非常之大，但是这种起伏变化和庞大的地球（半径约 6 371 km）比较起来是微不足道的。同时，就地球表面而言，海洋的面积约占 71%，陆地仅占 29%，所以海水面所包围的形体基本上代表了地球的形状和大小。

由于地球的自转运动，地球上任何一个质点都要受到离心力和地球引力的双重作用，这两个力的合力称为重力。重力的作用线称为铅垂线。铅垂线是显而易见的，悬挂物体静止时自然下垂的线即为铅垂线。铅垂线是测量工作的基准线。

水自然静止时的表面称为水准面，它是一个重力等位面，其特性是处处与铅垂线垂直。由于水位有高有低，所以水准面有无穷多个，其中与平均海水面（由于受太阳、月亮、地球三者引力的影响，出现潮汐，海水面时高时低，取它们的平均位置，即平均海水面）吻合并向大陆内部延伸而形成的封闭曲面称为大地水准面。大地水准面是测量工作的基准面。

大地水准面所包围的形体称为大地体。确切地讲，我们是以大地体来表示地球形状和大小的。但由于地球内部物质分布不均匀，致使铅垂线方向产生不规则变化，因而使大地体的表面（大地水准面）成为一个有微小起伏的不规则曲面，如图 1.2.1 所示。在这个面上无法进行测量的计算工作，因此必须寻求一个规则的数学曲面来代替它。

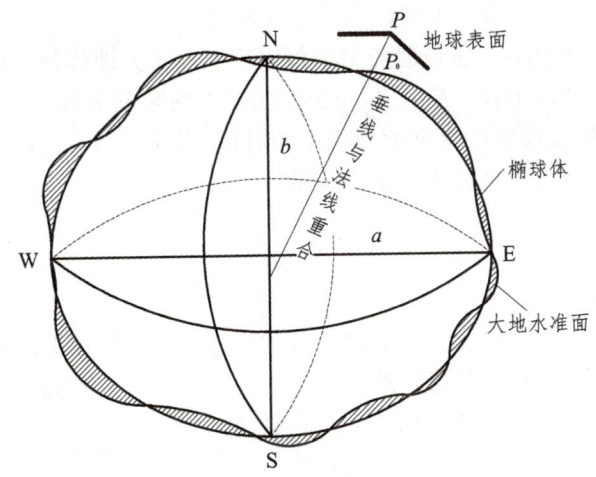

图 1.2.1 大地水准面与地球椭球体

长期的测量实践和研究结果表明，大地体的形状极接近于一个两极略扁的旋转椭球（即一个椭圆绕其短轴旋转而成的球体），于是就采用一个恰当的旋转椭球来代替大地体。旋转椭球的表面是一个规则的数学曲面，如图 1.2.1 所示，它是测量计算和投影制图工作的基准面。

用来代替大地体的旋转椭球通常又称为"地球椭球"。地球椭球不是唯一的，在全球范围内，和大地体最为密合的地球椭球称为总地球椭球；只是与一个国家或一个地区大地水准面最为密合的地球椭球称为参考椭球。由此可见参考椭球有许多个，而总地球椭球（理想的地球椭球，实际并未求得）只有一个。

地球椭球的元素有长半径 a、短半径 b 和扁率 α $\left(\alpha=\dfrac{a-b}{a}\right)$，只要知道其中的两个元素，即可确定椭球的形状和大小，通常采用 a 和 α 两个元素。

对于求定或选定的地球椭球，还必须使它的表面和大地水准面的关系位置完全固定下来，这一项工作称为椭球定位。参考椭球的定位，通常是在地面上选定一点 P，如图 1.2.1 所示，令 P 点的铅垂线与椭球面上相应点 P_0 的法线重合，并使 P_0 点上的椭球面与大地水准面相切，而且使本国范围内的椭球面与大地水准面尽量接近，这样参考椭球与大地体的关系位置便被固定下来。

1.2.2 参考椭球的定位与国家大地坐标系

定位时选定的 P 点称为大地基准点或大地原点，测量工作中，我们将以它在椭球面上的位置 P_0 为基准去推算其他各点的大地坐标。所以选定了大地原点，进行了椭球定位，就算确定了一个坐标系。

中华人民共和国成立初期，我国以苏联选定的克拉索夫斯基椭球和普尔科夫天文台为大地原点的椭球定位为依据，建立了我国的大地坐标系，称为"1954年北京坐标系"。1980年，我国采用了 1975 国际椭球，坐标原点设在陕西省泾阳县内，建立了真正意义上我国自己的大地坐标系，称为"1980年国家大地坐标系"。从 2008 年 7 月 1 日起，我国开始采用"2000 国家大地坐标系"，该坐标系是全球地心坐标系，其原点为包括海洋和大气的整个地球的质量中心。Z 轴指向 BIH1 984.0 定义的协议极地方向（BIH 国际时间局），X 轴指向 BIH1 984.0 定义的零子午面与协议赤道的交点，Y 轴按右手坐标系确定。

由于参考椭球的扁率很小，在普通测量中可以近似地将大地体视为圆球体，其半径采用与参考椭球体积相同的圆球半径，其值 $R = 6\ 371$ km。当测区范围较小时，又可以将该部分球面当成平面看待，亦即将该部分的水准面当成平面看待。当成平面看待的水准面称为水平面。小范围测区的测量工作是以水平面作为基准面的。

1.2.3 测量坐标系与地面点位置表示方法

为了确定地面点位的空间位置，需要建立各种坐标系。点的位置须用三维坐标来表示，在测量工作中，一般将点的空间位置用球面或平面位置（二维）和高程（一维）来表示，它们分别属于大地坐标系、平面直角坐标系和高程系统。

1. 大地坐标系

用大地经度 L 和大地纬度 B 表示地面点在参考椭球面上投影位置的坐标，称为大地坐标。

如图 1.2.2 所示，O 为参考椭球的球心，NS 为椭球的旋转轴，通过该轴的平面称为子午面，子午面与椭球面的交线称为子午线，又称为经线（如图中的曲线 $NQMS$），其中通过英国伦敦格林尼治天文台的子午面和子午线分别称为起始子午面和起始子午线。通过球心 O 且垂直于 NS 轴的平面称为赤道面，赤道面与参考椭球面的交线称为赤道（如图中的曲线 $WM、ME$）。通过椭球面上任一点 Q 且与过该点切平面垂直的直线 QK，称为 Q 点的法线。地面上任一点都可以向参考椭球面作一条法线。地面点在参考椭球面上的投影，即是通过该点的法线与参考椭球面的交点。

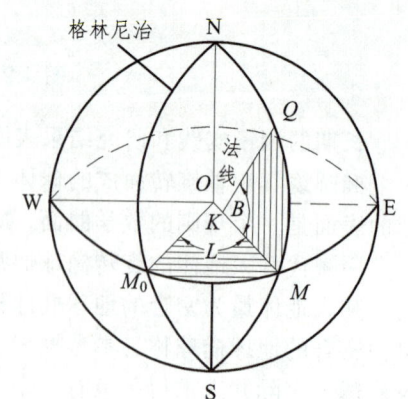

图 1.2.2 大地坐标

大地经度 L，即通过参考椭球面上某点的子午面与起始子午面的夹角。由起始子午面起，向东 0°～180° 称为东经；向西 0°～180° 称为西经。同一子午线上各点的大地经度相同。

大地纬度 B，即参考椭球面上某点的法线与赤道面的夹角。从赤道面起，向北 0°～90° 称为北纬；向南 0°～90° 称为南纬。纬度相同的点的连线称为纬线，它平行于赤道。

大地经纬度 L、B 是地面点在地球椭球面上的二维坐标，另外一维为点的"大地高"（H），是沿地面点的椭球面法线计算，点位在椭球面之上为正，点位在椭球面之下为负。大地坐标 L、B、H 可用于确定地面点在大地坐标系中的空间位置。

2. 高斯平面直角坐标系

大地坐标是球面坐标，用它来表示地面点的位置形象直观，对于整个地球有一个统一的坐标系统；但它的观测和计算都比较复杂，实用上更多的则是需要把它投影到某个平面上来。我国大面积的地形图测绘采用高斯投影方法，地面点的位置用高斯平面直角坐标来表示。

（1）高斯投影概念。

如图 1.2.3（a）所示，设想用一平面卷成一个椭圆柱，将它横套在地球椭球体外面，使其轴线与赤道面重合并通过球心。此时，椭圆柱面必然与地球某一子午线相切，该子午线称为中央子午线。若以球心为投影中心，则中央子午线两侧一定范围内的球面图形即可投影到椭圆柱面上，将柱面沿通过南北极的母线切开，即得高斯投影的平面图形，如图 1.2.3（b）所示。高斯投影具有如下特性：

① 投影前后角度保持不变（等角投影）。
② 中央子午线投影后为直线；其余经线为凹向中央子午线的对称曲线。
③ 赤道投影后为直线且与中央子午线正交；其余纬线为凸向赤道的对称曲线。
④ 除中央子午线外均存在长度变形，而且离中央子午线越远，长度变形也越大。

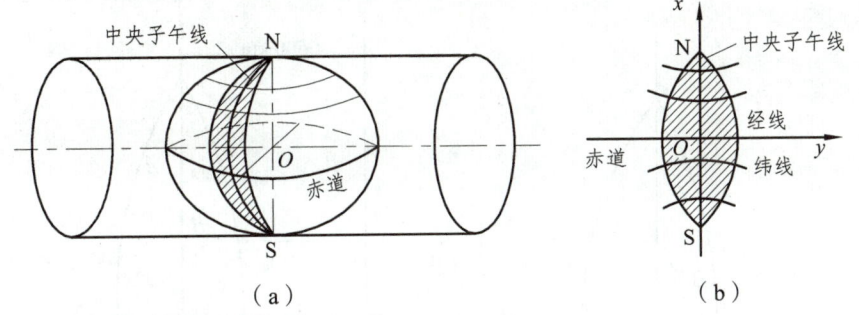

（a）　　　　　　　　　（b）

图 1.2.3　高斯投影原理

（2）投影带的划分。

为了将长度变形限制在允许的范围内，通常采用分带投影方法，即以经差 6° 或 3° 来限制投影带的宽度。如图 1.2.4 所示，6° 带从起始子午线开始，自西向东每隔经差 6° 划分为一带，全球共划分为 60 带，带号用数字 1～60 表示。中央子午线的经度 λ_0 与带号 N 的关系式为

$$\lambda_0 = 6N - 3 \tag{1.2.1}$$

3° 带从 1°30′ 经线开始，自西向东每隔经差 3° 划分为一带，全球共划分为 120 带。3° 带中央子午线的经度 λ_0' 与带号 N' 的关系式为

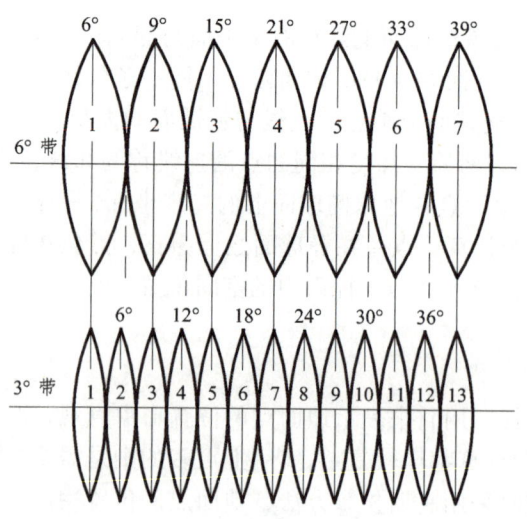

图 1.2.4 投影带的划分图

$$\lambda_0' = 3N' \tag{1.2.2}$$

（3）高斯平面直角坐标系。

如图 1.2.5（a）所示，以分带投影后的中央子午线为 x 轴，赤道为 y 轴，建立平面直角坐标系，则称为高斯平面直角坐标系。地面点在该坐标系中的坐标称为高斯平面直角坐标。我国位于北半球，纵坐标均为正值，横坐标则有正值和负值。为计算方便，规定每一带的坐标原点西移 500 km，这样即可使每带中所有点的横坐标均为正值，如图 1.2.5（b）所示。为了区分某点所在的投影带，规定在横坐标前加上带号。加上 500 km 并冠以带号的坐标值称为通用值，未加 500 km 不冠以带号的坐标值称为自然值。

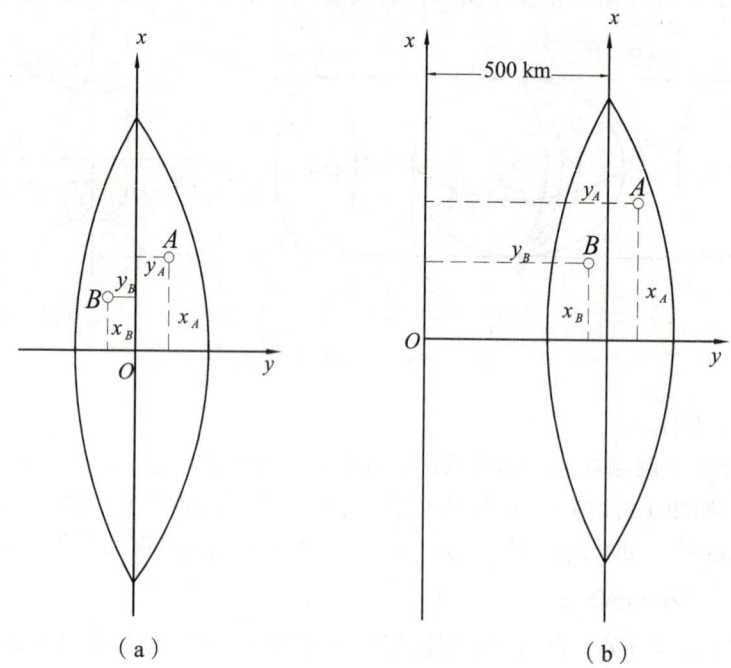

（a） （b）

图 1.2.5 高斯平面直角坐标系

3. 地区平面直角坐标系

对于小范围测区，以水平面作为投影面，地面点在水平面上的投影位置用平面直角坐标表示。

如图 1.2.6 所示，在水平面上选定一点 O 作为坐标原点，建立平面直角坐标系。纵轴为 x 轴，与南北方向一致，向北为正，向南为负；横轴为 y 轴，与东西方向一致，向东为正，向西为负。将地面点 A 沿着铅垂线方向投影到该水平面上，则平面直角坐标 (x_A, y_A) 就表示了 A 点在该水平面上的投影位置。如果坐标系的原点是任意假设的，则称为独立的平面直角坐标系。为了不使坐标出现负值，对于独立测区，往往把坐标原点选在测区西南角以外适当位置。

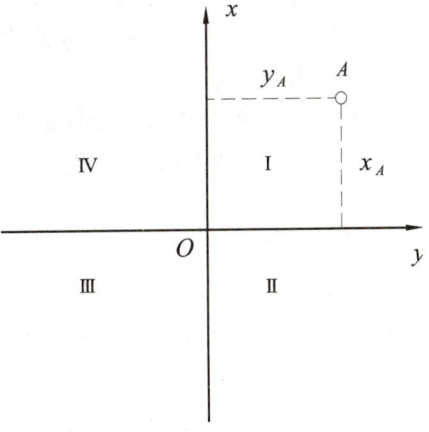

图 1.2.6 平面直角坐标系

应当指出，测量上采用的平面直角坐标系与数学中的平面直角坐标系从形式上看是不同的。测量上所用的方向是从北方向（纵轴方向）起按顺时针方向以角度计值的，同时它的象限划分也是按顺时针方向编号的，但它与数学上的平面直角坐标系（角值从横轴正方向起按逆时针方向计值，象限按逆时针方向编号）没有本质区别，所以数学上的三角函数计算公式可不加任何改变地直接应用于测量的计算中。

4. 高程系

地面点沿铅垂线方向至大地水准面的距离称为绝对高程，亦称为海拔。在图 1.2.7 中，地面点 A 和 B 的绝对高程分别为 H_A 和 H_B。

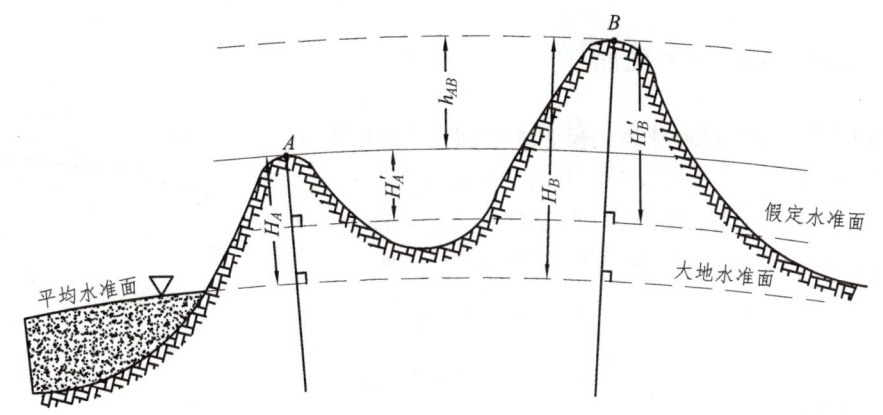

图 1.2.7 绝对高程和相对高程

在我国，以黄海平均海水面作为大地水准面。黄海平均海水面的位置，是通过对青岛验潮站潮汐观测井的水位进行长期观测确定的。由于平均海水面不便于随时联测使用，故在青岛观象山建立了"中华人民共和国水准原点"，作为全国推算高程的依据。1956 年，验潮站根据连续 7 年（1950~1956 年）的潮汐水位观测资料，第一次确定了黄海平均海水面的位置，测得水准原点的高程为 72.289 m。按这个原点高程为基准去推算全国的高程，称为"1956 年黄海高程系"。由于该高程系存在验潮时间过短、准确性较差的问题,后来验潮站又根据连续28年(1952~1979年)的潮汐水位观测资料,进一步确定了黄海平均海水面的精确位置,再次测得水准原点的高程为72.260 4 m;1985年决定启用这一新的原点高程作为全国推算高程的基准,并命名为"1985国家高程基准"。

(1)相对高程。

地面点沿铅垂线方向至任意假定水准面的距离称为该点的相对高程,亦称为假定高程。在图1.2.7中,地面点 A 和 B 的相对高程分别为 H'_A 和 H'_B。

(2)高差。

地面上两点高程之差称为高差,以符号"h"表示。高差具有方向性和正负,但与高程基准面的选取无关。在图1.2.7中,A 点至 B 点的高差为

$$h_{AB} = H_B - H_A = H'_B - H'_A \tag{1.2.3}$$

当 h_{AB} 为正时,B 点高于 A 点;当 h_{AB} 为负时,B 点低于 A 点。不难看出,当高差的方向相反时,两高差的绝对值相等而符号相反,即

$$h_{AB} = -h_{BA} \tag{1.2.4}$$

任务1.3 用水平面代替水准面的限度

前已述及,当测区范围较小时,可以用水平面代替水准面,即以平面代替曲面。这样的替代可使测量的计算和绘图工作大为简化。但当测区范围较大时,就必须顾及地球曲率的影响,不能做这样的替代。那么多大范围内才能用水平面代替水准面呢?下面就来讨论这个问题。

1.3.1 用水平面代替水准面对距离的影响

如图1.3.1所示,设地球是半径为 R 的圆球。地面上 A、B 两点沿铅垂线方向投影到大地水准面上的距离为弧长 D,投影到过 a 点水平面上的距离为 D',显然两者之差即为用水平面代替水准面所产生的距离误差。设其为 ΔD,则

$$\Delta D = D' - D = R \cdot \tan\theta - R \cdot \theta$$

式中,θ 为弧长 D 所对应的圆心角。将 $\tan\theta$ 用级数展开,并取级数的前两项,得

$$\Delta D = R\left(\theta + \frac{1}{3}\theta^3\right) - R\theta = \frac{1}{3}R\theta^3$$

因为 $\theta = D/R$,故

$$\Delta D = \frac{D^3}{3R^2} \tag{1.3.1}$$

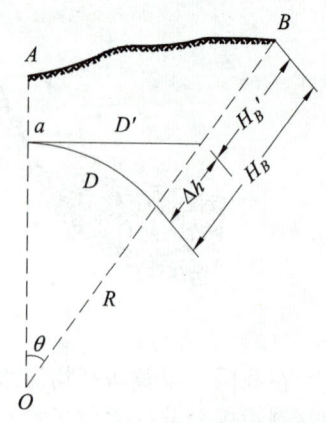

图1.3.1 水平面与水准面的关系

以 $R = 6\ 371$ km 和不同的 D 值代入上式，算得相应的 ΔD 和 $\Delta D/D$（相对误差）值列于表 1.3.1 中。从表中可以看出，距离为 10 km 时产生的相对误差为 1/120 万，小于目前最精密测距的相对误差 1/100 万。因此可以认为：在半径为 10 km 的区域，地球曲率对水平距离的影响可以忽略不计，即允许将该部分的水准面当做水平面看待，在精度要求较低的测量工作中，其范围还可以适当扩大。

表 1.3.1 地球曲率对水平距离的影响

距离 D	100 m	1 km	10 km	25 km	50 km
距离误差 ΔD/mm	0.000 008	0.008	8.2	128.3	1 026.5
距离相对误差 $\Delta D/D$	1/1 250 000 万	1/12 500 万	1/120 万	1/19.5 万	1/4.9 万

1.3.2 用水平面代替水准面对高程的影响

在图 1.3.1 中，从大地水准面起算，地面点 B 的高程为 H_B，从水平面起算，B 点的高程为 H'_B，显然其差值 Δh 即为用水平面代替水准面对高程所产生的影响。由图 1.3.1 可得

$$(R + \Delta h)^2 = R^2 + D'^2$$

前已述及，D' 与 D 相差甚小，以 D 代替 D'，由上式解得

$$\Delta h = \frac{D^2}{2R + \Delta h}$$

上式分母中，Δh 与 $2R$ 比较可以忽略不计，于是得到

$$\Delta h = \frac{D^2}{2R} \tag{1.3.2}$$

以 $R = 6\ 371$ km 和不同的 D 值代入上式，算得相应的 Δh 值列于表 1.3.2。从表中可以看出，用水平面代替水准面所产生的高程误差，随着距离的平方的增大而增大，很快就达到了不能允许的程度。所以在高程测量中，即便是距离很短，也不能忽视地球曲率的影响。换言之，在高程测量中，是不允许用水平面来代替水准面的。

表 1.3.2 地球曲率对高程的影响

距离 D/m	100	300	500	1 000	2 000	3 000
高程误差 Δh/mm	0.8	7.1	19.6	78.5	313.9	706.3

任务 1.4 测量工作的程序及基本内容

1.4.1 测量基本观测量

地面点的位置是以坐标和高程来表示的。实际工作中，坐标和高程一般都不是直接测量的，而是通过测定地面点和已知点之间的几何关系，然后经过计算间接地得到坐标和高程。

如图 1.4.1 所示，A、B、1、2 点表示地面点在水平面上的投影位置，其中 A、B 为坐标已知点，1、2 为未知点。如果观测了水平角 β_1、水平距离 D_1，即可用三角函数算出点 1 的坐标；观测了水平角 β_2、水平距离 D_2，即可算出点 2 的坐标。因此，水平角测量、水平距离测量是确定地面点坐标的基本测量工作。如果 A 点的高程已知，若观测了高差 h_{A1}，即可由式：

$$H_1 = H_A + h_{A1} \tag{1.4.1}$$

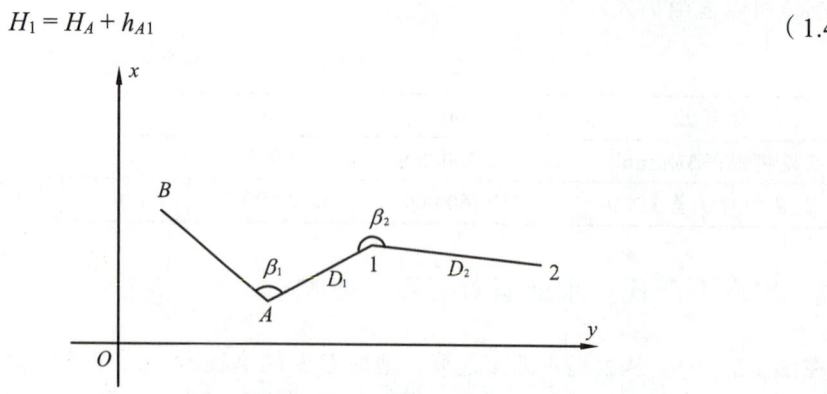

图 1.4.1　基本测量工作

算得点 1 的高程；同理，观测了高差 h_{12}，即可算出点 2 的高程。因此高差测量是确定地面点高程的基本测量工作。由于高差测量是为了求得高程，故习惯上仍称它为高程测量。

综上所述，地面点间的水平角、水平距离和高差是确定地面点位置的三个基本要素；角度测量、距离测量和高程测量是确定地面点位置的三项基本测量工作。在后面的有关知识点中，将详细介绍进行这三项工作的基本方法。

1.4.2　测量工作的程序及基本原则

地形图测绘通常是在选定的点位上安置仪器，测绘地物、地貌。但只是在一个选定的点位上施测整个测区所有的地物、地貌，则是十分困难甚至是不可能的。如图 1.4.2 所示，在 A 点只能测绘 A 点附近的房屋、道路、地面起伏等地物地貌，对于山的另一面或较远的地方就观测不到。如果我们在测站 A 的基础上再发展一个测站，以测绘该测站附近的地物地貌，从

图 1.4.2　测图原则示意图

方法上来讲是可行的，但随之而来的问题是误差的传递，A 站的测量误差必然传递给新的测站，顺序的将测站发展下去，误差将会累积下去，以至最后的累积误差达到不能容许的程度，这将使测图成果失去意义和无法使用。所以测图工作必须按一定的原则进行，这个原则就是"先整体后局部""先控制后碎部"。

所谓"先整体后局部"，就是在布局上先考虑整体，再考虑局部。所谓"先控制后碎部"就是，在工作步骤上先进行控制测量，再进行碎部测量。图 1.4.3 中，从整体出发，先在整个测区范围内均匀选定若干数量的点，如图中的 A、B、C、D、E、F 诸点，以控制整个测区，这些点称为控制点。选定的控制点按照一定的方式联结成网形，称为控制网，图中为闭合多边形。以较精密的方法测定网中各个控制点的平面位置和高程，这项工作称为控制测量。然后分别以这些控制点为依据，测定点位附近的地物、地貌，并勾绘成如图 1.4.3 所示的地形图，这项工作称为碎部测量，又叫碎部测图。

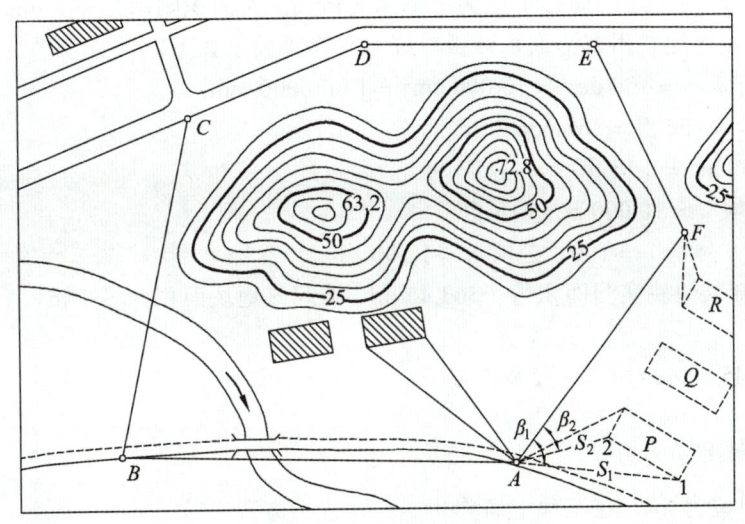

图 1.4.3 地形图

按照"先整体后局部""先控制后碎部"的原则实施测图，由于建立了统一的控制系统，各个控制点的坐标和高程是通过网平差处理而得到的，因而各个控制点乃至以各个控制点为测站所作的碎部测量都具有相同的精度，从而有效地防止了误差累积。同时碎部测量又是在各个控制点上独立进行的，这将大大提高碎部测量的机动性和灵活性，尤其对大面积测区的分幅测图，不但为分幅测图作业提供了便利，也有效地保证了各相邻图幅的拼接和使用。

应当指出，测量工作有"外业"和"内业"之分，利用测量仪器和工具在现场所进行测角、测距、测高等测量工作称为测量外业；对观测数据、资料在室内进行计算、整理和绘图等工作称为测量内业。外业和内业共同决定着测量成果的质量，工作环节上的任何一处失误，都将给后续的一系列工作造成严重影响。因此不论外业或内业工作，都必须坚持"边工作边检核""步步工作有检核"的工作原则。同时测量工作又是一项复杂的集体劳动，任何疏忽和麻痹大意都可能招之不合格成果出现，造成部分甚至整体的返工，所以要求测量人员具有团结协作的工作作风以及严谨细致的工作态度。

1.4.3 测量的度量单位

测量上采用的长度、面积、体积和角度的度量单位如下:

1. 长度单位

我国测量工作中法定的长度计量单位为米（meter）制单位:
1 m（米）= 10 dm（分米）= 100 cm（厘米）= 1 000 mm（毫米）
1 hm（百米）= 100 m
1 km（公里或千米）= 1 000 m

2. 面积单位

我国测量工作中法定的面积单位为平方米（m^2），大面积则用公顷（hm^2）或平方千米（km^2）；我国农业土地常用亩为面积计量单位。其换算关系如下：
1 m^2（平方米）= 100 dm^2 = 10 000 cm^2 = 1 000 000 mm^2
1 亩 = 10 分 = 100 厘 = 666.666 7 m^2
1 公亩 = 100 m^2 = 0.15 亩
1 hm^2（公顷）= 10 000 m^2 = 15 亩
1 km^2（平方公里）= 100（公顷）= 1 500 亩

【例】 已知某地块实测面积为 8 563.45 m^2，请问该地块面积为多少亩？（计算结果保留三位小数）

解：8 563.45 ÷ 666.666 7 = 12.845 亩

3. 体积计量单位

体积计量单位为 m^3，在工程上简称"立方"或"方"。
1 m^3 = 1 000 dm^3，1 dm^3 = 1 000 cm^3，1 cm^3 = 1 000 mm^3

4. 角度计量单位

测量工作中常用的角度度量制有三种：60 进制的度分秒制、弧度制和 100 进制的新度制。

（1）度、分、秒制：

$$1 \text{ 圆周} = 360° \text{（度）}, 1° = 60' \text{（分）}, 1' = 60'' \text{（秒）}$$

（2）新度制：

$$1 \text{ 圆周} = 400 \text{ g（新度）}, 1 \text{ g} = 100 \text{ c（新分）}, 1 \text{ c} = 100 \text{ cc（新秒）}$$

（3）弧度制：

$$1 \text{ 圆周} = 360° = 2\pi \text{ rad（弧度）}, 1° = (\pi/180) \text{ rad（弧度）}$$
$$1' = (\pi/10\,800) \text{ rad（弧度）}, 1'' = (\pi/648\,000) \text{ rad（弧度）}$$

一弧度所对应的度、分、秒角值为

$$\rho° = 180°/\pi \approx 57.3°, \quad \rho' = (180°/\pi) \times 60' \approx 3438'$$
$$\rho'' = (180°/\pi) \times 3\,600'' \approx 206\,265''$$

小　结

本项目主要阐述了测绘学基本知识。要求掌握以下几个基本概念：铅垂线、水准面、大地水准面、大地体、地球椭球体、大地坐标、高斯平面直角坐标、平面直角坐标、绝对高程、相对高程、高差等。同时应搞清测量工作的基准线、基准面是什么，在什么情况下才允许用水平面代替水准面，还应懂得测量工作应遵循哪些原则以及基本测量工作包括哪些内容，并掌握常用的测量度量单位。

思考题

1-1　测量学的研究对象是什么？它的主要任务是什么？
1-2　什么叫测定？什么叫测设？
1-3　铅垂线、水准面、大地水准面、水平面、大地体、地球椭球是如何定义的？
1-4　测量工作的基准线、基准面是什么？
1-5　地面点的位置是怎样表示的？确定地面点位置需要进行哪三项基本测量工作？
1-6　大地坐标、高斯平面直角坐标、平面直角坐标三者有什么区别？
1-7　测量上的平面直角坐标系和数学中的平面直角坐标系有什么区别？
1-8　什么叫绝对高程？什么叫相对高程？
1-9　什么叫高差？两点间的高差与高程基准面的选取有关吗？
1-10　已知 $H_A = 56.897$ m，$H_B = 62.453$ m，求 h_{AB}？
1-11　地面上某点，测得其相对高程为 365.427 m，若后来又测出假定水准面的绝对高程为 98.639 m，试求该点的绝对高程，并画简图说明。
1-12　对距离测量而言，多大范围内的水准面内才允许水平面来代替？
1-13　测量工作应遵循什么原则？为什么要遵循这些原则？

项目 2 水准测量

【学习目标】

本项目主要介绍水准测量的仪器及水准测量的作业方法。要求掌握水准测量原理、DS_3 和 DSZ_3 型水准仪的使用及其检校方法、水准路线的施测及数据处理；熟悉水准测量的误差来源及削减办法。在水准测量的过程中，逐步培养学生团结合作、吃苦耐劳、精益求精的测绘精神。

案例：

下图为某测区全景图，图中布设了控制点 ABCDEFG 点，为测绘出整个测区的地形图，首先就要求用水准仪按水准测量方法测定案例中闭合水准路线 ABCDEFG 各控制点的高程。

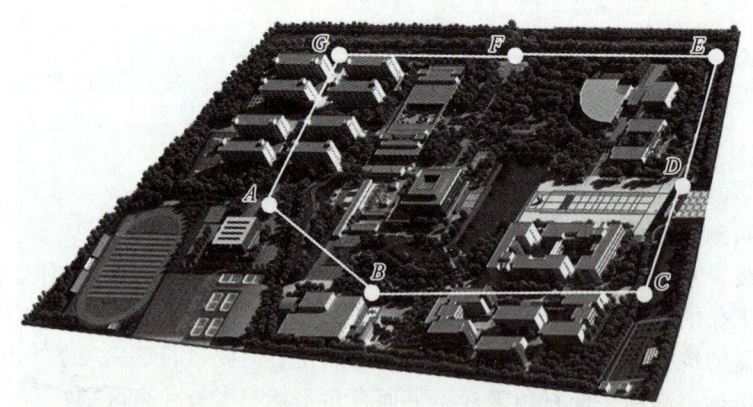

测定地面上各点高程的工作，称为高程测量。高程测量根据所使用的仪器和施测方法的不同，分为水准测量、三角高程测量和 GPS 高程测量等几种方法。水准测量是高程测量中最基本的和精度较高的一种测量方法，在国家高程控制测量、工程勘测和施工测量中被广泛采用。

任务 2.1 水准测量原理

2.1.1 水准测量原理

水准测量是利用水准仪所提供的水平视线，对竖立在地面两点上的水准尺分别进行读数，以测定地面两点间的高差，再根据其中一点的高程推算出另一点高程的测量方法。

如图 2.1.1 所示，已知 A 点的高程为 H_A，如果测定了 A 点至 B 点的高差 h_{AB}，则 B 点的高程 H_B 为

$$H_B = H_A + h_{AB} \quad (2.1.1)$$

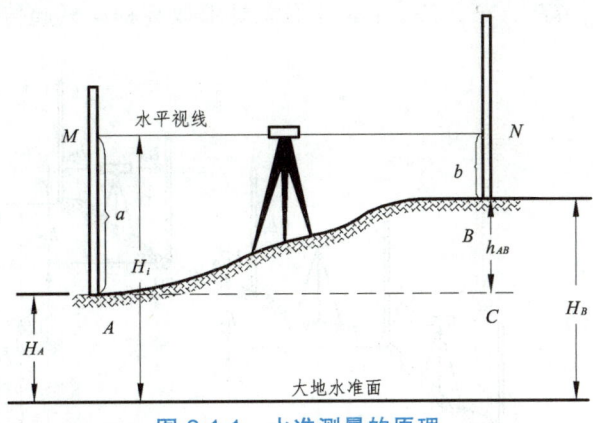

图 2.1.1 水准测量的原理

为了测定高差 h_{AB}，如图 2.1.1 所示，在 A、B 两点上各竖立一根水准尺（尺的零点在底端），并在 A、B 两点之间安置一架可以得到水平视线的仪器即水准仪。设水准仪的水平视线在尺上截得的位置分别为 M、N，过 A 点作一水平线与过 B 点的竖线相交于 C。因为 BC 的高度就是 A、B 两点之间的高差 h_{AB}，所以由矩形 $MACN$ 即得

$$h_{AB} = a - b \quad (2.1.2)$$

式中，a 为 A 点尺上的读数（即 MA）；b 为 B 点尺上的读数（即 NB）。设水准测量时从 A 点向 B 点方向进行的，通常称 A 点为后视点，其读数 a 称为后视读数，而 B 点称为前视点，其读数 b 为前视读数。于是 h_{AB} 可以表述为

$$h_{AB} = 后视读数 - 前视读数$$

由式（2.1.2）知，当 $a>b$ 时，h_{AB} 为正，此时 B 点高于 A 点；当 $a<b$ 时，h_{AB} 为负，则 B 点低于 A 点。无论 h_{AB} 为正或负，式（2.1.2）始终成立。为了避免将两点间的高差正负号搞错，规定高差 h 的写法为：h_{AB} 为从 A 点至 B 点的高差，h_{BA} 为 B 点至 A 点的高差。二者的绝对值相等而符号相反。

从图 2.1.1 中可以看出，A 点高程 H_A 加上后视读数 a 就是仪器高程（视线高程），用 H_i 表示。则 B 点高程也可用 H_i 减前视读数求得，即

$$H_B = H_A + a - b = H_i - b \quad (2.1.3)$$

当仪器安置一次，需要测定若干个前视点高程时，利用式（2.1.3）计算比较方便。

2.1.2 连续水准测量

当两点间的相距较远，或高差较大，或不能直接通视时，就不能按照前图 2.1.1 所示的安置一次仪器测出高差。此时，需要加设若干个临时的立尺点，多次设站进行连续水准测量。如图 2.1.2 所示，欲求 A 点至 B 点的高差 h_{AB}，选择 TP_1、TP_2、…、TP_{n-1} 作为临时立尺点，组成一条施测路线，用水准仪依次测出 A 点与 TP_1 点的高差 h_1、TP_1 点到 TP_2 点

的高差 h_2，…，直到最后测出 TP_{n-1} 点到 B 点的高差 h_n。每安置一次仪器，称为一个测站。临时立尺点 TP_1，TP_2，…，TP_{n-1} 本身不需要求取高程，只起传递高程的作用，称其为转点。

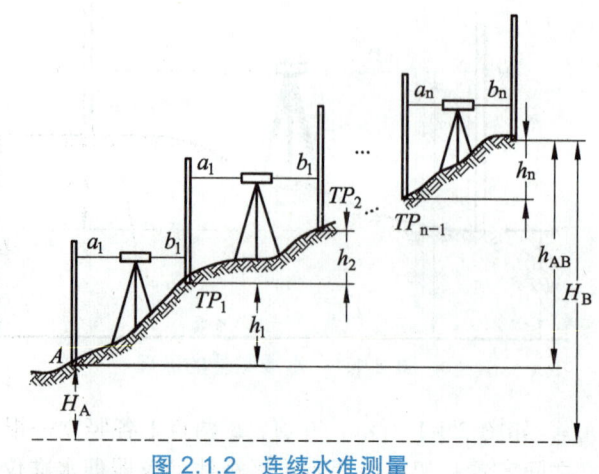

图 2.1.2　连续水准测量

如图 2.1.2 所示，各站观测的高差分别为

$$h_1 = a_1 - b_1$$
$$h_2 = a_2 - b_2$$
$$\vdots$$
$$h_n = a_n - b_n$$

于是

$$h_{AB} = h_1 + h_2 + \cdots + h_n = (a_1 - b_1) + (a_2 - b_2) + \cdots + (a_n - b_n)$$

即

$$h_{AB} = \sum_1^n h = \sum_1^n a - \sum_1^n b \tag{2.1.4}$$

实际作业中可先算出各测站的高差，然后取它们的总和得到 h_{AB}，再用后视读数之和 $\sum a$ 减去前视读数之和 $\sum b$ 来检核高差计算的正确性。

任务 2.2　认识水准测量的仪器和工具

进行水准测量时所使用的仪器是水准仪，与其配套的工具为水准尺和尺垫。

水准仪按结构可分为微倾式水准仪、自动安平水准仪、电子水准仪等；按精度划分为 DS_{05}、DS_1、DS_3、DS_{10} 等几种型号。"D"和"S"分别为"大地测量"和"水准仪"汉语拼音的第一个字母，数字 0.5、1、3、10 等表示水准仪设计精度指标，如"3"表示每千米往返测量高差中数的偶然中误差绝对值不大于 3 mm。数字越小，水准仪精密度越高。

2.2.1 DS₃型微倾水准仪

DS₀₅、DS₁为精密水准仪,用于高等级水准测量;DS₃、DS₁₀为普通水准仪,用于一般工程测量和地形测量。本章节主要介绍DS₃型微倾式水准仪。

由水准测量原理可知,水准仪的主要作用是提供水平视线和对标尺(水准尺)读数。它主要由望远镜、水准器和基座三部分组成,如图2.2.1所示。

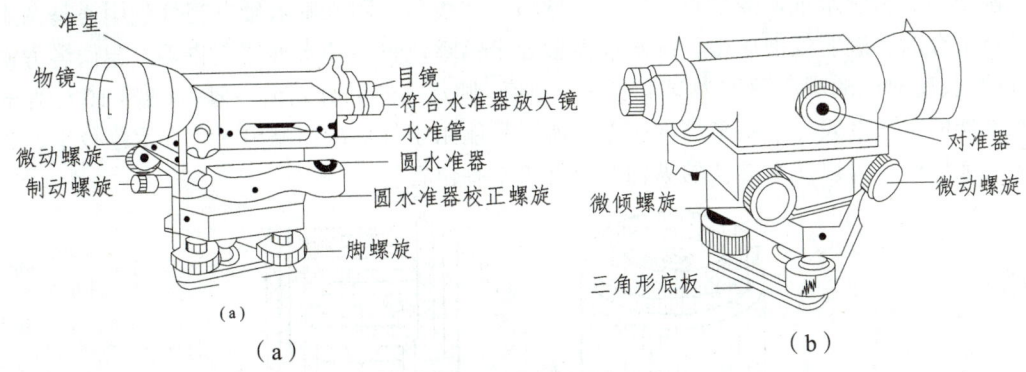

图 2.2.1　DS₃型微倾水准仪

1. 望远镜

望远镜是构成水平视线、瞄准目标并对标尺进行读数的主要部件,它主要由物镜、目镜、调焦透镜和十字丝分划板等组成,如图2.2.2和图2.2.3所示。根据几何光学原理可知,目标经过物镜及调焦透镜的作用,在十字丝附近形成一倒立实像。转动对光螺旋使对光透镜在镜筒内前后移动,可使目标的影像恰好落在十字丝平面上,再经过目镜的作用,将倒立的实像和十字丝同时放大,这时倒立的实像成为倒立放大的虚像。放大虚像与用眼睛直接看到目标大小的比值,称为望远镜的放大倍率V。国产DS₃型水准仪望远镜的放大倍率一般为30倍。

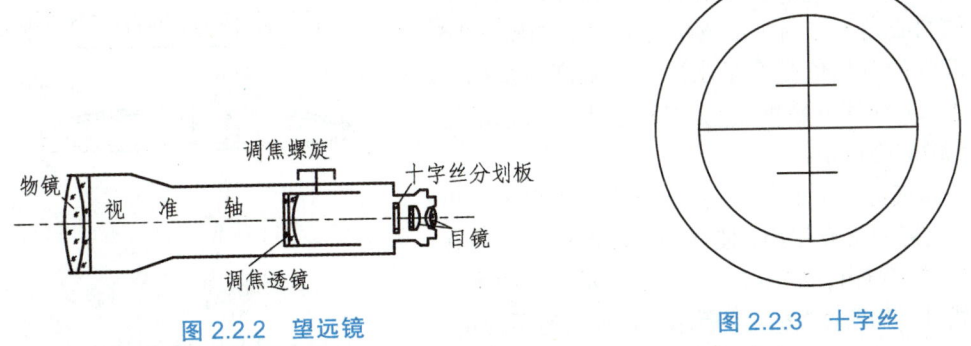

图 2.2.2　望远镜　　　　图 2.2.3　十字丝

十字丝是用来瞄准目标和读数的,由互相垂直的竖丝和横丝组成,其形式如图2.2.3所示。其中竖丝是用来照准目标的,长横丝(又称中丝)是用来读数的。十字丝的交点和物镜光心的连线,称为望远镜的视准轴,视准轴处于水平位置则视线水平。

2. 水准器

水准器是标志水平线（面）和铅垂线（面）的一种设备。水准器通常分为管水准器（简称水准管）和圆水准器两种，前者精度较高，用于精确置平仪器，称为"精平"；后者精度较低，用于粗略置平仪器，称为"粗平"。

（1）圆水准器。

圆水准器是一个密封的顶面磨成球面的玻璃圆盒，如图 2.2.4 所示。球面中央刻有小圆圈，圆圈中心为圆水准器的零点，零点与球心的连线称为圆水准器轴。当气泡中心与圆水准器零点重合时，表明气泡居中，圆水准器轴处于铅垂位置。圆水准器上自零点起向各方向每 2 mm 弧长所对应的圆心角称为圆水准器分划值。圆水准器的分划值一般为（8′~10′/2）mm。圆水准器的灵敏度较低，整平精度较差，所以只能用于仪器的粗略整平。在水准仪上，将圆水准气泡居中，可以使水准仪的纵轴大致处于铅垂位置。

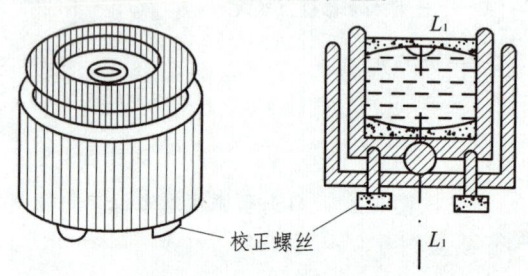

图 2.2.4　圆水准器

（2）水准管。

水准管是一个两端封闭的玻璃管，管的内壁研磨成具有一定曲率半径的圆弧，管内装有黏滞性小且易流动的液体（酒精或乙醚）并留有一气泡制成，如图 2.2.5 所示。无论水准管处于水平或是倾斜位置，气泡总是处于管内最高点。

水准管壁上刻有 2 mm 间隔的分划线，分划线的对称中心是水准管圆弧的中点，称为水准管的零点。过零点与圆弧相切的直线称为水准管轴。当气泡两端与零点对称，即气泡中心与水准管零点重合时称为气泡居中，气泡居中时水准管轴一定处于水平位置。水准管上 2 mm 间隔分划线所对应的圆心角 τ 称为水准管的分划值，如图 2.2.5 所示。水准管的分划值是衡量水准管灵敏度的指标，分划值越小，水准管灵敏度越高。DS_3 型水准仪水准管的分划值为 20″/2 mm。

为了提高气泡居中的精度，在水准管上方设置一组棱镜，通过棱镜的折光作用，使气泡两端的影像反映在望远镜旁的观察窗内，如图 2.2.6（a）所示；当两半气泡的影像错开，如图 2.2.6（b）所示，表示气泡不居中；转动微倾螺旋（可使水准管在小范围内作上下俯仰转动），使两半气泡的影像吻合，则表示气泡居中，如图 2.2.6（c）所示。这种具有棱镜装置的水准管，称为符合水准管。

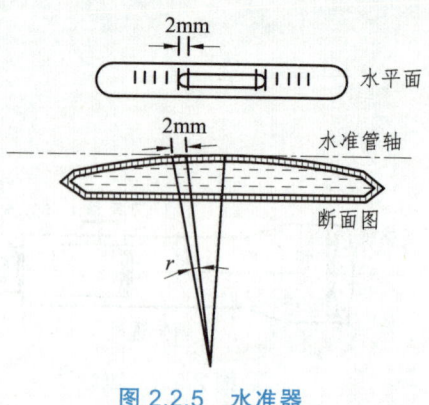

图 2.2.5　水准器

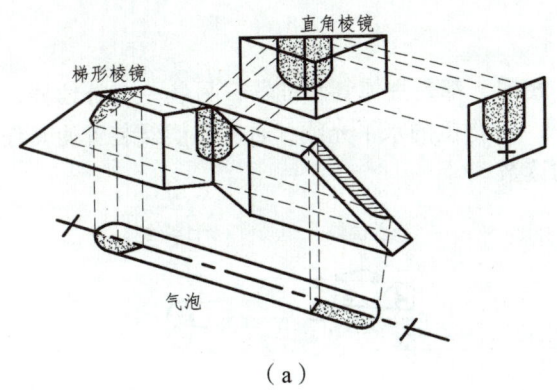
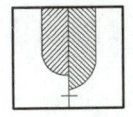
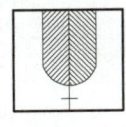

图 2.2.6　符合水准器

3. 基　座

基座起支撑仪器和连接仪器与三脚架的作用。它由轴座、三个脚螺旋和连接板组成。转动三个脚螺旋，通过脚螺旋的升降可以粗略整平仪器。

水准仪除上述部件外，还安置有一套制动螺旋和微动螺旋。拧紧制动螺旋，仪器固定不动，再转动微动螺旋，可使照准部在水平方向做微小的转动以便精确瞄准目标。微倾螺旋的作用是在圆水准气泡居中后（水准仪接近水平），通过抬高或降低望远镜一端，使符合气泡居中。

2.3.2　自动安平水准仪

自动安平水准仪的认识和使用视频

自动安平水准仪是指在一定的竖轴倾斜范围内，利用自动安平补偿器代替管水准器，即只需要将圆水准器气泡居中（粗平），就自动实现视准轴精确水平。在工作过程中，自动安平水准仪减少了仪器操作步骤，提高了工作效率，减少了外界因素的影响，提高了观测成果的质量。该仪器也具有多种不同精度的类型，下面以 DSZ$_3$ 自动安平水准仪为例，介绍其构造和原理。

1. 自动安平水准仪的构造

我国南方测绘 DSZ$_3$ 型自动安平水准仪如图 2.2.7 所示，主要由基座、圆水准器、望远镜和自动安平补偿器等构成，并附有水平度盘装置。与前述 DS$_3$ 型微倾水准仪相比，没有了水平制动手轮和管水准器，外观和操作更简单。

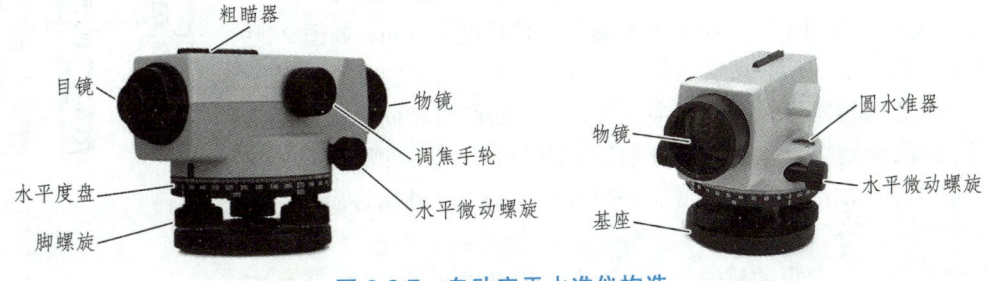

图 2.2.7　自动安平水准仪构造

2. 自动安平水准仪的原理

自动安平水准仪的种类很多，原理基本相同，都是去掉管水准器，另装一个补偿器，如图 2.2.8 所示。粗平后，照准轴仅有微小倾斜，过物镜的水平光线，通过补偿器装置使其任能达到十字丝中心，从而得到照准轴水平时的读数。

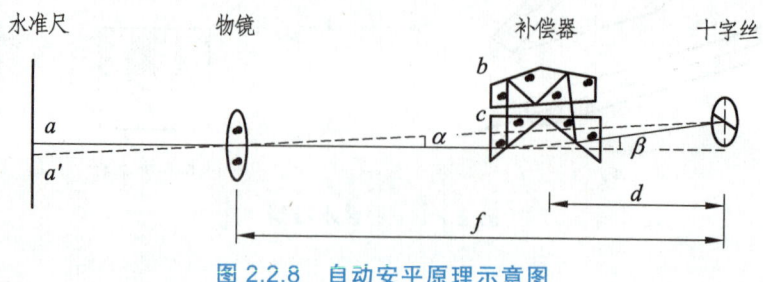

图 2.2.8　自动安平原理示意图

设计补偿器，应使其满足下式：

$$f\alpha = d\beta \tag{2.2.1}$$

式中，f 为物镜焦距，d 为补偿器中心至十字丝的距离

为了检查补偿器是否起作用，有的仪器装置有一个掀钮，按下掀钮可把补偿器轻轻触动，待补偿器稳定后，看尺上读数是否有变化，如无变化，说明补偿器正常。如仪器没有掀钮装置，可稍微转动一下脚螺旋，如尺上读数没有变化，说明补偿器起作用，仪器正常。有的仪器设有警告指示窗，测量时要注意望远镜视场中的警告颜色，小窗中呈绿色时表明自动补偿器处于补偿工作范围内，可以进行测量。任意一端出现红色时都应在重新安平仪器后再进行观测。

2.2.3　水准尺与尺垫

水准尺是水准测量时使用的标尺。其质量好坏将直接影响水准测量的精度。因此，水准尺需用不易变形且干燥的优质木材制成；要求尺长稳定，分划准确。常用的水准尺有塔尺和双面尺两种，如图 2.2.9 所示。

塔尺多用于等外水准测量，其长度有 3 m 和 5 m 两种，用两节或三节套接在一起，如图 2.2.9(a) 所示。尺的底面为零点，尺身每隔 1 cm 或 0.5 cm 刻一分划，黑白相间，每米和分米处注有分划注记。塔尺在其连接处易产生长度误差，一般用于精度要求不高的水准测量。

双面水准尺多用于三、四等水准测量，其长度为 3 m，如图 2.2.9(b) 所示。双面水准尺必须成对使用，两根尺为一对。尺的两面均有刻划，一面黑白相间称为黑面尺或主尺，另一面红白相间称为红面尺或辅尺。两面刻划均为 1 cm，每分米处注有分划注记。两黑面尺的尺底均由零开始；而红面尺的尺底，一根尺由 4.687 m 开始，而另一根尺由 4.787 m 开始。

尺垫一般为三角形的铸铁块，中央有一突起的半圆球体，下方有

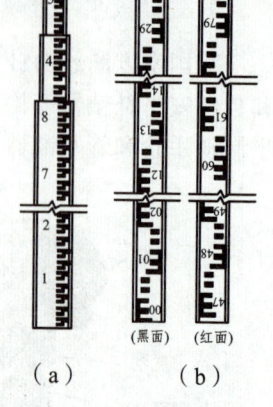

（a）　（b）

图 2.2.9　水准尺

三个支脚，如图 2.2.10 所示。尺垫的作用是标志转点用的，为防止下沉和移位，立尺前先将尺垫踩实，然后竖立水准尺于半圆球体的顶点上。

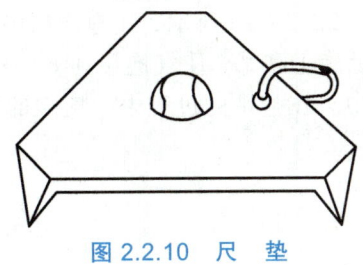

图 2.2.10　尺　垫

任务 2.3　水准仪的操作使用方法

2.3.1　水准仪的使用方法

水准仪的操作程序为：安置→粗平→照准→精平→读数。

1. 安置水准仪

在安置水准仪前，应放置仪器的三脚架，如图 2.3.1 所示。在测站上张开三脚架，首先松开三脚架架腿的固定螺旋，伸缩三个架腿，使三脚架头的安置高度约在观测者的胸颈部，旋紧制动螺旋。在平坦地面，通常三个脚大致成等边三角形，脚架顶面大致水平，用脚踩实架腿，使脚架稳定、牢固；在斜坡地面上，应将两个架腿安置在坡下，另一架腿安置在斜坡方向上，踩实各个架腿；在较光滑的地面上安置仪器时，三脚架的三个腿不能分得太开，以防止滑动。三脚架安置好后，从仪器箱中取出仪器，旋紧中心连接螺旋，将仪器固定在架头上。

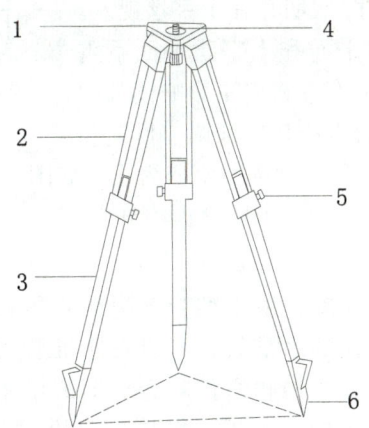

1—架头；2—架腿；3—伸缩腿；4—链接螺旋；5—伸缩制动螺旋；6—脚尖。

图 2.3.1　水准仪三脚架

2. 粗 平

粗平是借助圆水准器的气泡居中，使仪器竖轴大致铅垂、视准轴概略水平。粗平是通过转动三个脚螺旋来实现的。如图 2.3.2（a）所示，气泡未居中而位于 a 处，则先按图上箭头所指的方向用两手相对转动脚螺旋①和②，使气泡移到 b 的位置，如图 2.3.2（b）所示；再转动脚螺旋③，即可使气泡居中。在整平的过程中，气泡的移动方向与左手大拇指运动的方向一致。

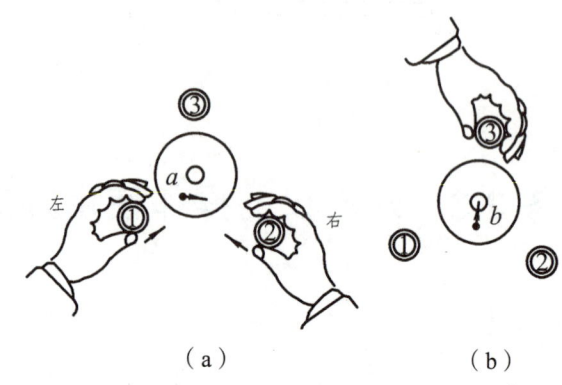

图 2.3.2　粗略整平

3. 瞄 准

（1）进行目镜调焦，即把望远镜对向明亮的背景，转动目镜调焦螺旋，使十字丝清晰。

（2）松开制动螺旋，转动望远镜，用望远镜筒上的照门和准星瞄准水准尺，拧紧制动螺旋。

（3）从望远镜中观察目标影像，转动物镜调焦螺旋进行调焦，使目标清晰，再转动微动螺旋，使竖丝精确对准水准尺。

（4）消除视差：眼睛在目镜端上下微微移动，若十字丝与目标影像有相对运动现象时，表明存在十字丝视差。产生视差的原因是目标成像的平面和十字丝平面不重合，如图 2.3.3（a）所示。视差的存在将严重影响读数的正确性，必须加以消除。消除的方法是仔细调节目镜和物镜调焦螺旋，直到眼睛上、下移动时读数不变为止，如图 2.3.3（b）所示。

4. 精 平

精平是转动水准仪的微倾螺旋，使水准管气泡严格居中，从而使望远镜的视准轴处于精确的水平位置。有符合棱镜的水准管，可以在水准管气泡观察窗看水准管气泡，右手转动微倾螺旋，使气泡两端的半抛物影像吻合，即表示水准管气泡居中、视准轴处于水平位置。左半抛物影像移动方向与右手大拇指运动的方向一致，如图 2.3.4 所示。自动安平水准仪不需要进行精平操作。粗平后，自动补偿器正常发挥作用即可进行下一步读数操作。

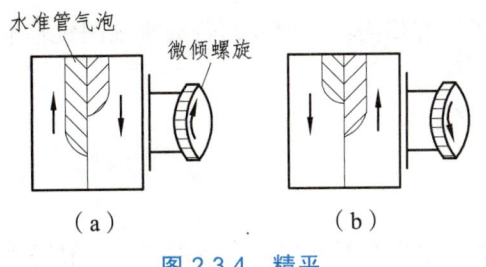

图 2.3.4 精平

5. 读 数

精确整平后，即可用十字丝中丝在标尺上读数。读数时先估读毫米数，然后报出全部读数。读数时应一次读出四位数，如图 2.3.5 所示为倒像望远镜中所看到的水准尺的像，其读数为 1.349 m。如果是正像仪器，读数方法是：水准尺的读数根据十字丝的中丝从小到大估读至毫米，读取四位数。

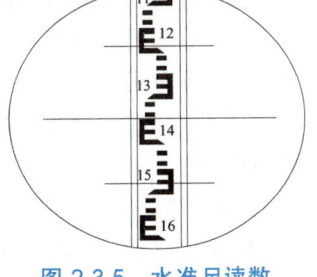

图 2.3.5 水准尺读数

精平和读数虽然是两项不同的操作，但在水准测量的实施过程中，却把该两项操作视为一个整体，即精平后再读数，读数后还要再检查水准管气泡是否完全符合。只有这样，才能保证读数的正确性。

2.3.2 使用水准仪的注意事项

（1）搬运仪器前，须检查仪器箱是否扣好或锁好，提手或背带是否牢固。

（2）从箱内取出仪器时，应先看清仪器在箱内的安放位置，以便使用完毕后照原样装箱。

（3）安置仪器时，注意旋紧架腿制动螺旋和架头中心连接螺旋；测量过程中作业员不得离开仪器，特别是在公路、工地等处工作时，更要注意防止意外发生。

（4）操作仪器时，制动螺旋不要拧得过紧；仪器制动后，不得用力转动仪器；转动仪器时，必须先松开制动螺旋。

（5）在野外使用仪器时，为避免仪器被曝晒或雨淋，应撑伞遮住仪器。

（6）迁站时，若距离较近，可将仪器制动螺旋固紧，收拢三脚架，一手持脚架，一手托住仪器搬移；若距离较远，应装箱搬运。

（7）仪器装箱前，先清除仪器外部灰尘，松开制动螺旋，其他螺旋旋至中间位置。仪器装箱时若发现盖不上的情况，应检查仪器是否安放正确，查明原因重新装箱，切勿硬挤硬压。

（8）仪器应放在干燥通风处保存，注意防潮、防霉、防碰撞。

任务 2.4 水准测量的方法及成果整理

我国国家水准测量依精度要求不同分为一、二、三、四等，一等精度最高，四等最低。不属于国家规定等级的水准测量称为普通水准测量或等外水准测量。等级水准测量对所用仪器、工具以及观测、计算方法都有特殊要求，但和普通水准测量比较，由于基本原理相同，因此基本工作方法也有许多地方相同。下面介绍普通水准测量基本作业方法。

2.4.1 水准点和水准路线

1. 水准点

水准点是埋设稳固并通过水准测量测定其高程的点，一般用"BM"表示。例如 BM_{IV6} 表示四等水准路线上的第 6 号水准点。

水准点有永久性和临时性两种。等级水准点需按规定要求埋设永久性固定标志，图 2.4.1（a）所示为国家等级水准点，一般用石料或钢筋混凝土制成，深埋到地面冻结线以下，在标石的顶面设有用不锈钢或其他不易锈蚀的材料制成的半球状标志；在城镇、厂矿区也可将水准点标志凿埋在坚固稳定建筑物墙面的适当高度处，如图 2.4.1（b）所示。普通水准点一般为临时性的，可以在地上打入木桩，桩顶钉圆帽钉以示点位，也可以在坚固地基上或岩石上钉入圆帽钢钉标定点位。

水准点埋设后，为便于日后使用时查找，须绘制点位平面示意图，称为"点之记"。水准点点之记应作为水准测量资料妥善保管。

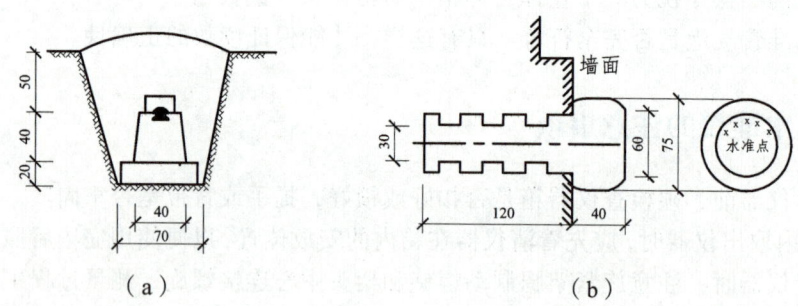

图 2.4.1 永久性水准点（单位：cm）

2. 水准路线

在水准点之间进行水准测量所经过的路线称为"水准路线"，两个水准点间的一段路线称为"测段"。水准路线应尽量沿公路、大道等平坦地面布设，坚实地面可保障仪器和水准尺的稳定性，平坦地面可减少测站数，以保证测量精度。水准路线的布设形式分为单一水准路线和水准网两种。单一水准路线的布设通常有下列三种形式：

（1）附合水准路线。

如图 2.4.2（a）所示，从一已知高级水准点 BM_1 出发，沿各待定高程点 1、2、3 进行水准测量，最后附合到另一高级水准点 BM_2 所构成的水准路线，称为附合水准路线。

（2）闭合水准路线。

如图 2.4.2（b）所示，从一已知高级水准点 BM_1 出发，沿各待定高程点 1、2、3、4 进行水准测量，最后仍回到原已知高级水准点 BM_1 上，所构成的环形水准路线称为闭合水准路线。

（3）支水准路线。

如图 2.4.2（c）所示，从一已知高级水准点 BM_5 出发，沿各待定高程点 1、2 进行水准测量，最后既不回到原已知高级水准点，也不附合到另一已知高级水准点的路线，称为支水准路线。

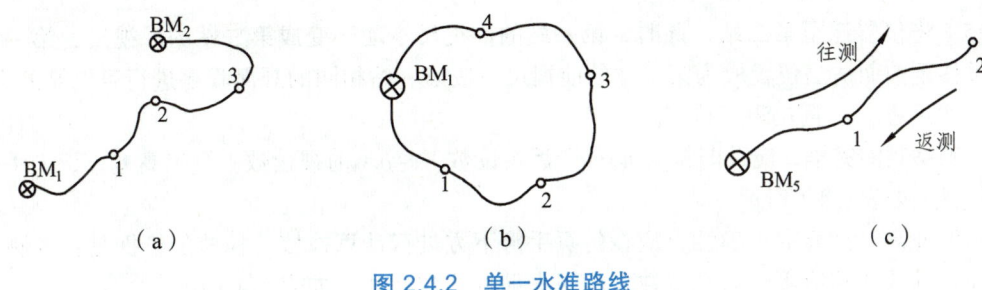

图 2.4.2 单一水准路线

附合水准路线和闭合水准路线具有检核条件，一般采用单程观测；支水准路线没有检核条件，必须进行往、返观测或单程双线观测，用往返测的两个观测结果进行检核。

2.4.2 普通水准外业观测、记录、计算方法

1. 外业观测、记录、计算及检核

外业观测的步骤为：

（1）将水准尺立于已知高程的水准点上，作为后视尺。

（2）将水准仪安置于水准路线的适当位置，在路线前进方向上的适当位置放置尺垫，在尺垫上竖立水准尺作为前视尺。仪器到两水准尺的距离应基本相等，前后距离差不得大于20 m，最大视距不大于150 m。

（3）将仪器概略整平，照准后视标尺，消除视差，用微倾螺旋调节使水准管气泡居中，用中丝读取后视读数，并记入手簿，如表2.4.1所示。

（4）转动望远镜，照准前视标尺，消除视差，使水准管气泡居中，用中丝读取前视读数，并记入手簿。

表 2.4.1 水准测量记录手簿

测自　　点至　　点　　天气：　　　成像：　　　日期：
仪器号码：　　　　　　观测者：　　　　　记录者：

测站	测点	水准尺读数/m 后视(a)	水准尺读数/m 前视(b)	高差/m
1	BM_A TP_1	1.542	1.278	+0.264
2	TP_1 TP_2	1.398	1.346	+0.052
3	TP_2 TP_3	1.475	1.642	−0.167
4	TP_3 TP_4	1.591	1.258	+0.333
5	TP_4 B	1.324	1.569	−0.245
计算校核		$\sum a = 7.330$	$\sum b = 7.093$	$\sum h = +0.237$
		$\sum a - \sum b = +0.237$		

（5）将仪器迁至第二站，此时，第一站的前视尺不动，变成第二站的后视尺，第一站的后视尺移至前面适当位置成为第二站的前视尺，按第一站相同的观测程序进行第二站的观测。重复上述过程，一直观测至待定点。

每测站观测完毕，应及时按式 h = a（后视读数）− b（前视读数）算出高差，记入手簿中相应位置，如表 2.4.1 所示。

为保证高差计算的正确性，应在每页手簿下方进行计算检核。检核的依据是：各测站测得的高差的代数和应等于后视读数之和减去前视读数之和。如表 2.4.1 中：

$$\sum h = + 0.237 \text{ m}$$
$$\sum a - \sum b = 7.330 - 7.093 = + 0.237 \text{ m}$$

所求两数相等，说明计算正确无误。

2. 测站检核

为了及时发现观测中的错误，保证每个测站观测高差的正确性，对每一站的观测高差应当进行测站检核。测站检核的方法有两种：

变动仪器高法：在同一测站上，改变仪器高度，两次测定高差。第一次测定后，重新安置仪器，使仪器高度的改变量不小于 10 cm，再进行第二次高差测定，两次测得的高差之差若不超过 ±6 mm，取两次观测高差的平均值作为最后结果。

双面尺法：在同一测站上仪器高度不变，分别用水准尺的黑、红面各自测出两点之间的高差，若两次高差之差不超过容许值，同样取高差的平均值作为观测结果。

3. 水准测量应注意的事项

（1）在测量工作之前，应对水准仪进行检验校正。
（2）仪器应安置在稳固的地面上，以减少仪器下沉。在光滑地面上安置仪器，应防止脚架滑动，采取防滑措施。
（3）在已知高程点和待测高程点上立尺时，不能放尺垫，直接放在标石或木桩的标志上。
（4）仪器到前后水准尺的距离要大致相等，可步量或拉尺确定。
（5）每次读数前，应调节微倾螺旋使水准管气泡居中，然后读数，读数后还应检查气泡是否居中。
（6）水准尺要扶直，不能前后左右倾斜；尺垫应踩踏稳固；点位标志及尺底不应沾有泥土杂物。
（7）观测员迁站前，后视点的尺垫不能动。
（8）仪器不能遭受雨淋或烈日暴晒，应撑伞遮挡。
（9）原始读数不得涂改，读错或记错的数据应划去（厘米、毫米位数据除外），再将正确数据写在上方，并在相应的备注栏内注明原因，记录簿要干净、整齐。

2.4.3 水准测量的内业计算

水准路线所有测段的外业观测结束后，应对各测段的记录手簿进行认真

水准测量内业计算视频

细致的检查，确认无误后，汇总出全线实测高差，进行高差闭合差的计算与调整，最后计算各点的高程。以上工作，称为水准测量的内业。

1. 高差闭合差计算

（1）附合水准路线。

对于附合水准路线，各测段测得的高差总和 $\sum h_{测}$ 应等于两已知水准点的高程之差 $\sum h_{理}$。但由于测量误差的存在，使得 $\sum h_{测} \neq \sum h_{理}$，其差值称为附合水准路线的高差闭合差，以 f_h 表示，则

$$f_h = \sum h_{测} - \sum h_{理} = \sum h_{测} - (H_{终} - H_{始}) \tag{2.4.1}$$

式中　$H_{终}$——路线终点的已知高程；
　　　$H_{始}$——路线起点的已知高程。

（2）闭合水准路线。

对于闭合水准路线，由于起点、终点均为同一水准点，因此，各测段测得的高差总和 $\sum h_{测}$ 的理论值应等于零，同样由于测量误差的存在使得 $\sum h_{测}$ 往往不等于零，其差值称为闭合水准路线的高差闭合差，于是有：

$$f_h = \sum h_{测} \tag{2.4.2}$$

（3）支水准路线。

对于支水准路线，往测各测段测得的高差总和 $\sum h_{往}$ 与返测各测段测得的高差总和 $\sum h_{返}$ 的绝对值应大小相等而符号相反；如果不相等，其差值即为高差闭合差，亦称较差，即

$$f_h = |\sum h_{往}| - |\sum h_{返}| \tag{2.4.3}$$

各种水准路线的高差闭合差是水准测量存在观测误差的反映，如果在规定范围内，则认为精度合格，水准测量成果可用；否则，应返工重测，直至符合要求为止。允许的高差闭合差是根据误差产生的规律和实际工作需要而制定的。等外水准测量高差闭合差的容许值规定为

平地　　$f_{h允} = \pm 40\sqrt{L}$（mm）　　　　　　　　　　　　　　　(2.4.4)

山地　　$f_{h允} = \pm 12\sqrt{n}$（mm）　　　　　　　　　　　　　　　(2.4.5)

式中　L——水准路线的长度，以 km 为单位；
　　　n——水准路线的测站总数。

2. 高差闭合差的调整和高程计算

（1）高差闭合差的调整。

当高差闭合差在允许值范围之内时，可进行高差闭合差的调整。对于附合或闭合水准路线，高差闭合差可按各测段的长度或测站数成正比例的方法进行调整，其调整值称作改正数，调整以后的各测段高差的总和应满足理论值。按测站数计算改正数的公式为

$$V_i = -\frac{f_h}{n} \times n_i \qquad (2.4.6)$$

按测段长度计算改正数的公式为

$$V_i = -\frac{f_h}{L} \times L_i \qquad (2.4.7)$$

式中 V_i ——第 i 测段的高差改正数；
$\quad\quad n$ ——水准路线测站总数；
$\quad\quad n_i$ ——第 i 测段的测站数；
$\quad\quad L$ ——水准路线的全长；
$\quad\quad L_i$ ——第 i 测段的路线长度。

高差改正数的总和应与高差闭合差的大小相等，符号相反，即

$$\sum V_i = -f_h \qquad (2.4.8)$$

上式可用来检核改正数计算的正确性。
（2）计算改正后的高差。
将各测段观测高差加上相应的高差改正数，即得各段改正后的高差，即

$$h_i = h_{测} + V_i \qquad (2.4.9)$$

对于支水准路线，当闭合差符合要求时，直接按下式计算各段平均高差：

$$h = \frac{h_{往} - h_{返}}{2} \qquad (2.4.10)$$

式中 h ——平均高差，m；
$\quad\quad h_{往}$ ——往测高差，m；
$\quad\quad h_{返}$ ——返测高差，m。

（3）计算各点高程。
根据改正后的高差，由起点高程逐一推算出其他各点的高程。推至最后一个已知点时，推得的高程应等于它的已知高程，以此检核高程推算是否正确。

对于支水准路线，可根据起点高程和各段的平均高差直接推算各点高程，但由于缺乏检核条件，最好由二人推算，以资校核。

图 2.4.3 及表 2.4.2 为一附合水准路线的计算实例。图中 BM_a 和 BM_b 为已知水准点，1、2 为未知点，采用普通水准测量方法施测，各测段的测站数及观测高差如图中所示。所有计算在表 2.4.2 中进行。

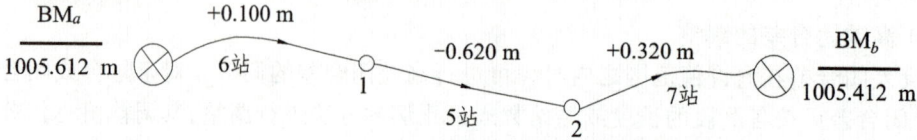

图 2.4.3 附合水准路线的计算略图

表 2.4.2 附合水准路线的计算

点号	测站数	实测高差/m	改正数/m	改正后高差/m	高程/m
BM_a					1 005.612
	6	+0.100	+0.006	+0.106	
1					1 005.718
	5	−0.620	+0.005	−0.615	
2					1 005.103
	7	+0.302	+0.007	+0.309	
BM_b					1 005.412
∑	18	−0.218	+0.018	−0.200	
		$f_h = -0.018$ m		$f_{h允} = ±42$ mm	

任务 2.5 DS₃型水准仪的检验与校正

根据水准测量的原理，要求水准仪必须能提供一条水平视线，而且能够对标尺进行正确读数，这样才能测出两点间的正确高差。为满足这些要求，仪器本身应具备一些条件。为此正式作业前，必须对水准仪加以检验，以考察其是否满足应具备的条件，对不符合要求的仪器必须加以校正。

2.5.1 水准仪应满足的几何条件

如图 2.5.1 所示，水准仪的主要轴线有四条：仪器竖轴（VV）、圆水准器轴（$L'L'$）、水准管轴（LL）、望远镜的视准轴（CC）。

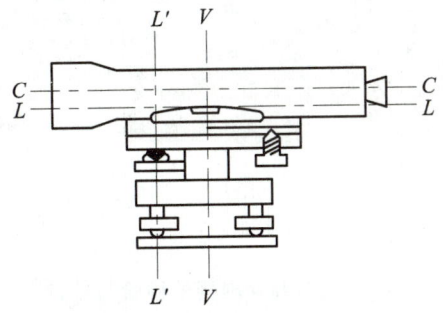

图 2.5.1 水准仪主要轴线间关系

水准仪各轴线间应满足以下几何条件：
（1）水准管轴 LL 平行于视准轴 CC。
（2）圆水准器轴 $L'L'$ 平行于仪器竖轴 VV。

(3)十字丝的中丝垂直于仪器竖轴。

不难理解,第一个条件如果得不到满足,那么当水准管气泡居中、水准管轴水平时,视准轴却处于倾斜状态,即视线不是水平的;第二个条件得不到满足,那么当圆水准器气泡居中、圆水准器轴垂直时,仪器竖轴却处于倾斜状态,此时很难或无法调节水准管精平仪器;第三个条件得不到满足,那么当仪器竖轴垂直时,十字丝的中丝却处于倾斜状态,这就无法在标尺上正确读数。

水准仪各轴线间的关系在仪器出厂时均经过检校,上述几何条件是满足的,但由于运输中的震动和长期使用的影响,各轴线的关系可能发生变化,因此作业之前,必须对仪器进行检验校正。

2.5.2 水准仪的检验与校正

1. 圆水准器的检验与校正

(1)检验目的:使圆水准器轴平行于仪器竖轴。

(2)检验原理:假设竖轴 VV 与圆水准器轴 $L'L'$ 不平行,当圆气泡居中时,圆水准器轴竖直,竖轴则偏离铅垂位置 α 角,如图 2.5.2(a)所示;将仪器绕竖轴旋转 180°,则圆水准器轴从竖轴的一侧移至另一侧,与铅垂线的夹角为 2α,如图 2.5.2(b)所示,此时圆气泡偏离零点位置的弧长所对的中心角等于 2α。

(3)检验方法:转动脚螺旋使圆水准器气泡居中,然后将仪器旋转 180°,若气泡仍居中,说明此项条件满足;若气泡偏离中心位置,说明此条件不满足,需要校正。

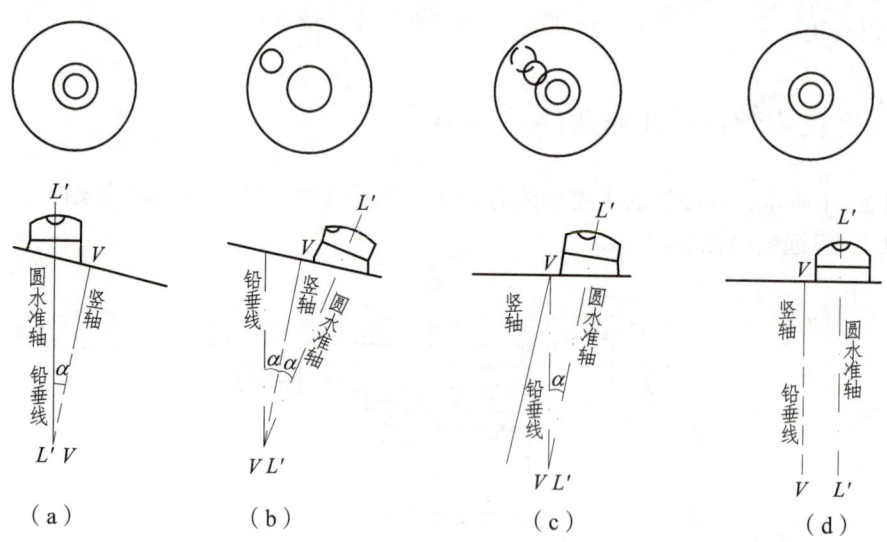

图 2.5.2 圆水准器的检验与校正

(4)校正方法:用校正针拨动圆水准器下面的 3 个校正螺旋,如图 2.5.3 所示,使气泡退回偏离中心距离的一半,此时圆水准器轴与竖轴平行,如图 2.5.2(c)所示;再旋转脚螺旋使气泡居中,此时竖轴处于竖直位置,如图 2.5.2(d)所示。校正工作需反复进行,直到仪器旋至任何位置气泡都居中为止。

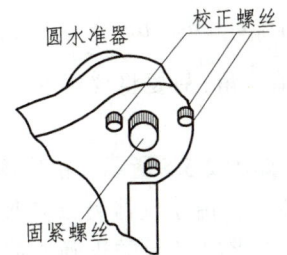

图 2.5.3 圆水准器校正螺丝

2. 十字丝横丝的检验与校正

（1）检验目的：使十字丝横丝垂直于仪器竖轴。

（2）检验原理：如果十字丝横丝不垂直于仪器竖轴，当竖轴处于竖直位置时，十字丝横丝不水平，横丝的不同部位在水准尺上的读数不同。

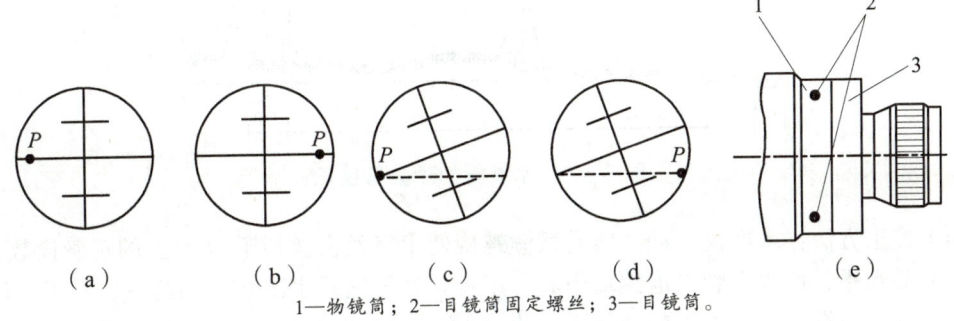

（a）　　　（b）　　　（c）　　　（d）　　　（e）

1—物镜筒；2—目镜筒固定螺丝；3—目镜筒。

图 2.5.4　十字丝的检验与校正

（3）检验方法：仪器整平后，从望远镜视场内选择一清晰目标点 P，用十字丝中丝的一端瞄准 P 点，如图 2.5.4（a）所示；拧紧制动螺旋，转动水平微动螺旋，若 P 点始终沿横丝移动，如图 2.5.4（b）所示，说明十字丝横丝垂直于竖轴；如果 P 点偏离开横丝，如图 2.5.4（d）所示，则表明十字丝横丝不垂直于竖轴，需要校正。

（4）校正方法：松开目镜座上的三个十字丝环固定螺旋，如图 2.5.4（e）所示（有的仪器须卸下十字丝环护罩，松开四个十字丝压环螺丝），转动十字丝环，使横丝与目标点 P 重合，再进行检验，直到目标点始终在横丝上移动为止，最后拧紧固定螺丝。

3. 水准管的检验与校正

（1）检验目的：使水准管轴平行于视准轴。

（2）检验原理：若水准管轴与视准轴不平行，会出现一个交角 i，因 i 角的影响产生的读数误差称为 i 角误差。此项检验也称为 i 角检验。在地面上选定两固定点，测定两点间的正确高差，然后用被检仪器在其他位置重新测定两点间的高差，如果测出的高差等于正确高差，则水准管轴平行于视准轴，即 i 角为零；若两者不等，则两轴不平行。

（3）检验方法：在一平坦地面上选择 80～100 m 的两点 A 和 B，分别在 A、B 两点打入木桩，在木桩上竖立水准尺。将水准仪安置在 A、B 两点的中间，使前、后视距离相等，如图 2.5.5 所示，精确整平仪器后，依次照准 A、B 两点上的水准尺读数，设读数分别为 a_1 和 b_1。因前、后视距离相等，所以 i 角对前、后视读数的影响相等，设其为 x，于是 A、B 两点间的正确高差为

$$h_1 = (a_1 - x) - (b_1 - x) = a_1 - b_1$$

由上式可以看出,尽管仪器存在 i 角,只要将仪器安置在两点间且与两点等距离的地方,测定的高差仍然是正确高差。

将仪器移至离 B 点约 3 m 处,如图 2.5.5 所示。精确整平仪器后,依次照准 A、B 两点上的水准尺读数,设读数分别为 a_2 和 b_2。由于仪器离 B 点尺很近,i 角对 b_2 的影响很小,b_2 可认为是正确读数。根据正确高差可以求出 A 尺的正确读数为 $a_2' = h_1 + b_2$。若 $a_2' = a_2$,说明满足条件;若 $a_2' \neq a_2$,表明条件不满足(当 $a_2' < a_2$ 时,说明视准轴向上倾斜;$a_2' > a_2$,则视准轴向下倾斜),一般规定当 $|a_2' - a_2| > 3$ mm 时需要校正仪器。

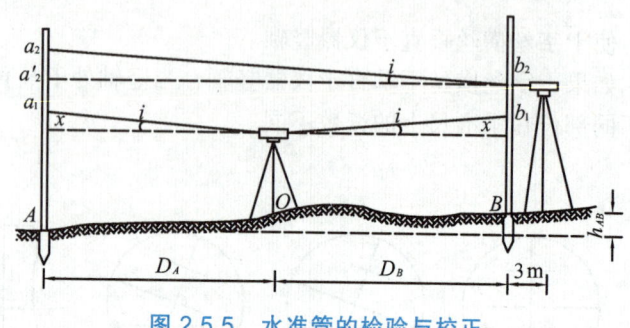

图 2.5.5　水准管的检验与校正

(4)校正方法:水准仪不动,转动微倾螺旋使十字丝横丝切于 A 尺上的正确读数 a_2' 处。此时视准轴水平,但水准管气泡偏离中心。用校正针先松开水准管一端的左右校正螺丝,然后拨动上下校正螺丝,如图 2.5.6 所示,一松一紧,升降水准管的一端,使气泡居中。此项检验需要反复进行,直到符合要求后,拧紧松开的校正螺丝。

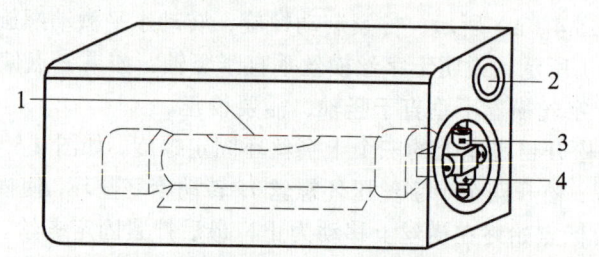

1—水准管气泡;2—气泡观察窗;3—上校正螺丝;4—下校正螺丝。

图 2.5.6　水准管的校正

任务 2.6　水准测量的误差来源及消减办法

水准测量的误差主要来源于三个方面:仪器本身的误差、观测误差及外界条件产生的误差。为了提高水准测量的精度,必须分析和研究误差的来源及其影响规律,找出消除或减弱这些误差影响的措施。

2.6.1 仪器误差

1. 视准轴与水准管轴不平行引起的误差

仪器误差主要表现为视准轴与水准管轴不平行引起的 i 角误差。水准仪虽然经过检验校正，但不可能彻底消除 i 角。要消减 i 角对观测高差的影响，必须在观测时使仪器至前、后视水准尺的距离相等。

2. 调焦误差

由于仪器制造加工不够完善，当转动调焦螺旋调焦时，调焦透镜产生非直线运动而改变视线位置，从而给观测带来误差，这种误差称为调焦误差。这项误差，只要仪器安置在距前、后尺等距离处，后视观测完毕转向前视，不必重新调焦即可得到消除。

3. 水准标尺的误差

由于标尺本身的原因和使用不当所引起的读数误差称为标尺误差。水准标尺本身的误差包括分划误差、尺面弯曲误差、尺长误差等，在使用前必须对水准尺进行检验，符合要求方能使用。下面讨论水准标尺在使用过程中经常出现的误差及其减弱的措施。

（1）水准标尺零点差。

由于使用、磨损等原因，水准标尺的底面与其分划零点不完全一致，其差值称为标尺零点差。标尺零点差的影响对于一个测段的测站数为偶数的水准路线，可自行抵消；若为奇数，所测高差中将包含该误差的影响。因此，在一个测段内应使测站数为偶数。

（2）标尺倾斜误差。

水准测量时，若水准标尺倾斜，在倾斜标尺上的读数总是比竖直标尺上的读数大，如图 2.6.1 所示。为减小标尺竖立不直产生的读数误差，可使用安装有圆水准器的水准标尺，并注意在测量工作中认真扶尺，使标尺竖直。

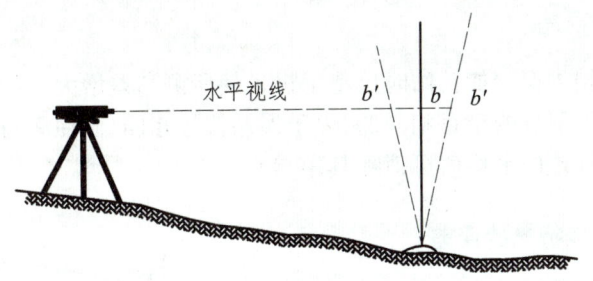

图 2.6.1 标尺倾斜对读数的影响

2.6.2 观测误差

1. 整平误差

水准测量是利用水平视线测定高差的，如果仪器没有精确整平，则倾斜的视线将使标尺读数产生误差。设水准管的分划值为 20″，如果气泡偏离半格（10″），则当距离为 50 m 时，产生的读数误差$\Delta = 2.4$ mm。当距离为 100 m 时,读数误差$\Delta = 4.8$ mm;误差随距离的增大而增大。因此,在读数前,必须使符合水准气泡精确吻合。

2. 读数误差

产生读数误差的原因有两个:一个是存在十字丝视差;二是估读毫米数不准确。十字丝视差可通过重新调节目镜和物镜调焦螺旋加以消除;估读误差与十字丝的粗细、望远镜的放大率和视线长度有关。在一般水准测量中,当视线长度为 100 m 时,估读误差约为 ± 1.5 mm。若望远镜放大倍率较小或视线过长,致使尺子成像小,估读误差将会增大。因此各级水准测量对所用仪器望远镜的放大倍率和最大视距都有相应规定,如普通水准测量中,要求望远镜的放大倍率在 20 倍以上,视线长不能超过 150 m。

2.6.3 外界条件的影响

1. 仪器升降的误差

由于土壤的弹性及仪器的自重,在观测过程中可能引起仪器上升或下沉,从而产生误差。如图 2.6.2 所示,若后视观测完毕转向前视时,仪器下沉了Δ_1,使前视读数b_1小了Δ_1,即测得的高差$h_1 = a_1 - b_1$大了Δ_1。设在一测站上进行两次测量,第二次先前视再后视,若从前视转向后视过程中仪器又下沉了Δ_2,则第二次测得的高差$h_2 = a_2 - b_2$小了Δ_2。如果仪器随时间均匀下沉,即$\Delta_2 = \Delta_1$,取两次所测高差的平均值,这项误差就可得到有效的削弱。因此,在不良地段观测时,可采用黑、红面尺,按"后黑—前黑—前红—后红"的观测顺序进行观测,从而减弱仪器升降误差的影响。

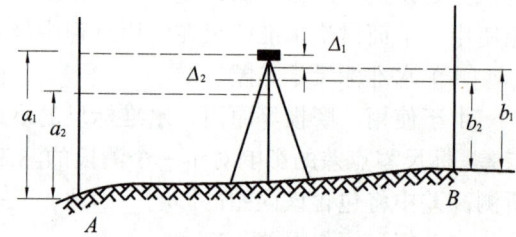

图 2.6.2 仪器升降的误差

2. 水准尺下沉的误差

与仪器升降情况相类似。如转站时尺垫下沉,使所测高差增大,如上升则使高差减小。如果往测与返测时尺子下沉的量是相同的,由于误差符号相同,而往测与返测高差符号相反,因此,取往测和返测高差的平均值可消除其影响。

3. 地球曲率和大气折光的误差

(1)地球曲率引起的误差。

在项目一的任务三中已经证明,地球曲率对高程的影响是不能忽略的。如图 2.6.3 所示,由于水准仪提供的是水平视线,因此后视和前视读数a和b中分别含有地球曲率误差δ_1和δ_2,则A、B两点间的高差应为$h_{AB} = (a - \delta_1) - (b - \delta_2)$,但只要将仪器安置于距$A$点和$B$点等距离处,这时$\delta_1 = \delta_2$,于是$h_{AB} = a_1 - b_1$,

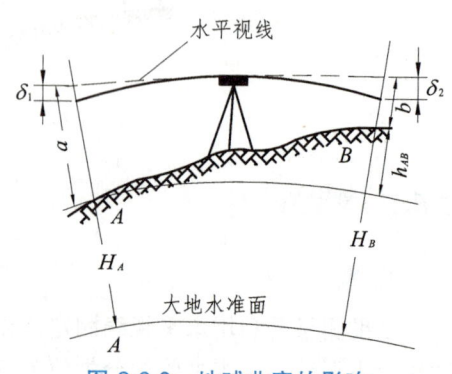

图 2.6.3 地球曲率的影响

即可消除地球曲率的影响。

（2）大气折光引起的误差。

我们知道，光线通过不同密度的介质时，将会发生折射，而且总是由密度低的介质向密度高的介质折射。地面上空气存在密度梯度，因而水准仪的视线往往不是一条理想的水平线。一般情况下，大气层的密度上低下高，视线通过时成为一向下弯折的曲线，使尺上读数减小，如图 2.6.4 中 a 端所示，曲线与水平线的差值 r_1 即为折光差。在晴天，靠近地面的温度较高，致使下面的空气密度比上面低，这时视线成为一条向上弯曲的曲线，使尺上的读数增大，如图 2.6.4 中 b 端所示，此时的折光差为 r_2。从图中不难看出，要减弱折光差的影响，应采取以下措施：

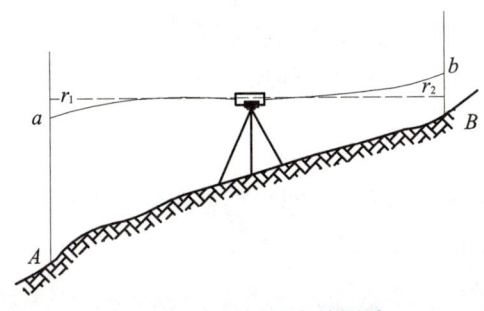

图 2.6.4　大气折光的影响

① 缩短视线长度。折光差的大小与视线长度有关，视线越长，折光差也大越大。为保证观测精度，各等级水准测量都对视线长度作出了相应规定。

② 抬高视线高度。因为视线越近地面，折射也就越大，因此一般规定视线必须高出地面 0.3 m 以上。同时抬高视线高度可使前后视线的弯折方向相同，折光差保持相同的符号。特别是在连续上坡或下坡的山地作业时，更应注意这一点。

③ 前、后视等距离。在折光差的符号保持相同的情况下，若地面覆盖物基本相同，只要使前、后视距离相等，同样折光差的影响可在计算的高差中得到消除。

任务 2.7　了解精密水准仪和电子水准仪

2.7.1　精密水准仪

精密水准仪一般是指精度高于 ±1 mm/km 的水准仪，主要用于高精度测量工作如：建筑工程测量、变形及沉降监测、重要工程高程控制网的布设、大型建筑物的施工等。我国苏州一光 DS_{05} 精密水准仪如图 2.7.1 所示。

为满足测量精度的要求，精密水准仪必须具备以下条件：

（1）高质量的望远镜光学系统。

为了在望远镜中能获得水准标尺上分划线的清晰影像，望远镜必须具有足够的放大倍率和较大的物镜孔径。一般精密水准仪的放大倍率应大于 40 倍，物镜的孔径应大于 50 mm。

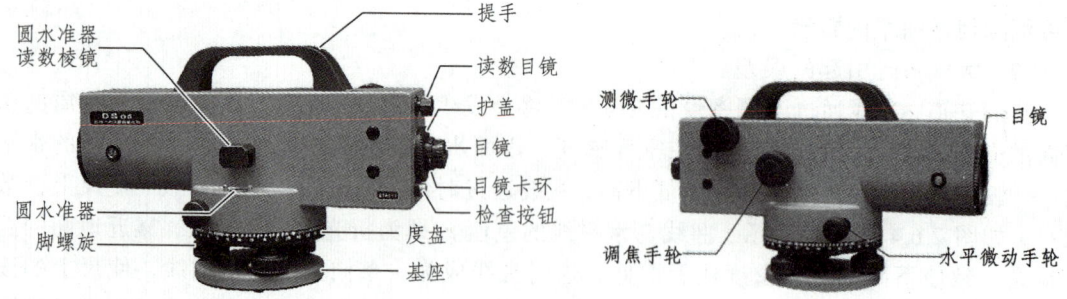

图 2.7.1 DS₀₅ 自动安平水准仪

（2）坚固稳定的仪器结构。

仪器的结构必须使视准轴与水准轴之间的联系相对稳定，不受外界条件的变化而改变它们之间的关系。一般精密水准仪的主要构件均由特殊的合金钢制成，并在仪器上套有起隔热作用的防护罩。

（3）高精度的测微器装置。

精密水准仪必须有光学测微器装置，借以精密测定小于水准标尺最小分划线间格值的尾数，从而提高在水准标尺上的读数精度。

（4）高灵敏的管水准器。

在精密水准仪上必须有倾斜螺旋（又称微倾螺旋）的装置，借以可以使视准轴与水准轴同时产生微量变化，从而使水准气泡较为容易地精确置中以达到视准轴的精确整平。

精密水准仪需配合精密水准尺使用。DS₀₅ 精密水准仪配套使用的铟钢标尺如图 2.7.2 所示。

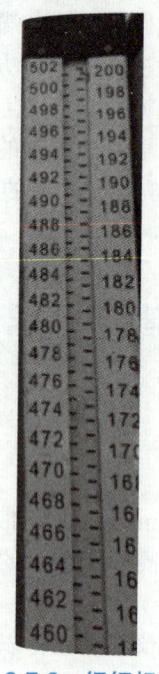

图 2.7.2 铟钢标尺

2.7.2 电子水准仪

电子水准仪又称"数字水准仪",是集几何水准测量数据采集和处理为一体的新一代水准仪。电子水准仪由基座、水准器、望远镜、操作面板和数据处理系统等部件组成,电子水准仪的主要构件如图 2.7.3 所示。

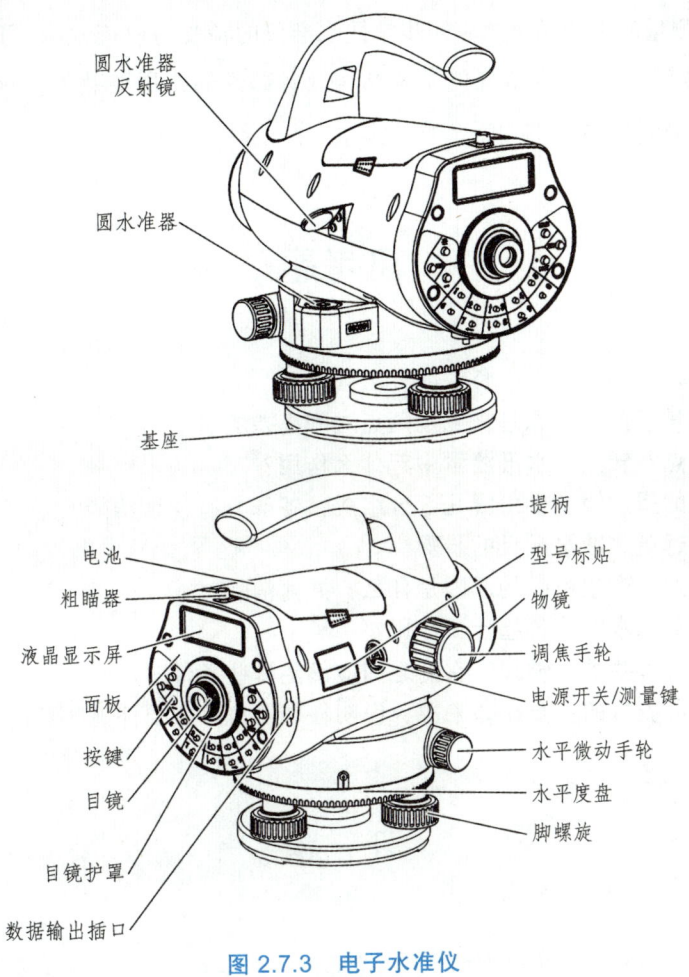

图 2.7.3 电子水准仪

电子水准仪的主要优点有:
(1)操作简捷,自动观测和记录,并立即用数字显示测量结果。
(2)测量速度快,读数客观,测量精度高。
(3)仪器还附有数据处理器及与之配套的软件,从而可将观测结果输入计算机后处理,实现测量工作自动化和流水线作业,大大提高功效。

与电子水准仪配套使用的水准尺为条形编码尺,通常由玻璃纤维或钢钢制成。在电子水准仪中装置有行阵传感器,它可识别水准标尺上的条形编码。电子水准仪摄入条形编码后,经处理器转变为相应的数字,再通过信号转换和数据化,在显示屏上直接显示中丝读数和视距。

小 结

水准测量是工程建设中的一项基本测量工作。通过学习，要求学生掌握水准测量的基本原理，能熟练使用 DS_3 或 DSZ_3 型水准仪进行水准测量外业工作，并能处理水准测量内业数据。为保证水准测量的观测精度，应初步掌握水准仪的检验与校正方法，了解水准测量误差产生的原因及消减办法。对水准仪的基本结构及各部件的作用要熟悉。对精密水准仪、电子水准仪要有简单的认识。

思考题

2-1　何谓高差？高差的正、负说明什么问题？
2-2　水准仪是根据什么原理来测定两点之间高差的？
2-3　何谓转点？转点在水准测量中起什么作用？
2-4　水准仪的望远镜主要由哪几部分组成？各部分有什么功能？
2-5　简述望远镜瞄准水准尺的步骤。
2-6　何谓视差？产生视差的原因是什么？如何消除？
2-7　圆水准器和水准管各起什么作用？
2-8　水准仪有哪些重要轴线？它们之间应满足哪些条件？
2-9　结合水准测量的主要误差来源，说明在观测过程中要注意哪些问题。

习 题

2-1　设点 A 为后视点，B 点为前视点，$H_A = 1\ 287.452$ m，当后视读数为 1.698 m 时，前视读数为 1.748 m，求：A、B 两点的高差及 B 点的高程。

2-2　按图 2.1 所示的数据，填写水准测量手簿并进行计算与检核。

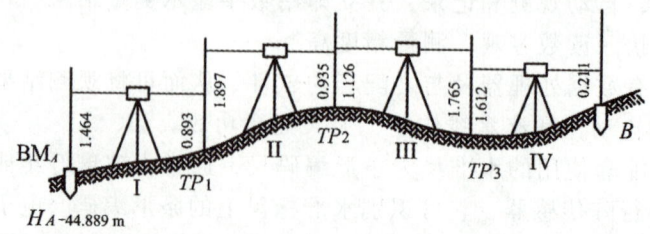

习题 2-2 图

2-3　图 2.31 为一闭合水准路线，BM_A 为已知高程点，高程为 1 235.739 m；1、2、3 为待定点。各测段的观测结果如图中所示，试计算各点的高程。

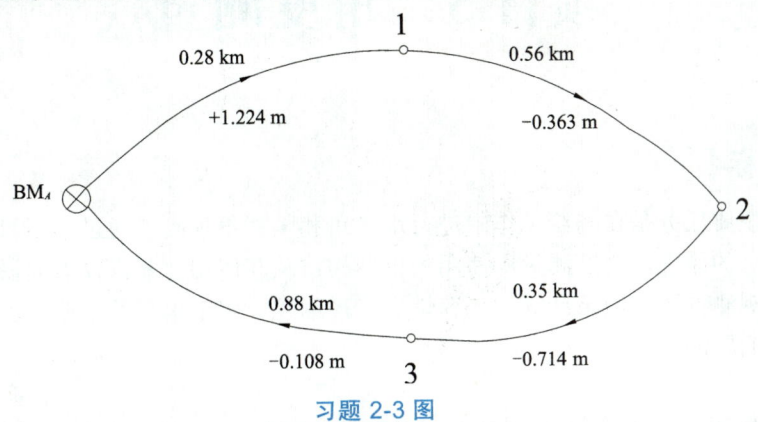

习题 2-3 图

2-4 设地面上 A、B 两点，将水准仪安置在距 A、B 两点等距离处，测得其高差 h_{AB} = 0.244 m。将仪器安置于近 A 点处，读得 A 点水准尺上的读数为 1.689 m，B 点水准尺上的读数为 1.457 m。试问：

（1）该水准仪水准管轴是否平行于视准轴？为什么？

（2）若水准管轴不平行于视准轴，那么视线偏于水平线的上方还是下方，是否需要校正？

（3）若需要校正，简述其校正方法和步骤。

项目 3　角度测量

【学习目标】

本项目的主要任务是在测绘工作中进行水平角和竖直角观测。通过本项目的学习，使学生了解角度测量的原理、角度测量所使用的仪器构造及其使用；掌握仪器的操作要领及水平角、竖直角的观测方法、记录计算。培养学生严谨细致，实事求是的职业素养，提升学生分析问题，解决问题的能力。

案例：

下图为某测区示意图，要对该测区进行平面控制测量。测区内布设控制点 ABCDEFG（已知控制点为 A、B 两点），请选择合适的水平角观测方法观测各控制点上的水平角。

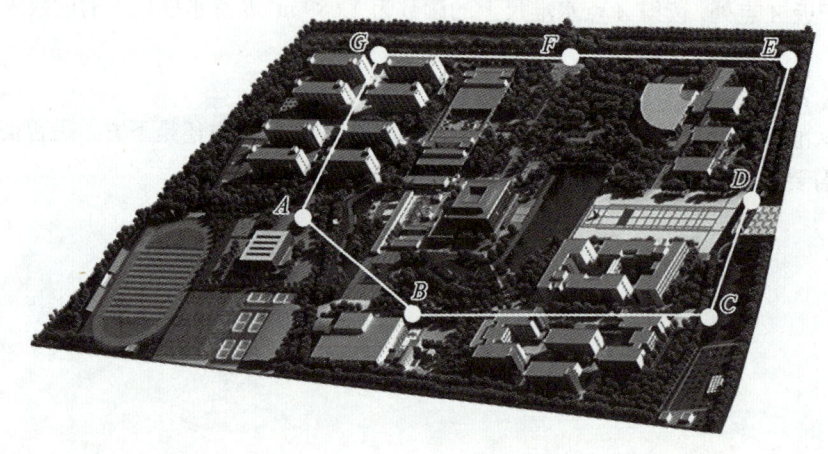

任务 3.1　角度测量的原理

角度测量分为水平角测量和竖直角测量。测量水平角的主要目的是用于求算地面点的平面位置，而竖直角测量的目的主要是测定两地面点的高差或将两地面点间的倾斜距离改化成水平距离。

3.1.1　水平角及其测量原理

地面上两相交直线之间所形成的夹角在同一水平面上的投影，称为水平角。如图 3.1.1 所示，在地面上有高程不等的任意三点 A、B、C，沿铅垂线方向投影到水平面上得到 A_1、B_1、C_1 三点，则直线 B_1A_1 与直线 B_1C_1 的夹角 β 即为地面上 BA 与 BC 两方向线间的水平角。也可以理解为，通过地面上两方向线的竖直面所夹的二面角即为水平角。水平角的取值范围为 $0° \sim 360°$。

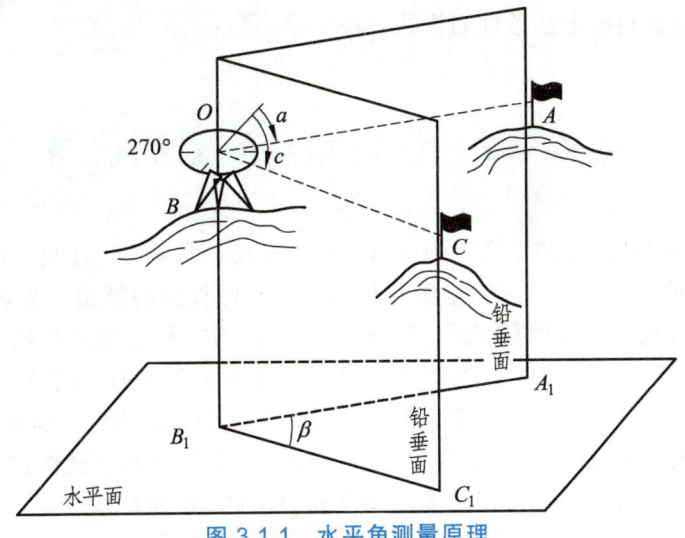

图 3.1.1 水平角测量原理

若在角顶 B 的铅垂线上，水平地放置一个带有顺时针刻划的圆盘，使圆盘中心 O 位于该铅垂线上，通过 BA、BC 两方向线的竖直面在度盘上的读数分别为 a 和 c，则两读数之差即为两方向线间的水平角值，即

$$\beta = c - a \tag{3.1.1}$$

3.1.2 竖直角及其测量原理

竖直角又称垂直角，是指在同一竖直面内目标视线与水平线之间的夹角，有仰角和俯角之分。如图 3.1.2 所示，当视线在水平视线的上方时，α_A 为仰角，角值为正；当视线在水平视线的下方时，α_C 为俯角，角值为负。竖直角的取值范围为 $0° \sim \pm 90°$。

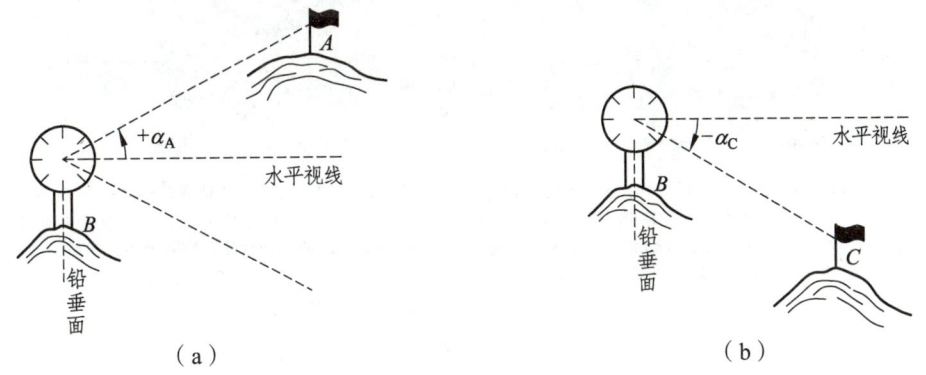

图 3.1.2 竖直角测量原理

若在竖直面内设一竖直圆盘，使圆盘中心跟视线起点 B 重合，则用望远镜照准目标时在竖盘上的读数值与视线水平时相减即得到该观测方向的竖直角。

综上所述，测角的仪器就必须满足以下条件：为了测量水平角，仪器必须具有一个能置于水平位置的水平度盘；为了测量竖直角，仪器必须具有一个能处于竖直位置的竖直度盘；为了照准目标，仪器还必须具有一个既能在水平面内旋转又能在竖直面内旋转的望远镜。而经纬仪和全站仪就是根据上述原理制作的。

任务 3.2　认识角度测量的仪器

经纬仪和全站仪是角度测量常用的仪器。通过本任务的学习,让我们正式认识经纬仪。按读数设备的不同,经纬仪分为光学经纬仪和电子经纬仪两种类型。光学经纬仪采用光学度盘和光学测微的光学系统读数方式,价格低,性能稳定。根据精度高低的不同,我国将光学经纬仪划分为 DJ_{07}、DJ_1、DJ_2、DJ_6、DJ_{15} 等多种型号(代号 D、J 分别表示"大地测量"和"经纬仪"汉语拼音的第一个字母;下标表示该仪器的精度指标,例如"6"表示一测回水平方向值中数的中误差为 ±6″),其中 DJ_{07}、DJ_1、DJ_2 属于精密经纬仪,DJ_6、DJ_{15} 属于普通经纬仪。本任务介绍了 DJ_6 型光学经纬仪和 DJ_2 型光学经纬仪。

3.2.1　DJ_6 型光学经纬仪的构造

经纬仪的认识视频

由于生产厂家不同,DJ_6 型光学经纬仪各部件的形式不完全一样,但其基本结构是相同的,由照准部、水平度盘和基座三大组成部分组成,如图 3.2.1 所示。

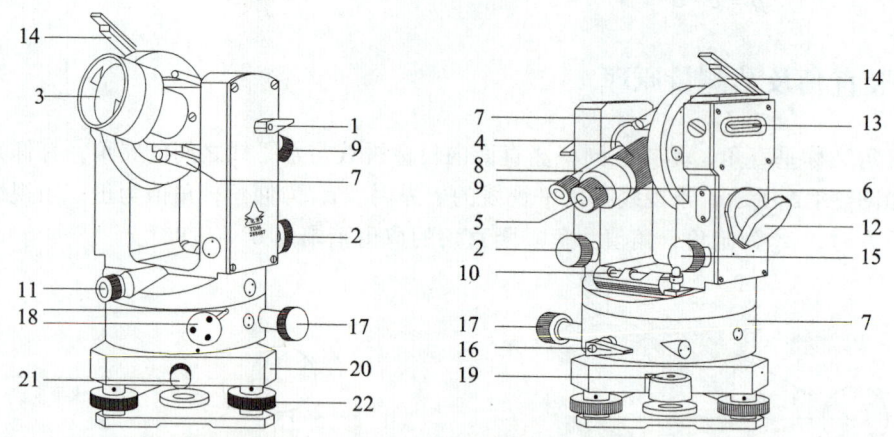

1—望远镜制动螺旋;2—望远镜微动螺旋;3—物镜;4—物镜调焦螺旋;5—目镜;6—目镜调焦螺旋;7—光学瞄准器;
8—度盘读数显微镜;9—度盘读数显微镜调焦螺旋;10—照准部水准管;11—光学对中器;12—度盘照明反光镜;
13—竖盘指标水准管;14—竖盘指标水准管观察反射镜;15—竖盘指标水准管微动螺旋;16—水平方向制动螺旋;
17—水平方向微动螺旋;18—水平度盘变换手轮与保护卡;19—圆水准器;
20—基座;21—轴套固定螺旋;22—脚螺旋。

图 3.2.1　DJ_6 型光学经纬仪

照准部是光学经纬仪的核心部件,是位于水平度盘之上、能绕其旋转轴旋转的全部部件的总称。它包括望远镜、读数设备、竖直度盘、支架、照准部水准管、照准部旋转轴和光学对中器等。经纬仪望远镜的构造与水准仪的望远镜基本相同。望远镜、竖直度盘与横轴固连在一起,安放在支架上;望远镜可绕横轴旋转,望远镜转动时,竖直度盘随之转动。竖盘读数指标与竖盘指标水准管固连在一起,不随望远镜转动,但可通过竖盘指标水准管微动螺旋作微小转动。调整此微动螺旋使竖盘指标水准管气泡居中,读数指标即处于正确位置。为了提高野外作业速度,有些经纬仪已不再采用竖盘指标水准管,而用自动归零装置代替。

1. 照准部

照准部水准管是用来精确整平仪器的。光学对中器的作用是通过它将仪器中心安置在测站点的铅垂线上。读数设备包括读数显微镜、测微器以及光路中的一系列棱镜、透镜等。为了控制照准部在水平方向内的转动,照准部上装有水平制动和微动螺旋;为了控制望远镜在竖直面内的转动,在支架一侧装有望远镜制动螺旋和微动螺旋。

2. 水平度盘

经纬仪上有水平和竖直两个度盘,用作方向角值的度量。度盘是由光学玻璃制成的精密刻度盘,分划从 0°～360°,按顺时针注记,最小刻划有 1°、30′或 20′三种。

水平度盘固定在金属盒内,有一空心轴,空心轴插入度盘的外轴中,外轴再插入基座的套轴内,如图 3.2.2 所示。在测角过程中,水平度盘与照准部的关系是分离的,即水平度盘不随照准部转动;若要改变水平度盘的位置,可利用度盘变换手轮将度盘转到所需要的位置。还有少数仪器采用复测装置,这类仪器水平度盘与照准部的关系可离可合;当复测扳手向下扳到位,照准部与度盘扣合在一起,度盘随照准部一道转动,度盘读数不变;当复测扳手向上扳到位,照准部与度盘分离,度盘不随照准部转动。

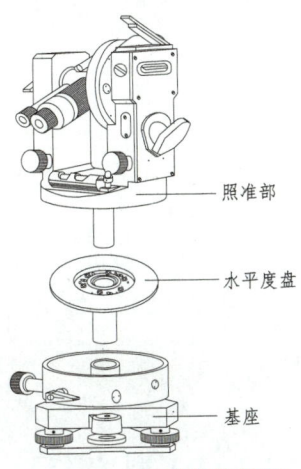

图 3.2.2 经纬仪结构图

3. 基　座

基座是支撑仪器的底座,包括轴座、脚螺旋、底版、三角形压板等。照准部连同水平度盘一起插入基座轴套后,用轴套固定螺旋(又称中心锁紧螺旋)固紧;轴套固定螺旋切勿松动,以免仪器上部与基座脱离而摔坏。仪器装到三脚架上时,须将三脚架头上的中心连接螺旋旋入基座底板,使之固紧。采用光学对中器的经纬仪,其连接螺旋是空心的;连接螺旋下端大都具有挂钩或像灯头一样的插口,以备悬挂垂球之用。

基座上的三个脚螺旋用来整平仪器的。圆水准器的作用仍然是粗略整平仪器用。

4. 读数设备和读数方法

光学经纬仪的读数设备包括度盘、光路系统和测微器。水平度盘和竖直度盘上的分划影像,通过一系列棱镜和透镜成像于望远镜旁的读数显微镜内。DJ₆ 型光学经纬仪的读数装置可以分为分微尺测微装置和单平板玻璃测微装置两种。目前我国生产的 DJ₆ 型光学经纬仪大都采用分微尺测微器读数装置。

分微尺测微器读数装置,如图 3.2.3 所示。在读数显微镜中可以同时看到两个读数窗,注有"－""H"或"水平"的都是水平度盘读数窗;注有"⊥""V"或"竖直"的都是竖直度盘读数窗。两个读数窗上都有一个分成 60 小格的分微尺,其长度等于度盘间隔为 1°的两分划线之间的影像宽度,因此测微尺上一小格的分划值为 1′,可以估读至 0.1′。读数时,先读出位于分微尺 60 小格区间内的度盘分划线的度数,再以该度盘分划线为指标,在分微尺上读取不足 1°的分数,并估读到秒数(秒数只能是 6 的倍数)。图 3.2.3 中水平度盘的读数为 156°03′42″,竖直度盘的读数为 78°58′36″。

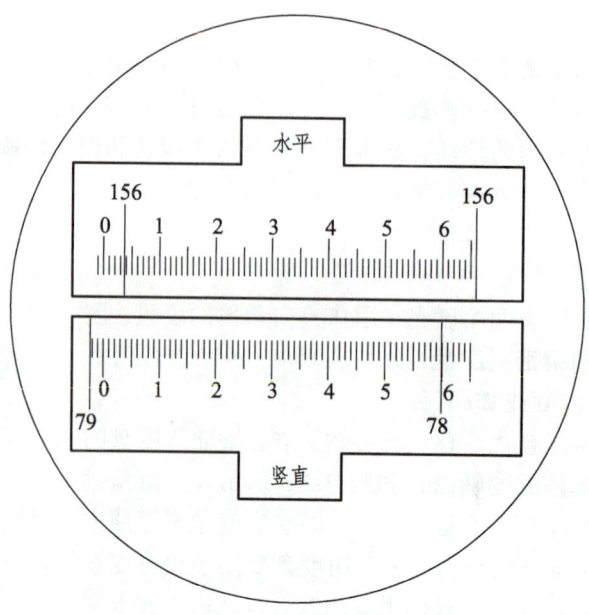

图 3.2.3　分微尺测微器读数

3.2.2　DJ$_2$型光学经纬仪简介

DJ$_2$型经纬仪是一种精度较高的经纬仪,常用于控制测量和精密工程测量中。图 3.2.4 为苏州光学仪器厂生产的 DJ$_2$型光学经纬仪。

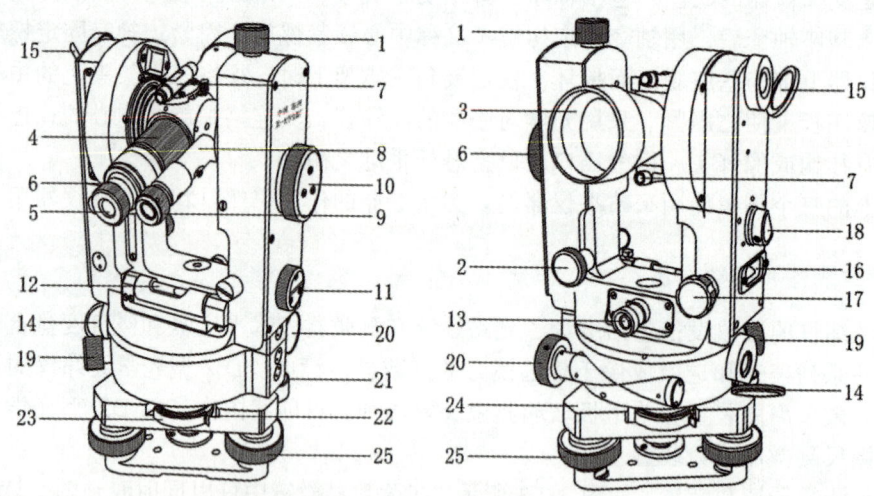

1—望远镜制动螺旋;2—望远镜微动螺旋;3—物镜;4—物镜调焦螺旋;5—目镜;6—目镜调焦螺旋;7—光学瞄准器;8—读数显微镜;9—读数显微镜调焦螺旋;10—测微轮;11—水平度盘与竖直度盘换像手轮;12—照准部管水准器;13—光学对中器;14—水平度盘反光镜;15—垂直度盘反光镜;16—指标水准管;17—指标水准管微动螺旋;18—指标水准管气泡观察窗;19—水平制动螺旋;20—水平微动螺旋;21—圆水准器;22—水平度盘变换手轮;23—水平度盘变换手轮护盖;24—基座；25—脚螺旋。

图 3.2.4　DJ$_2$型光学经纬仪

DJ₂型光学经纬仪与 DJ₆型学经纬仪的区别主要是读数设备及读数方法不同。DJ₂型光学经纬仪采用对径分划影像符合的读数装置，它是将度盘上相对 180°的分划线，借助于一系列棱镜和透镜的反射与折射作用而同时反映到读数显微镜内，并分别位于一条横线的上方与下方，成为正像和倒像，如图 3.2.5 中的大窗所示。DJ₂型光学经纬仪的测微装置为双光楔测微器，在光路上设置了一个固定光楔组和一个活动光楔组，度盘对径分划分别通过一个固定光楔和一个活动光楔，活动光楔组与测微轮相连，转动测微轮，可使活动光楔组相对于固定光楔组做相对运动，于是度盘正、倒像对径分划做相对移动，而测微轮又与测微尺相连，当转动测微轮使正、倒像对径分划重合（符合）时，对径两分划线相对移动的角值就在测微尺上反映出来。当度盘正、倒像分划线相对移动一格（实际上各移动半格）时，测微尺正好移动 600 小格，度盘的最小格值为 20′（半格值为 10′），故测微尺上最小格值为 1″，可估读至 0.1″。读数时，先转动测微轮使靠近视窗中央的正、倒像对径分划线精确重合，如图 3.2.5 所示，读出正像左边的度数（图中为 27°）；再在倒像右边找到与所读数相差 180°的分划线（图中为 207°），数出此两分划线间所夹的格数（图中为 5 格），格数乘以格值（10′）即为整十分的分值；不足 10′的分数和秒数在小窗（测微尺读数窗）中读取。图 3.2.5 中的完整读数为 27°52′03.7″。

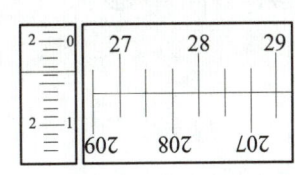

图 3.2.5 DJ₂型光学经纬仪读数视窗

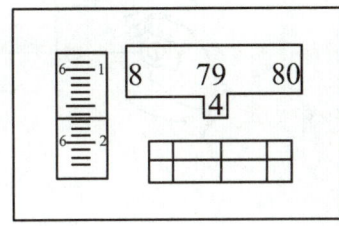

图 3.2.6 新型 DJ₂型光学经纬仪读数视窗

为使读数更为方便，近年来使用的 DJ₂经纬仪采用如图 3.2.6 所示的读数窗，图中右下侧的小窗为度盘分划影像（没有注记），上面小窗为度盘读数和整 10′的注记，左侧的小窗为测微尺读数窗。这种仪器的读数原理与上述相同，所不同者是采用了数字化读数形式。图中所示的读数为 79°46′16.7″。

DJ₂型光学经纬仪在读数显微镜中只能看到水平度盘或竖直度盘的刻划影像，不能同时看到两者的影像，利用支架旁的度盘换像手轮可变换读数显微镜中水平度盘或竖直度盘的分划影像。当换像手轮端面上的指示线水平时，显示的是水平度盘的影像，当指示线成竖直时，显示的是竖直度盘的影像。

DJ₂型光学经纬仪采用的符合读数装置，可以消除水平度盘偏心差的影响。因此，在水平角观测中，可以通过计算 $2c$ 和比较 $2c$ 互差的大小来衡量观测质量。

任务 3.3　DJ₆型经纬仪的操作使用

经纬仪的使用视频

经纬仪的使用包括安置仪器、照准和读数三项基本操作。

3.3.1 经纬仪的安置

经纬仪的安置包括对中和整平两项操作。对中的目的是使仪器的中心与测站点的标志中心在同一铅垂线上;整平的目的是使仪器的竖轴垂直,即水平度盘处于水平位置。

整平包括粗略整平和精确整平。

粗略整平,简称粗平,是通过伸缩脚架腿使圆水准气泡居中。精确整平,简称精平,是通过旋转脚螺旋使管水准气泡居中。精平时要求转动照准部,使照准部水准管大致平行于任意两个脚螺旋 1、2 的连线,如图 3.3.1(a)所示,两手同时向内或向外旋转这两个脚螺旋使气泡居中。再将照准部旋转 90°,如图 3.3.1(b)所示,使水准管大致处于 1、2 两脚螺旋连线的垂线上,转动第 3 个脚螺旋,使水准管气泡居中。再转回原来的位置,检查气泡是否居中,若不居中,则按上述步骤反复进行,直至照准部转到任何位置,气泡都居中为止。

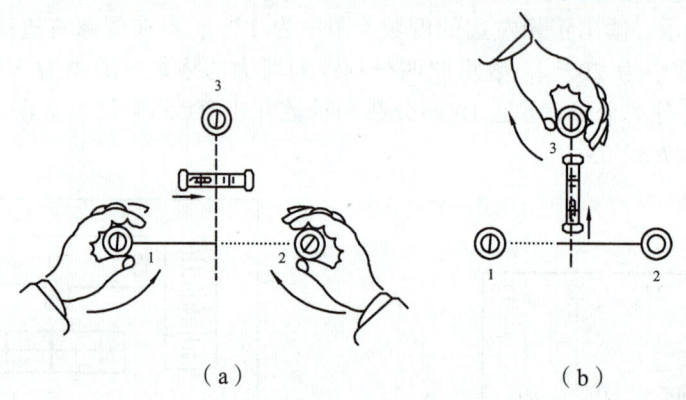

图 3.3.1 照准部水准管整平

对中的方式有垂球对中和光学对中两种。

垂球对中容易受风力等外界因素的影响,对中精度不高。目前生产的光学经纬仪均装有光学对中器,其对中精度可达到 1~2 mm,高于垂球的对中精度,因此实际工作中一般采用光学对中器对中。使用光学对中器进行对中时,对中与整平一起进行,其操作步骤如下:

(1)使用光学对中器之前,应先转动光学对中器目镜调焦螺旋使对中器分划板十分清晰,再通过拉伸光学对中器看清地面上的测点标志。

(2)初步对中:保持三脚架的一条腿固定不动,双手分别握紧三脚架的另外两条腿,眼睛观察光学对中器,移动三脚架使对中器分划板上的对中标志基本对准测站点的中心(应注意保持三脚架头基本水平),然后将三脚架的脚尖踩实。

(3)精确对中:稍微旋松连接螺旋,眼睛观察光学对中器,平移仪器基座(不要有旋转),使对中标志准确对准测站点的中心,拧紧连接螺旋。

(4)粗略整平:伸缩脚架腿,使圆水准器气泡居中。

(5)精确整平:旋转脚螺旋,使照准部水准管气泡严格居中。精平操作会略微破坏前已完成的对中关系。

(6)再次精确对中整平:精确对中与精确整平应反复进行,直到对中和整平都达到要求为止。

3.3.2 照　准

测角时的照准标志，一般是竖立于测点的标杆、测钎、觇牌或垂球线，如图 3.3.2 所示。

觇标的使用视频

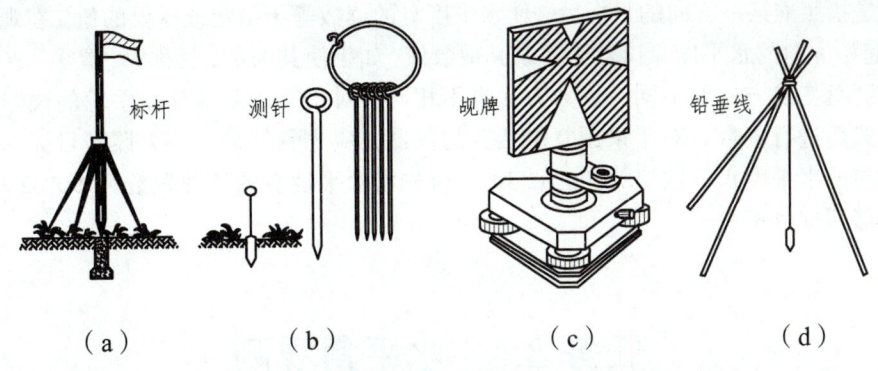

图 3.3.2　照准标志

在进行水平角观测时，应尽量瞄准目标的底部。目标成像较大时，可用十字丝的单纵丝去平分目标；目标成像较小时，可用十字丝的双纵丝去夹准目标。望远镜瞄准目标的具体步骤如下：

（1）调节目镜调焦螺旋，使十字丝清晰。

（2）利用望远镜上的粗瞄器粗略瞄准目标，如图 3.3.3（a）所示，固定水平制动螺旋和望远镜制动螺旋。

（3）进行物镜调焦，即调节物镜调焦螺旋使目标影像清晰，并注意消除视差。

（4）调节水平微动螺旋和望远镜微动螺旋精确照准目标，如图 3.3.3（b）所示。

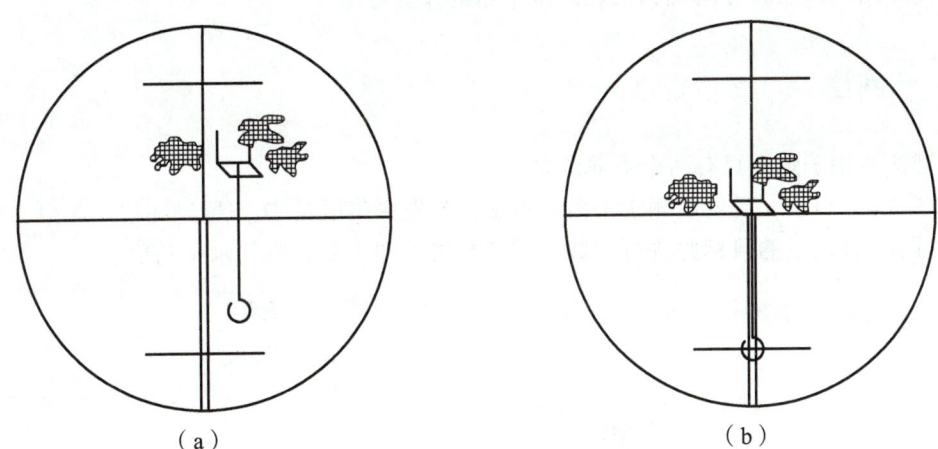

图 3.3.3　照准

3.3.3 读　数

读数时先打开反光镜至适当位置，使读数窗亮度适中，旋转读数显微镜的目镜使刻划线清晰，然后按上节所述方法进行读数。

3.3.4 置 数

置数是指照准某一方向的目标后，使水平度盘的读数等于给定或需要的值。在观测水平角时，常使起始方向的水平度盘读数为零或其他数值，如果使其为零，就称为"置零"或"对零"。

由于度盘变换方式的不同，置数方法也不相同。对于采用度盘变换手轮的仪器，应先照准目标，然后进行置数。对于采用复测装置的仪器，应置好数，再去照准目标。例如，要将起始方向的水平度盘读数置为 90°02′30″，应先将水平度盘的读数置数为 90°02′30″，然后旋转照准部照准目标。

任务 3.4 水平角观测

观测水平角的方法，应根据测量工作要求的精度、使用的仪器、观测目标的多少而定。常用的方法有测回法和方向观测法两种。

水平角观测，通常都要在盘左和盘右两个盘位下观测。照准目标时，如果竖盘位于望远镜的左侧，称为盘左（又叫正镜）；如果竖盘位于望远镜的右侧，则称为盘右（又叫倒镜）。将盘左、盘右观测结果取平均值，可以抵消部分仪器误差的影响，提高观测成果质量。如果只用盘左或者盘右观测一次，称为半个测回的观测如果盘左、盘右各观测一次，合称为一个测回的观测。

下面介绍测回法和方向观测法观测水平角的作业方法。

3.4.1 测回法

测回法适用于观测只有两个方向的单角。

如图 3.4.1 所示，设要观测水平角∠AOB，首先在角顶点 O 安置经纬仪（对中、整平），分别照准 A、B 两点的目标并进行读数，两读数之差即为要观测的水平角值。

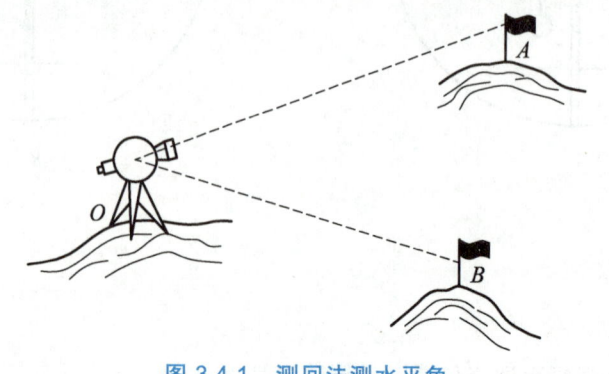

测回法观测
水平角视频

图 3.4.1 测回法测水平角

1. 观测方法

（1）盘左位精确照准左边的目标 A，水平度盘置数，略大于 $0°$，将读数 a_1 记入手簿。

（2）顺时针转动照准部，盘左位精确照准右边的目标 B，读取水平度盘读数 b_1，记入手簿。则盘左所测水平角值：

$$\beta_L = b_1 - a_1 \tag{3.4.1}$$

以上称为上半测回观测（盘左观测）。

（3）倒转望远镜变为盘右位置，先照准右边的目标 B，读取水平度盘读数 b_2，记入手簿。

（4）逆时针转动照准部，再照准目标 A，读取水平度盘的读数 a_2，记入手簿。则盘左所测水平角值：

$$\beta_R = b_2 - a_2 \tag{3.4.2}$$

以上称为下半测回观测（盘右观测）。

（5）对于 DJ_6 型光学经纬仪，当盘左、盘右两个"半测回"角值之差不超过 $±36″$ 时，取两半测回角值的平均值作为一测回观测的水平角值，即

$$\beta = (\beta_L + \beta_R)/2 \tag{3.4.3}$$

由于水平度盘的刻划注记是按顺时针方向增加的，因此在计算角值时，无论是盘左还是盘右，均用右边目标的读数减去左边目标的读数；如果右边目标读数不够减，则应加上 $360°$ 后再减。

为了提高观测精度、减少度盘分划误差的影响，水平角需要观测多个测回，每测回应改变起始度盘的位置，其改变值为 $180°/n$（n 为测回数）。但应注意，不论观测多少个测回，第一测回的置数均应当为 $0°$。例如，要观测 2 个测回，第一测回起始方向的置数应为 $0°$（略大于 $0°$），则第二测回起始方向的置数应为 $90°$（略大于 $90°$）。当各测回角值之差不超过 $±24″$ 时，取各测回的平均值作为最后结果。若超限，则应重测。

2. 记录计算

测回法水平角观测的记录格式如表 3.4.1 所示。

表 3.4.1 测回法观测手簿

测站	测回	竖盘位置	目标	水平度盘读数 /(° ′ ″)	半测回角值 /(° ′ ″)	一测回角值 /(° ′ ″)	各测回平均值 /(° ′ ″)
O	1	左	A	0 24 18	73 28 18	73 28 24	73 28 28
			B	73 52 36			
		右	A	180 23 54	73 28 30		
			B	253 52 24			
	2	左	A	90 20 00	73 28 42	73 28 33	
			B	163 48 42			
		右	A	270 19 48	73 28 24		
			B	343 48 12			

3.4.2 方向观测法

当一个测站上观测方向有三个或三个以上时，需要同时测量出多个角度，此时应采用方向观测法进行观测。

方向观测法视频

1. 观测方法

如图 3.4.2 所示，设在 O 点安置经纬仪，观测 A、B、C、D 四个方向间的水平角。对中整平后，用方向观测法观测一个测回的操作程序如下：

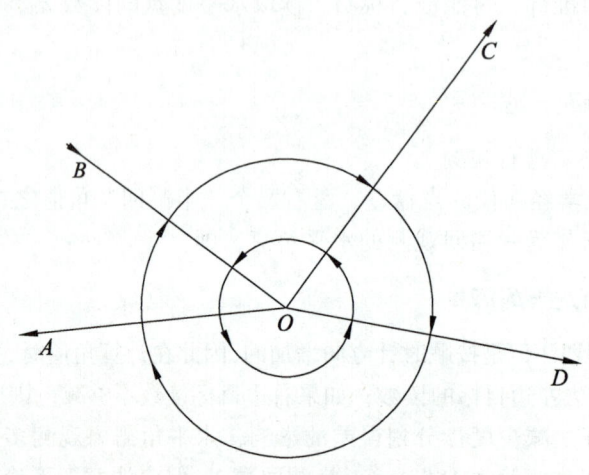

图 3.4.2　方向观测法

（1）上半测回。

选择一明显目标 A 作为起始方向（零方向），用盘左瞄准 A，配置度盘，顺时针（如图中实线箭头所示）依次观测 A、B、C、D、A，读数，记录。

（2）下半测回。

倒镜成盘右，逆时针（如图中虚线箭头所示）依次观测 A、D、C、B、A，读数，记录。

至此，一个测回的观测完毕。同样，为了削弱度盘分划误差的影响，提高测角精度，可变换水平度盘位置观测若干个测回。

在半测回的观测中，最后都有一个再次观测起始方向的操作，这个操作称为归零。归零的目的是检核观测过程中仪器是否发生了变动（因为方向数较多，观测时间较长的缘故）。由于有了归零操作，相当于作了一个圆周的观测，所以这种观测方法又称为全圆观测法。

2. 记录计算

方向观测法的记录格式如表 3.4.2 所示。盘左观测时，由上往下记录；盘右观测时，由下往上记录。计算在表格中进行，计算方法和有关要求分述如下：

表 3.4.2 方向观测法观测手簿

测回	目标	水平度盘读数 盘左 ° ′ ″	水平度盘读数 盘右 ° ′ ″	2c=左−(右±180°) ″	平均读数=[左+(右±180°)]/2 ° ′ ″	归零后的方向值 ° ′ ″	各测回归零方向平均值 ° ′ ″
1	2	3	4	5	6	7	8
1	A	0 01 12	180 01 18		(0 01 10) 0 01 15	0 00 00	0 00 00
1	B	85 36 24	265 36 24		85 36 24	85 35 14	85 35 11
1	C	160 48 18	340 48 30		160 48 24	160 47 14	160 47 04
1	D	225 24 36	45 24 42		225 24 39	225 23 29	225 23 20
1	A	0 01 06	180 01 06		0 01 06		
2	A	90 02 06	270 02 06		(90 02 10) 90 02 06	0 00 00	
2	B	175 37 12	355 37 24		175 37 18	85 35 08	
2	C	250 49 00	70 49 06		250 49 03	160 46 53	
2	D	315 25 24	135 25 18		315 25 21	225 23 11	
2	A	90 02 12	270 02 18		90 02 15		

（1）半测回归零差：

在半测回中开始和最后两次照准起始方向的读数差值，DJ_6型不超过24″。

（2）2c值（两倍照准误差）：2c＝盘左读数−（盘右读数±180°）。

（3）各方向盘左、盘右读数的平均值：

$$平均值＝[盘左读数＋（盘右读数±180°）]/2$$

注意：零方向观测两次，应将平均值再取平均。

（4）归零方向值：

将各方向平均值分别减去零方向平均值，即得各方向归零方向值。

（5）各测回归零方向值的平均值：

同一方向值各测回间互差≤24″。

（6）计算各目标间的水平角值。将相邻两方向值相减，即得各目标间的水平角值。

应当指出，当测站上的观测方向数正好为3个时，可以不进行归零观测，即每个半测回不必再次观测起始方向，因而起始方向没有两盘左盘右读数的平均值再取中数的计算，其余计算与检核与全圆法完全相同。

在没有水平度盘偏心差影响的情况下，2c值的大小和稳定性反映了望远镜视准轴与横轴是否垂直以及照准和读数是否包含较大的误差。DJ₆型经纬仪采用单指标读数，按上式算得的 $2c$ 中包含了水平度盘可能出现的偏心差，已不能真实反映视准轴与横轴的关系以及照准和读数的质量，故不必计算 $2c$ 值。

任务 3.5 竖直角观测

3.5.1 竖盘结构

光学经纬仪竖盘部分包括竖直度盘、竖盘指标水准管和竖盘指标水准管微动螺旋，如图 3.5.1 所示。竖盘固定在横轴一端且与横轴垂直。当望远镜绕横轴旋转时，竖盘随之转动，而竖盘指标不动。竖盘指标线与竖盘指标水准管轴垂直，当旋转竖盘指标水准管微动螺旋使指标水准管气泡居中时，竖盘指标即处于正确位置。也有些光学经纬仪采用竖盘指标自动归零装置，自动调整竖盘指标使其处于正确位置。竖盘为全圆周刻划，刻划注记形式有顺时针与逆时针两种。当望远镜视线水平，竖盘指标水准管气泡居中时，竖盘读数应为 90°或 90°的整倍数。

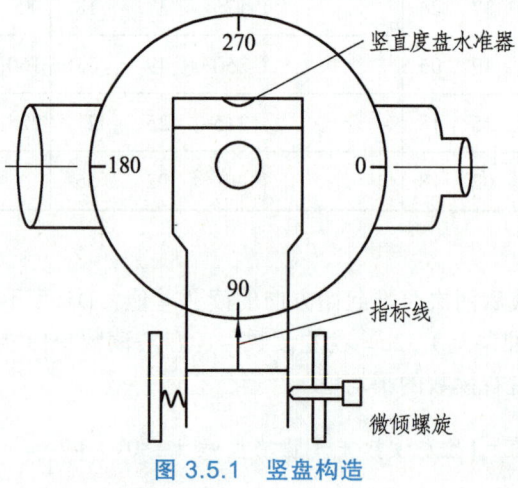

图 3.5.1 竖盘构造

3.5.2 竖直角的计算公式

竖直角的计算与水平角的计算一样，也是两个方向读数之差。只不过在竖直角观测中，当望远镜水平时，竖盘读数是一个定值（多数仪器盘左为 90°、盘右为 270°），所以观测时半测回只需读取目标视线方向的竖盘读数即可计算竖直角。

1. 指标线位置正确时竖直角的计算

由于竖盘刻划注记有顺时针和逆时针两种形式，因此竖直角的计算公式也不同。在图 3.5.2 中，盘左位置视线水平时的竖盘读数为 90°，将望远镜逐渐抬高（仰角），竖盘读数在减

少，因此盘左的竖直角计算公式为

$$\alpha_{左} = 90° - L \quad (3.5.1)$$

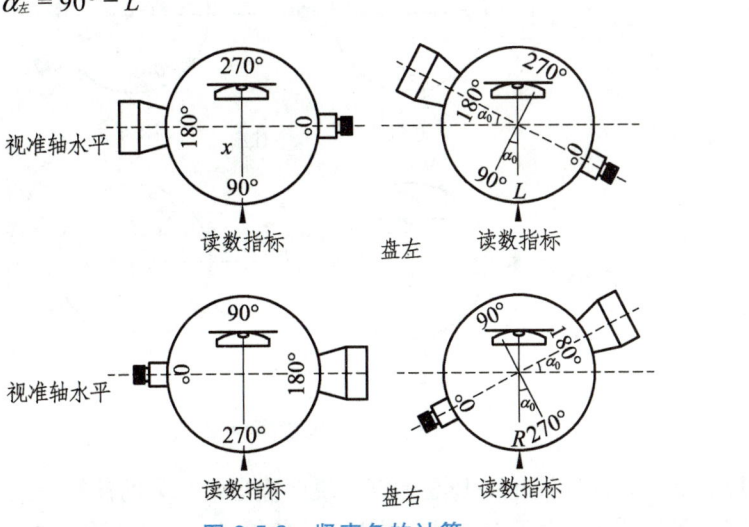

图 3.5.2　竖直角的计算

同理，在图 3.5.2 中，盘右位置视线水平时的竖盘读数为 270°，当抬高望远镜时竖盘的读数逐渐增加，所以盘右的竖直角计算公式为

$$\alpha_{右} = R - 270° \quad (3.5.2)$$

式中，L、R 分别为盘左、盘右照准目标时的竖盘读数。则一测回的竖直角计算公式为

$$\alpha = (\alpha_{左} + \alpha_{右})/2 \quad (3.5.3)$$

或

$$\alpha = (R - L - 180°)/2 \quad (3.5.4)$$

根据上述分析，实际工作中，可根据所用仪器自行确定竖直角的计算公式，即

（1）当望远镜从水平位置往上抬高时，若竖盘读数逐渐增加，则竖直角的计算公式为

$$\alpha = 目标视线的读数 - 视线水平时的读数 \quad (3.5.5)$$

（2）当望远镜从水平位置往上抬高时，如竖盘读数逐渐减少，则竖直角的计算公式为

$$\alpha = 视线水平时的读数 - 目标视线的读数 \quad (3.5.6)$$

2. 竖盘含指标差时竖直角的计算

式（3.5.1）、（3.5.2）所示是一种理想的情况，即当视线水平、竖盘指标水准管气泡居中时，竖盘读数为 90°或 270°。但实际上读数指标往往并不是恰好指在 90°或 270°位置上，而与 90°或 270°相差一个小角度 x，我们把 x 这个小角度称为竖盘指标差，如图 3.5.3 所示。竖盘指标的偏移方向与竖盘注记增加方向一致时 x 值为正，反之为负。

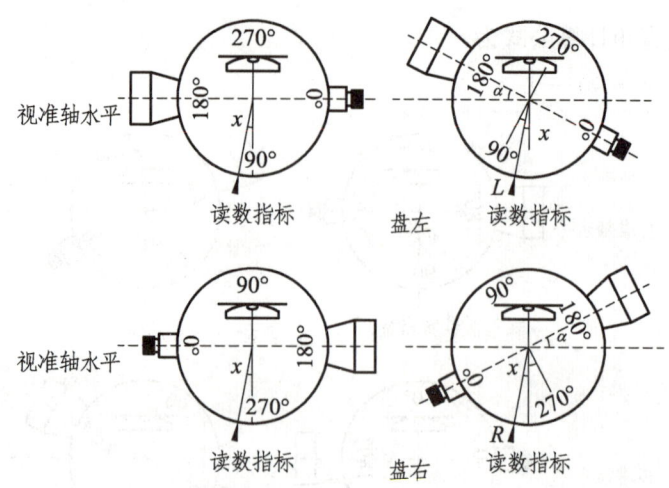

图 3.5.3　竖盘指标差

下面以图 3.5.3 顺时针注记的竖盘为例，说明竖盘指标差的计算公式。

由图 3.5.3 可以看出，由于指标差 x 的存在，使得盘左、盘右读得的 L、R 均大了一个 x，则正确的竖直角 α 为

$$\alpha_\text{左} = 90° - (L - x) \tag{3.5.7}$$

$$\alpha_\text{右} = (R - x) - 270° \tag{3.5.8}$$

所以一测回的竖直角为

$$\alpha = (\alpha_\text{左} + \alpha_\text{右})/2 = (R - L - 180°)/2 \tag{3.5.9}$$

上述式中的 L、R 分别为盘左、盘右照准目标时的竖盘读数。式（3.5.9）说明了取盘左、盘右观测竖直角的平均值可以消除竖盘指标差的影响。将式（3.5.7）与式（3.5.8）相减，可得竖盘指标差的计算公式为

$$x = (L + R - 360°)/2 \tag{3.5.10}$$

由于式（3.5.7）、式（3.5.8）和式（3.5.9）都考虑了指标差的影响，计算的结果完全相同，可采用其中任何一式计算竖直角。

对于同一台仪器在同一观测时段内，一般认为，指标差为一固定值。因此，指标差互差可以反映观测成果的质量。对 DJ_6 型光学经纬仪，同一测站上各方向的指标差互差或同一方向各测回间指标差互差不得超过 ±24″。

3.5.3　竖直角观测与记录

（1）将仪器安置在测站点上，根据所用仪器确定竖直角的计算公式。

（2）盘左精确照准目标，使十字丝的中丝切准目标的某一位置。调节指标水准管微动螺旋，使指标水准管气泡居中，读取竖盘读数 L，并记入记录手簿，如表 3.5.1 所示。

（3）倒转望远镜，盘右位置精确照准原目标位置，调节指标水准管微动螺旋，使指标水准管气泡居中，读取竖盘读数 R，记入手簿。至此一测回观测结束。

（4）根据指标差和竖直角计算公式计算指标差和竖直角。

表 3.5.1　竖直角观测手簿

测站	目标	盘位	竖盘读数 °	′	″	半测回竖直角 °	′	″	指标差 ″	一测回竖直角 °	′	″	备注
O	A	左	83	23	12	+6	36	48	+15	+6	37	03	竖直角计算公式：（3.5.1）、（3.5.2）、（3.5.3）。指标差计算公式：（3.5.10）
		右	276	37	18	+6	37	18					
	B	左	93	26	36	-3	26	36	-12	-3	26	48	
		右	266	33	00	-3	27	00					

3.5.4　天顶距概念及其与竖直角的关系

在今后的学习中，有时会涉及天顶距概念。所谓天顶距，即在同一竖直面内，视线与过测站铅垂线至天顶方向之间的夹角，如图 3.5.4 中的 Z 所示。天顶距的取值范围为 0°～180°。从图中不难看出，天顶距 Z 与竖直角 α 之间的关系为

$$Z = 90° - \alpha \tag{3.5.11}$$

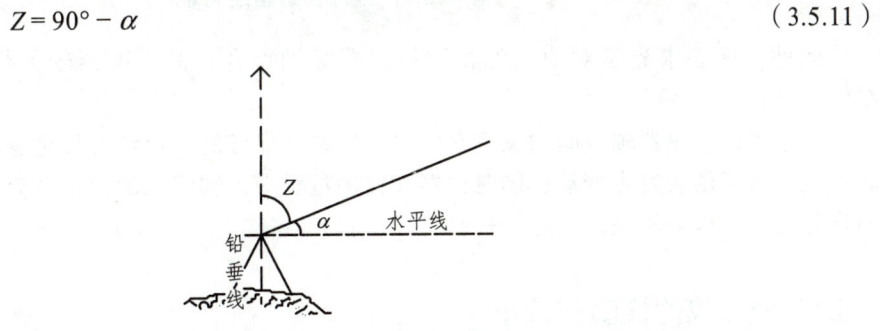

图 3.5.4　天顶距与竖直角的关系

任务 3.6　DJ$_6$ 型光学经纬仪的检验与校正

3.6.1　经纬仪主要轴线间的关系

为了测得正确的水平角和竖直角值，经纬仪必须得满足一定的轴线关系。经纬仪的主要轴线有视准轴 CC、仪器竖轴 VV、横轴 HH 以及照准部水准管轴 LL，如图 3.6.1 所示。经纬仪各轴线间必须满足下列几何关系：

（1）照准部水准管轴垂直于仪器竖轴，即 $LL \perp VV$；
（2）仪器横轴垂直于竖轴，即 $HH \perp VV$；

（3）视准轴垂直于横轴，即 $CC \perp HH$；
（4）十字丝纵丝应垂直于横轴 HH；
（5）竖盘指标差为零。

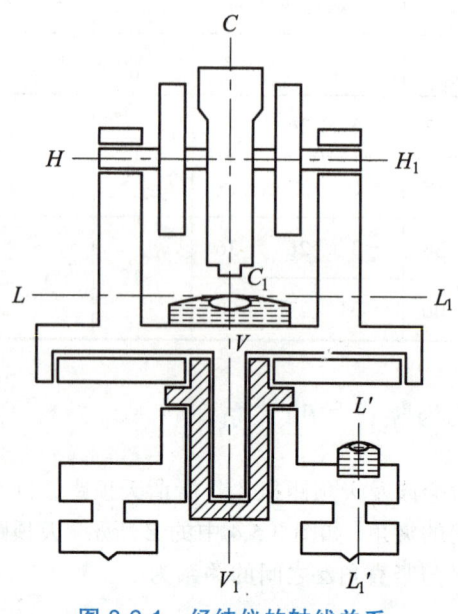

图 3.6.1 经纬仪的轴线关系

此外，还要求光学对中器的视轴与仪器竖轴重合，圆水准器轴平行于仪器竖轴，即 $L'L' \mathbin{/\mkern-5mu/} VV$。

一般来讲，仪器轴线间的关系在仪器出厂时是保证的，但经过长途运输的震动和颠簸，轴线间关系可能会发生变动；同时仪器在使用过程中，轴线间的关系也会发生变动。因此，每次作业前，应对所用仪器进行检验与校正。

3.6.2 经纬仪的检验与校正

下面按顺序分别说明经纬仪的检验与校正方法。

1. 照准部水准管轴垂直于仪器竖轴的检验与校正

（1）检验：先将仪器粗平，再转动照准部使水准管平行于任意两脚螺旋的连线，转动这两个脚螺旋使气泡居中。然后将照准部旋转 180°，如果此时气泡仍居中，则说明水准管轴垂直于竖轴，否则应进行校正。

（2）校正：图 3.6.2（a）中，设水准管轴与竖轴不垂直，倾斜了 α 角，当水准管气泡居中时，竖轴与铅垂线的夹角为 α。将仪器绕竖轴旋转 180°后，竖轴位置不变，而水准管轴与水平线的夹角为 2α，如图 3.6.2（b）所示。

校正时，先相对旋转这两个脚螺旋，使气泡向中心移动偏离值的一半，如图 3.6.2（c）所示，此时竖轴处于竖直位置。然后用校正针拨动水准管一端的校正螺钉，使气泡居中，如图 3.6.2（d）所示，此时水准管轴处于水平位置。

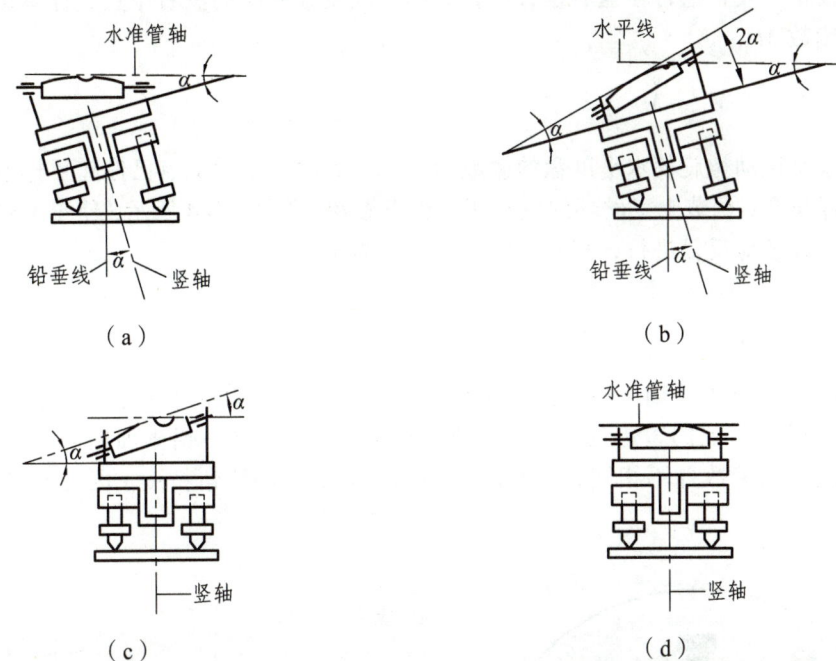

图 3.6.2 照准部水准管轴垂直于仪器竖轴的检验与校正

此项检验与校正比较精细,应反复进行,直至照准部旋转到任何位置,气泡偏离零点不超过半格为止。

2. 圆水准器轴平行于竖轴的检验与校正

(1)检验:检验的目的是检查圆水准器轴是否与仪器的竖轴平行。如果此项条件得不到满足,以后就无法使用圆水准器作粗略整平。检验的方法是:首先用已检校的照准部水准管,将仪器精确整平;再看圆水准器的气泡是否居中,如不居中,则需校正。

(2)校正:在仪器精确整平的条件下,用校正针直接拨动圆水准器底座下的校正螺丝使气泡居中,校正时注意校正螺丝应一松一紧。

3. 视准轴垂直于横轴的检验与校正

如图 3.6.3 所示,视准轴不垂直于横轴,其偏离正确位置的角度 c 称为视准误差。它是由于十字丝交点的位置不正确而产生的。

(1)检验:整平仪器,盘左照准一个与仪器高度大致相同的远处目标 A,读取水平度盘的读数 $M_左$;再用盘右位置照准原目标并读取水平度盘读数 $M_右$,计算 c 值,即

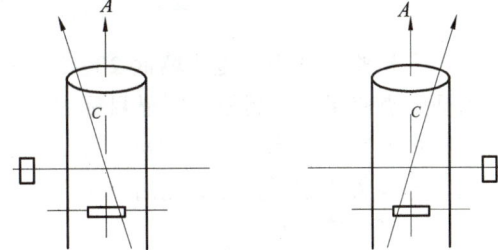

图 3.6.3 视准轴垂直于横轴的检验

$$c = [M_左 - (M_右 \pm 180°)]/2 \qquad (3.6.1)$$

当 c 的绝对值大于 1′时,则需校正。

（2）校正：校正通常在盘右位置进行，即不改变检验时的盘右位置，计算出盘右正确的水平度盘读数 $M'_右$：

$$M'_右 = M_右 + c \qquad (3.6.2)$$

转动水平微动螺旋使水平度盘的读数为 $M'_右$，此时十字丝交点已偏离目标点 A。取下十字丝环的保护罩，调节十字丝环的左右两个校正螺丝，如图 3.6.4 所示，使十字丝交点重新照准目标点。检校应反复进行，直到 c 值不大于 $1'$ 为止。

4. 横轴垂直于竖轴的检验与校正

若横轴不垂直于竖轴，则仪器整平后竖轴虽已竖直，横轴并不水平，因而视准轴绕倾斜的横轴旋转所形成的轨迹是一个倾斜面。这样，当瞄准同一铅垂面内高度不同的目标点时，水平度盘的读数并不相同，从而产生测角误差，影响测角精度，因此必须进行检验与校正。

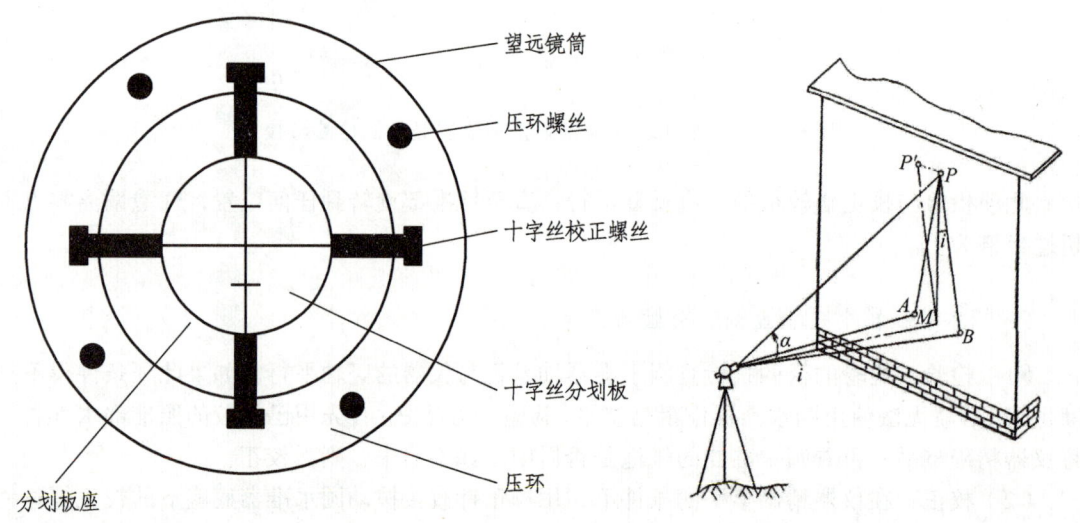

图 3.6.4　十字丝分划板校正螺丝　　图 3.6.5　横轴垂直于竖轴的检验

（1）检验：在距一垂直墙面 20～30 m 处，安置经纬仪，整平仪器，如图 3.6.5 所示。盘左位置，瞄准墙面上高处一明显目标 P，仰角宜在 30°左右。固定照准部将望远镜置于水平位置，根据十字丝交点在墙上定出一点 A。倒转望远镜成盘右位置，瞄准 P 点，固定照准部；再将望远镜置于水平位置，定出点 B。如果 A、B 两点重合，说明横轴是水平的，横轴垂直于竖轴；否则，需要校正。

（2）校正：在墙上定出 A、B 两点连线的中点 M，仍以盘右位置转动水平微动螺旋，照准 M 点，转动望远镜，仰视 P 点，这时十字丝交点必然偏离 P 点，设为 P' 点。打开仪器支架的护盖，松开望远镜横轴的校正螺钉，转动偏心轴承，升高或降低横轴的一端，使十字丝交点准确照准 P 点，最后拧紧校正螺钉。此项检验与校正也需反复进行。一般来讲，仪器在制造时此项条件是保证的，故通常情况下无须检校。

5. 十字丝竖丝垂直于横轴的检验与校正

（1）检验：仪器严格整平后，用十字丝竖丝的上端或下端精确照准一清晰目标点，旋紧水平制动和望远镜制动螺旋，再用望远镜微动螺旋使望远镜上下转动。若目标点始终在竖丝上移动，表明条件满足；否则就需要进行校正。

（2）校正：旋下目镜处的护盖，微微松开十字环的四个压环螺丝，如图 3.6.4 所示；转动十字丝环，直至望远镜上下移动时目标点始终沿竖丝移动为止；最后将四个压环螺丝拧紧，旋上护盖。

6. 光学对中器的检验与校正

（1）检验：选择一平坦的地面并精确整平仪器，对光学对中器进行调焦，使对中器的分划板和地面均清晰。然后在脚架中央的地面上固定一张白纸，将对中器分划板中心投在白纸上；将照准部旋转 180°，再次将分划板中心投在白纸上。若两次投在白纸上的点位重合，说明条件满足，否则需校正。

（2）校正：校正时先在白纸上定出两点连线的中点，然后调整对中器的直角棱镜或对中器的分划板（仪器不同，调整构件的形式可能不同，参见仪器使用说明书），使对中器中心对准中点。此项检校也应反复进行，直至条件满足为止。

7. 竖盘指标差的检验与校正

（1）检验：整平仪器后，以盘左、盘右位置先后照准同一目标点，在竖盘指标水准管气泡居中的情况下分别读取竖盘读数 L 和 R，然后按下式计算指标差 x。若指标差超过 $1'$，则需进行校正。

$$x = (L + R - 360°)/2 \quad (3.6.3)$$

（2）校正：校正一般是在盘右位置进行的，即在读完盘右的竖盘读数后仪器保持不动，先计算出盘右位置的正确竖盘读数 $R_正$：

$$R_正 = R - x \quad (3.6.4)$$

转动竖盘指标水准管微动螺旋使竖盘读数为 $R_正$，此时指标水准管气泡不再居中，用校正针调节指标水准管一端的上、下两个校正螺丝，使气泡居中。此项检校也应反复进行，直至满足要求为止。

对于竖盘指标是自动归零装置的经纬仪，校正时，先调节望远镜微动螺旋，使竖盘读数为 $R_正$；再用校正针调节十字丝环的上、下校正螺丝，使十字丝交点对准目标。

任务 3.7　角度测量的误差来源及消减办法

角度观测的误差来源多种多样，这些误差的来源对角度的影响各不相同。与用水准仪进行水准测量一样，角度测量的误差来源同样包括三个方面，即经纬仪本身的仪器误差、观测误差和外界条件的影响。

3.7.1 仪器误差

仪器误差包括仪器检验和校正之后的残余误差、仪器零部件加工不完善所引起的误差等。主要有以下几种。

1. 视准轴误差

又称视准误差，由望远镜视准轴不垂直于横轴引起。其对角度测量的影响规律如图3.6.3所示，因该误差对水平方向观测值的影响值为$2c$，且盘左、盘右观测时符号相反，故在水平角测量时，可采用盘左盘右一测回观测取平均数的方法加以消除。

2. 横轴误差

横轴误差是由横轴不垂直于竖轴引起。在盘左、盘右观测中均含有此误差，且方向相反。故水平角测量时，同样可采用盘左、盘右观测，取一测回平均值作为最后结果的方法加以消除。

3. 竖轴误差

由仪器竖轴不垂直于水准管轴、水准管整不完善、气泡不居中所引起。由于竖轴不处于铅直位置，与铅垂方向偏离了一个小角度，从而引起横轴不水平，给角度测量带来误差，且这种误差的大小随望远镜瞄准不同方向、横轴处于不同位置而变化；同时，由于竖轴倾斜的方向与正、倒镜观测（即盘左、盘右观测）无关，所以竖轴误差不能用正、倒镜观测取平均数的方法消除。因此，观测前应严格检校仪器，观测时应仔细整平，保持照准部水准气泡居中，气泡偏离量不得超过一格。

4. 竖盘指标差

由竖盘指标线不处于正确位置引起。其原因可能是竖盘指标水准管没有整平，气泡没有居中；也可能是经检校之后的残余误差。因此观测竖盘指标线仍不在正确位置，如前所述，采用盘左、盘右观测一测回，取其平均值作为竖直角成果的方法来消除竖盘指标差。

5. 度盘偏心差

该误差因仪器部件加工安装不完善引起。在水平角测量和竖直角测量中，分别有水平度盘偏心差和竖直度盘偏心差两种。

水平度盘偏心差是由照准部旋转中心与水平度盘圆心不重合所引起的指标读数误差。因为盘左、盘右观测同一目标时，指标线在水平度盘上的位置具有对称性（即对称分划读数），所以，在水平角测量时，此项误差亦可取盘左、盘右读数的平均数予以减小。

竖直度盘偏心差是竖直度盘圆心与仪器横轴（即望远镜旋转轴）的中心线不重合带来的。在竖直角测量时，该项误差的影响一般较小，可忽略不计。若在高精度测量工作中，确需考虑该项误差的影响时，应经检验测定竖盘偏心误差系数，对相应竖角测量成果进行改正；或者采用对向观测的方法（即往返观测竖直角）来消除竖盘偏心差对测量成果的影响。

6. 度盘刻划不均匀误差

该误差亦属仪器部件加工不完善引起的误差。在目前精密仪器制造工艺中，这项误差一般均很小。在水平角精密测量时，为提高测角精度，可利用度盘位置变换手轮或复测扳手，在各测回之间变换度盘位置的方法减小其影响。

3.7.2 观测误差

1. 对中误差

测量角度时，经纬仪应安置在测站上。若仪器中心与测站点不在同一铅垂线上，就称为对中误差，又称测站偏心误差。

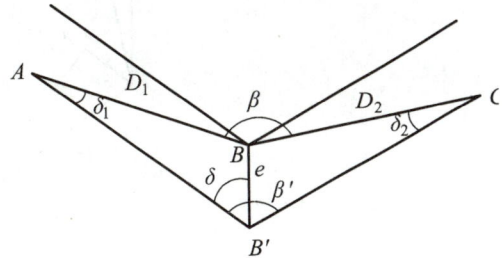

图 3.7.1 对中误差的影响

如图 3.7.1 所示，设 B 为测站点，而仪器中心在地面上的投影点为 B'，则 B 与 B' 点间的距离为 e（称为偏心距）即为对中误差。从图中不难看出，对中误差对测角的影响为应测的角度 β 与实测的角度 β' 之差，即

$$\Delta\beta = \beta - \beta' = \delta_1 + \delta_2 \tag{3.7.1}$$

因 δ_1 和 δ_2 很小，则

$$\delta_1 = \frac{e\sin\theta}{D_1}\rho'' \qquad \delta_2 = \frac{e\sin(\beta'-\theta)}{D_2}\rho''$$

因此有

$$\Delta\beta = e\rho''\left[\frac{\sin\theta}{D_1} + \frac{\sin(\beta'-\theta)}{D_2}\right] \tag{3.7.2}$$

由式（3.7.2）可知，对中误差对测角的影响与偏心距成正比、与边长成反比，此外与所测角度的大小和偏心的方向有关。当 $\beta' = 180°$，$\theta = 90°$ 时，$\Delta\beta$ 最大。设 $e = 3$ mm，$D_1 = D_2 = 100$ m，$\theta = 90°$，$\beta' = 180°$，则 $\Delta\beta = 12''$；当 $D_1 = D_2 = 50$ m，其他条件相同时，则 $\Delta\beta = 24''$。因此在进行水平角测量时，应精确地进行对中，尤其在边长较短、角度为钝角的情况下更应如此，否则将会给角度观测带来很大影响。

2. 目标偏心误差

测量水平时，必须在测站点上建立标志。若用竖立的标杆作为照准标志，当标杆倾斜，且望远镜又无法瞄准其底部时，将使照准点偏离地面目标产生目标偏心误差。

如图 3.7.2 所示，O 为测站，A 为地面目标，照准点 A' 至地面目标点 A 的距离即杆长为 D_1，目标偏心距为 e_1，δ_1 即为目标偏心对水平角观测的影响。从图中可以看出：

$$\delta_1 = \beta - \beta' = \frac{e_1}{D_1}\rho'' \tag{3.7.3}$$

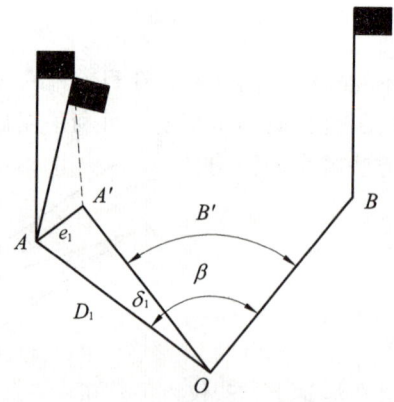

图 3.7.2　目标偏心的影响

由式（3.7.3）可知，目标偏心误差与目标偏心距 e_1 成正比，与边长 D_1 成反比。所以观测标志倾斜度越大，照准部位越高，则目标偏心越大，由此给测角带来的影响也越大。因此观测时应尽量将观测标志竖直，并尽量照准观测标志的底部，尤其是短边观测时更应注意。

3. 照准误差

测量角度时，人的眼睛通过望远镜瞄准目标产生的误差，称为照准误差。其影响因素很多，如望远镜的放大倍率、人眼的分辨率、十字丝的粗细、标志的形状和大小、目标影像的亮度和清晰度等。通常以眼睛的最小分辨视角（60″）和望远镜的放大倍数 V 来衡量仪器照准精度的大小，即

$$m_V = \pm \frac{60''}{V} \tag{3.7.4}$$

对于 DJ_6 型经纬仪，一般 $V = 26$，则 $m_V = \pm 2.3''$。

4. 读数误差

读数误差与观测者的生理习惯和技术熟练程度、读数窗的清晰度以及读数系统的形式有关。对于采用分微尺读数系统的经纬仪，读数时可估读的极限误差为测微器最小格值 t 的十分之一，以此作为读数误差 m_0，即

$$m_0 = \pm 0.1t \tag{3.7.5}$$

DJ_6 型经纬仪分微尺测微器最小格值 $t = 1'$，则读数误差 $m_0 = \pm 0.1' = \pm 6''$。

3.7.3　外界条件的影响

观测角度在一定的外界条件下进行，外界条件及其变化对观测质量有直接影响。如松软的土壤和大风影响仪器的稳定，日晒和温度变化影响水准管气泡的居中，大气层受地面热辐射的影响会引起目标影像的跳动等，这些都会给观测水平角和竖直角带来误差。

因此，要选择目标成像清晰稳定的有利时间观测，设法克服或避开不利条件的影响，以提高观测成果的质量。如选择微风多云、空气清晰度好的条件下观测，最为适宜。

任务 3.8　了解电子经纬仪和激光经纬仪

3.8.1　电子经纬仪简介

随着电子技术的发展,出现了用光电测角代替光学测角的电子经纬仪。电子经纬仪具有与光学经纬仪相类似的外形和结构特征,因此测角的方法、步骤与光学经纬仪基本相同,最主要的区别在于电子经纬仪采用光电扫描度盘和自动显示系统,可以自动显示角度值,从而加快了测角速度。电子经纬仪的度盘有编码度盘、光栅度盘以及格区式度盘等几种形式。

1. 编码度盘测角原理

编码度盘是在普通光学圆盘上刻有许多同心圆环,如图 3.8.1 所示,每一同心圆环称为码道,每圆环又刻成若干等长的透光与不透光区,以透光表示二进制代码"1",不透光表示"0"。当照准某一方向时,通过光电扫描获得方向代码,通过代码转换获得方向值,所以称这种测角系统为绝对式测角系统。但是单单利用编码度盘测角很难达到很高的精度,因此在编码度盘测角系统中,采用码道和各种细分测微相结合的方法来描获得方向值的。

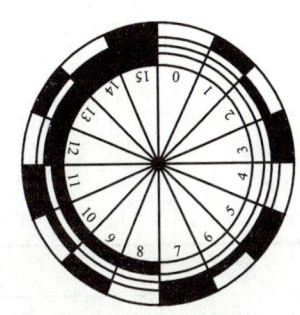

图 3.8.1　编码度盘

2. 光栅度盘测角原理

光栅度盘是在度盘圆周径向上刻上许多均匀分布的刻线,构成等间隔的明暗条纹——光栅(刻线不透光,缝隙透光)。通常光栅的刻线宽度与缝隙宽度相同,二者之和称为光栅的栅距。栅距所对应的圆心角即为光栅的分划值。在光栅度盘上下对应位置安装照明器和光电接收管,即可把光信号转换为电信号。当照明器和接收管随照准部相对于光栅度盘转动时,由计数器自动累计转动所经过的栅距数,即可得到转动的角度值。因为光栅度盘是累计计数的,所以通常称这种系统为增量式测角系统。

仪器操作时照准部可能顺转,也可能逆转,因此计数器在累计栅距数时也有增有减。例如在瞄准目标时,如果转过了目标,当反向回到目标时,计数器就会减去多转的栅距数。所以这种读数系统具有方向判别的能力,顺时针转动时就进行加法计数,而逆时针转动时就进行减法计数。光栅度盘的栅距不宜太小,否则细分和计数都不易准确,因此为了提高测角精度,在光栅测角系统中都采用了莫尔条纹技术,借以将栅距放大,然后再细分和计数。

3. 格区式度盘动态测角原理

动态测角系统也称作光电扫描测角系统,测角时度盘由马达带动,并以额定转速旋转,然后通过光栅扫描产生电信号以取得角值。设度盘上两条分划条纹的角距为 φ_0(内含一条黑色条纹和一条白色条纹,相当于不透光区和透光区),在度盘的外缘,装有与基座相固联的固定检测光栅 L_S,相当于光学经纬仪度盘的零位,在度盘的内缘装有随照准部转动的活动检测光栅 L_R,如图 3.8.2 所示,φ 表示望远镜照准某方向后 L_S 和 L_R 之间的角度,计取

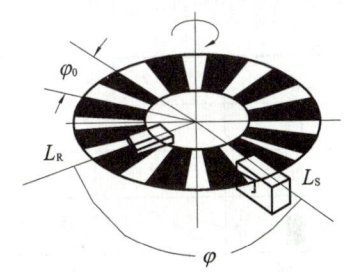

图 3.8.2　动态测角

· 63 ·

通过两指示光栅间的分划信息，即可求得角值。

下面以苏—光 DJ_2 型电子经纬仪为例介绍电子经纬仪的键盘功能及简单地使用。

（1）电子经纬仪的键盘功能及信息显示。

① 仪器键盘功能。

电子经纬仪的键盘如图 3.8.3 所示，各操作键功能见表 3.8.1。

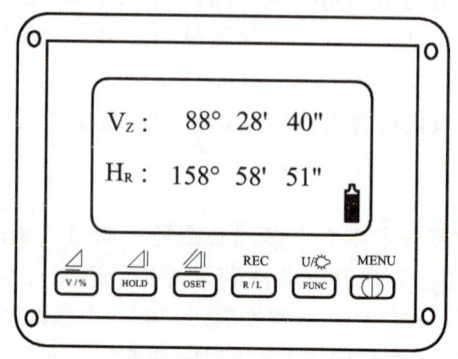

图 3.8.3 键 盘

表 3.8.1 各操作键功能说明表

键名	功 能	键名	功 能
MENU	开机、关机 打开手簿通信或测距菜单	OSET	水平角置零 进行单次测距
U/☼ FUNC	360°/400gon 单位转换 照明开/关 进入菜单后返回键	HOLD	水平角任意角度锁定 显示高差
REC R/L	向右/左水平角度值增加 记录，向手簿发送数据	V/%	竖盘角度显示天顶距 V 或坡度值% 显示平距

② 仪器信息显示。

电子经纬仪多位 LCD（液晶显示屏）双面二行显示，中间两行为观测数据和提示信息显示区，两边为显示内容、单位、符号区。其一般显示内容见表 3.8.2。

表 3.8.2 电子经纬仪显示及内容

显示	内 容	显示	内 容
V_Z	天顶距	$V\%$	坡度值
H_r	水平角顺转增加	H_L	水平角逆转增加
🔋	电池容量	◣	高 差
◣	平 距	◣	单次测距键
REC	记 录		

（2）电子经纬仪水平角的观测方法

① 观测前的准备工作。主要包括正确安装电池，并检查供电情况参数的设置；打开仪器电源开关，检查电压和电池的工作状态；进行水平角的初始化的设置。

初始化设置的项目主要有：角度测量单位、角度最小显示单位、自动断电关机时间等。

② 角度测量操作。按"左—右—右—左"的观测方法：

a. 仪器的安置（对中、整平）；

b. 照准左方目标目标，置零按[OSET]；

c. 松开制动螺旋，顺时针转动仪器照准右方目标，读数[H_r]即为盘左所测水平角；

d. 盘右照准右方目标，置零按[OSET]；

e. 逆时针方向转动仪器，照准左方目标，读数[H_L]即为盘右所测水平角。

上面为一测回的观测操作，记录方法与前述测回法相同，观测限差参考有关规范。

3.8.2 激光经纬仪简介

激光是一种方向性极、能量十分集中的光辐射。激光经纬仪正是利用激光的这一特性，来实现测量过程中的高精度、方便及自动化。激光经纬仪是在电子经纬仪的基础上，增加激光发射系统改制而成，多数仪器采用半导体激光发射器，由半导体激光发射器所发射的激光通过仪器的望远镜发射出去，与望远镜照准轴保持同轴、同焦，而且所发射的是一条可见的激光束。

激光经纬仪可向天顶方向垂直发射激光束，成为一台激光垂准仪；当将望远镜照准轴精确调平后，又可作激光水准仪或者激光扫平仪来使用。当然，其望远镜可绕支架进行盘左盘右地角度测量，完全可将其作为电子经纬仪使用，进行高精度的水平角观测。

由于这种经纬仪兼顾电子测角和激光投点的功能，又可使用微型计算机技术进行测量、计算、显示和存储等多项功能，所以可用于高精度的角度坐标测量，也可进行大型构件的架设、大型建筑物的位移测量、重型机器安装与校正、天顶和水平方向的定向准直以及精密的水准测量，因而有着广泛的用途。

小 结

角度测量是测量的一项基本工作。通过学习，要求掌握以下基本概念水平角、竖直角、天顶距、竖盘指标差等。应熟悉角度测量的原理、经纬仪各部件的功能和作用、仪器轴线间的关系、角度测量的误差来源及消减办法。重点应掌握经纬仪的操作使用方法、水平角及竖直角的观测记录计算方法；对电子经纬仪和激光经纬仪有简单的认识。

思考题

3-1 仪器对中和整平的目的是什么?

3-2 为什么观测水平角时要在两个方向上读数,而观测竖直角时只要在一个方向上读数?

3-3 简述测回法水平角观测的方法、步骤。

3-4 简述方向法水平角观测的方法、步骤。

3-5 简述竖直角的观测方法。

3-6 观测水平角,为什么要作多个测回的观测?而且各个测回起始方向的水平度盘置数不同?

3-7 经纬仪有哪些主要轴线?它们相互之间应满足什么关系?

习　题

3-1 完成表 3-1 中测回法水平角观测的计算。

表 3-1　测回法观测手簿　　　　　　　　　测站:O

测站	测回	竖盘位置	目标	水平度盘读数 ° ′ ″	半测回角值 ° ′ ″	一测回角值 ° ′ ″	各测回平均值 ° ′ ″
O	1	左	A	0　02　12			
			B	39　16　48			
		右	A	180　02　06			
			B	219　16　36			
	2	左	A	90　01　06			
			B	129　15　54			
		右	A	270　01　12			
			B	309　15　48			

3-2 某经纬仪竖盘注记形式如下所述,盘左视线水平时竖盘读数为 90°,视线向上倾斜时竖盘读数是减少的。将它安置在测站点 O,瞄准目标 P,盘左是竖盘读数是 92°27′24″,盘右时竖盘读数是 267°31′30″。问:(1)计算目标 P 的竖直角。(2)计算竖盘指标差的值。(3)在竖直角观测中如何消减竖盘指标差对竖直角的影响?

3-3 方向法水平角观测的数据列于表 3-2 中,试完成表中的计算。

表 3-2　方向观测法观测手簿　　　　　　　　测站：O

测回	目标	水平度盘读数						2c=左-(右±180°)	平均读数=[左+(右±180°)]/2			归零后的方向值			各测回归零方向平均值		
		盘　左			盘　右												
		°	′	″	°	′	″	″	°	′	″	°	′	″	°	′	″
1	2	3			4			5	6			7			8		
1	A	0	02	06	180	02	18										
	B	60	42	30	240	42	36										
	C	130	57	24	310	57	06										
	D	240	48	54	60	48	48										
	A	0	02	12	180	02	06										
2	A	90	01	00	270	01	06										
	B	150	41	12	330	41	24										
	C	220	56	30	40	56	36										
	D	330	47	48	150	47	42										
	A	90	01	06	270	01	12										

项目4 距离测量与直线定向

【学习目标】

本项目主要介绍距离测量、直线定向和坐标正反算的有关内容。要求熟悉距离测量的原理;掌握各种测距仪器、工具的使用方法以及距离测量的基本作业方法;掌握直线定向以及坐标正反算的方法。逐步养成精益求精、执着专注、攻坚克难的工作工匠精神。

案例:

下图为某测区示意图,要对该测区进行平面控制测量。测区内布设控制点 *ABCDEFG*(已知控制点为 *A*、*B* 两点),要求测出各点间的水平距离。并根据已知坐标反算出起算边的坐标方位角,并推算出其他各边坐标方位角。

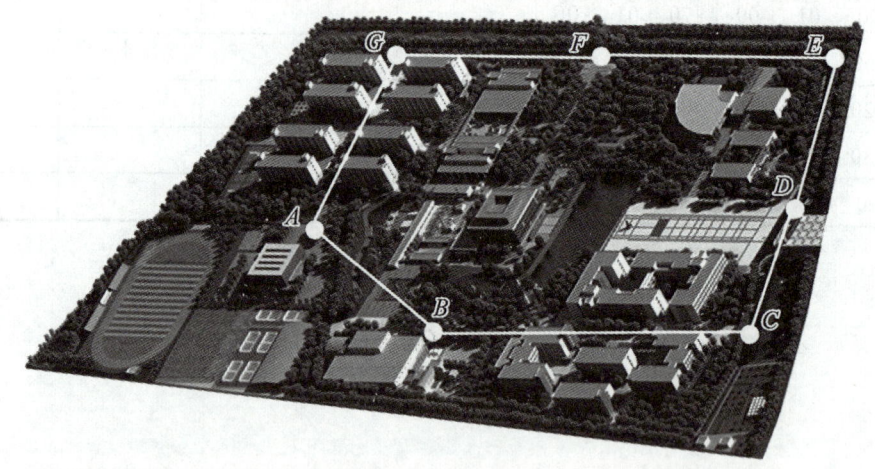

确定地面点位必须知道两点之间的距离,包括水平距离和倾斜距离。地面上不同高度上两点之间的直线距离称为倾斜距离,简称斜距;两点投影到水平面后的直线距离称为水平距离,简称平距。距离测量是确定地面点位的基本测量工作之一,测定的是两点间的水平距离。在三角测量、导线测量、地形测量和工程测量等工作中都需要进行距离测量。距离测量的方法有钢尺量距、视距测量、电磁波测距、GPS 测量等。可根据测量的性质和精度要求选择不同的测距方法。本项目主要介绍钢尺量距、视距测量、电磁波测距,其他方法在后续专业教材中做介绍。

任务 4.1 钢尺量距

钢尺量距就是用钢尺沿地面丈量距离。钢尺量距具有较高的精度,但易受地形限制,且丈量长距离时工作量大,因此,它适合于平坦地区且短距离的测量。

4.1.1 钢尺量距的工具

钢尺量距的工具有钢尺、皮尺、测钎、标杆、弹簧秤、温度计、垂球等。

1. 钢 尺

钢尺也称钢卷尺，由薄钢带制成，宽 10~15 mm，厚约 0.4 mm，尺长有 20 m、30 m、50 m 等几种。钢尺常卷放在圆形盒内或金属架上，如图 4.1.1 所示。钢尺的最小刻划为毫米，每厘米、分米及每米处都刻有数字注记。钢尺一般量距的精度可达到 1/1 000~1/5 000，精密测距的精度可以达到 1/10 000~1/40 000，适合平坦地区的距离测量。

图 4.1.1 钢 尺

钢尺的零分划位置有两种形式：一种是零点位于尺的最外端，这种尺子称为端点尺，如图 4.1.2（a）所示；另一种是零分划线在靠近尺端的某一位置，这种尺称为刻线尺，如图 4.1.2（b）所示。钢尺大都属于刻线尺。

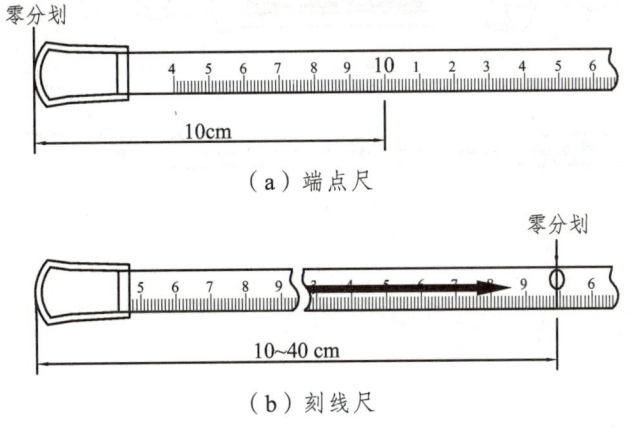

图 4.1.2 端点尺和刻线尺

2. 皮 尺

皮尺是用麻线或加入金属丝织成的带状尺。长度有 20 m、30 m 和 50 m 等。皮尺的基本分划为厘米，在尺的分米和整米处有注记，尺端金属环的外端为尺子的零点。皮尺容易伸缩，量距精度比钢尺低，皮尺丈量精度在 1/1 000 左右，一般用于要求精度不高的碎部测量和土方工程的施工放样等。

3. 测 钎

测钎用粗铁丝或细钢筋制成，长 30~40 cm，如图 4.1.3（a）所示，一端磨尖便于插入土中准确定位,另一端卷成圆环,套在一个圆环上,一般10根为一组。测钎主要用于标定尺段和作为定线的标志。

4. 标杆

又称花杆,为木质或铝合金圆杆,如图 4.1.3 所示,一般长 2~3 m,直径 3~4 cm。杆身每隔 20 cm 涂有红、白相间的油漆。杆的下端装有锥形铁脚,便于插入泥土中。量距时花杆主要是用于直线的定线和在倾斜尺段上进行水平距离丈量时标定尺段点位。

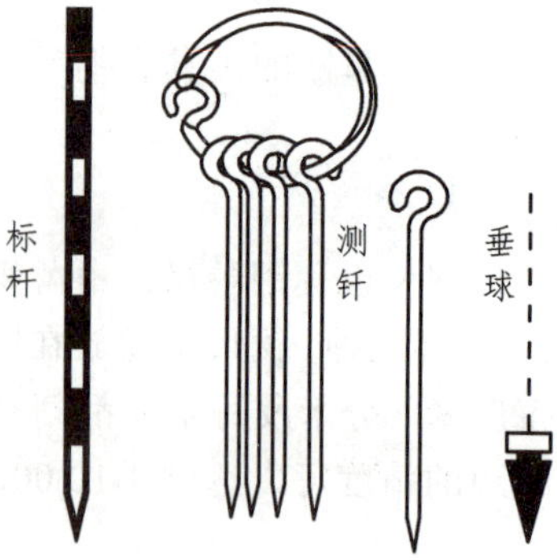

5. 垂球

垂球的作用主要是用来对点、标点和投点,如图 4.1.3 所示。

图 4.1.3 测钎、标杆、垂球

6. 弹簧秤和温度计

弹簧秤和温度计一般是在精密量距中用来测定钢尺的拉力和温度,如图 4.1.4 所示。量距时必须用弹簧秤施加检定时的标准拉力。温度计用于测定量距时的温度,以便对钢尺丈量的距离进行温度改正。

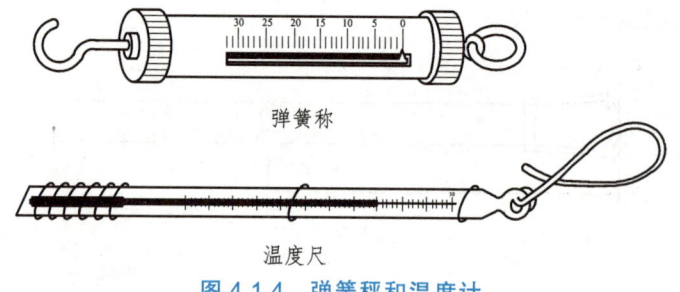

图 4.1.4 弹簧秤和温度计

4.1.2 钢尺量距的一般方法

1. 直线定线

当地面两点之间的距离比所用钢尺长时,就需要分成若干段再进行丈量,为使这些分段点不偏离两点连线的方向,就需要定线。所谓直线定线,就是将所有分段点都标定在两点连线上。定线的方法有目测定线和经纬仪定线。一般情况下若量距对定线的精度要求不高,可采用目测定线的方法。

(1)目测定线。

如图 4.1.5 所示,设 A、B 为待测直线的两端点,欲在 A、B 两点的连线上标出分段点 1、2。先在 A、B 点上竖立标杆,甲站在 A 点标杆后约 1 m 处,指挥乙左右移动标杆,直到甲沿标杆的同一侧看到 A、1、B 三支标杆成一条线时为止。同法可以定出直线上的点 2。定线时,乙所持标杆应竖直,利用食指和拇指夹住标杆的上部,稍微提起,利用重力使标杆自然竖直。此外,为了不遮挡甲的视线,乙应持标杆站立在直线方向的左侧或右侧。

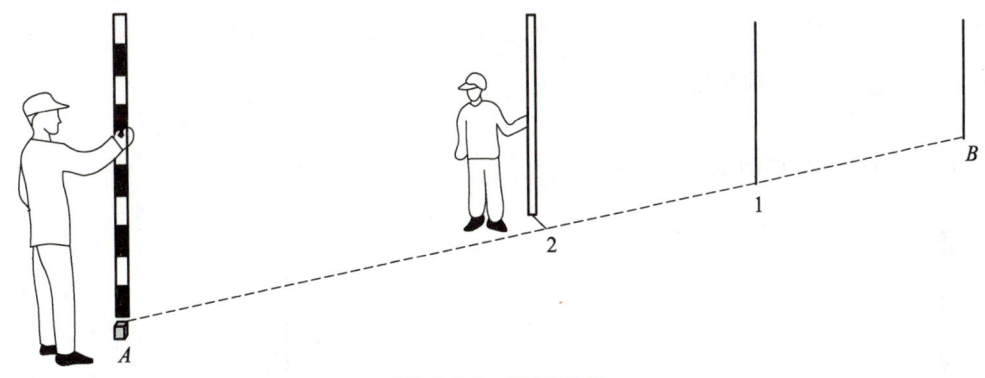

图 4.1.5　目测定线

（2）经纬仪定线。

当直线定线精度要求较高时，可用经纬仪定线。如图 4.1.6 所示，欲在 AB 直线上确定出 1、2、3 点的位置，可将经纬仪安置于 A 点，用望远镜照准 B 点，固定照准部制动螺旋，然后将望远镜向下俯视，将十字丝交点投测到木桩上，并钉小钉以确定出点 1 的位置。同法标定出 2、3 点的位置。

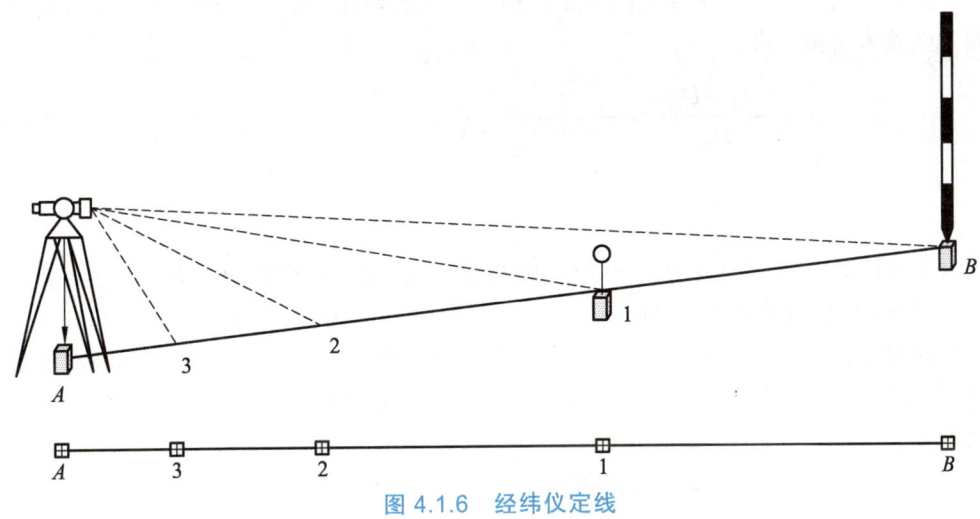

图 4.1.6　经纬仪定线

2. 平坦地面的丈量方法

如图 4.1.7 所示，先清除待量直线上的障碍物，在直线两端点 A、B 竖立标杆，后尺手持钢尺的零端位于 B 点，前尺手持钢尺的末端和一组测钎沿 BA 方向前进，行至一个尺段处停下。后尺手用目测方法指挥前尺手将钢尺拉在 AB 直线上，然后后尺手将钢尺的零点对准 B 点，当两人同时把钢尺拉紧后，前尺手在钢尺末端的整尺段分划处竖直插下一根测钎（如果在水泥地面上丈量，也可以用记号笔在地面上划线做记号）得到点 1，即完成第一个尺段的丈量。前、后尺手抬尺前进，当后尺手到达插测钎（或划记号）处时停住，重复上述操作，完成第二尺段丈量。随后后尺手拔起地上的测钎，依次前进，直到量完 AB 直线的最后一个尺段为止。最后一段距离一般不会是整尺段的长度，称为余长，丈量余长时，前尺手直接在钢尺上读取余长值。则最后 A、B 两点间的水平距离 D 为

$$D = nl + q \qquad (4.1.1)$$

式中 l——钢尺一整尺的长度；
　　　n——整尺段数；
　　　q——不足一整尺的余长。

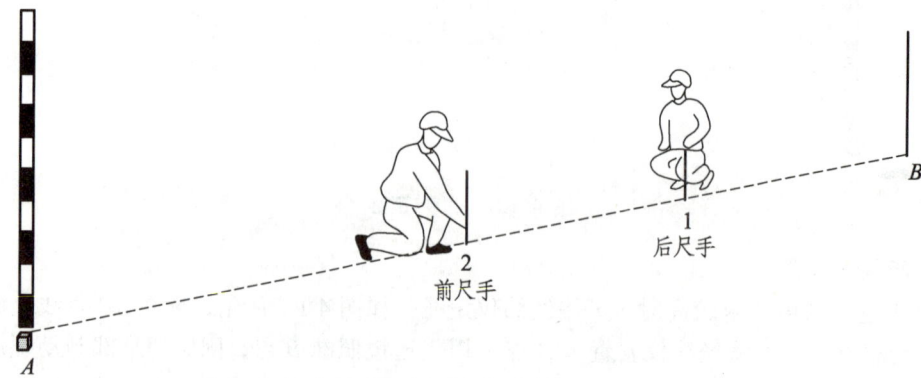

图 4.1.7　平坦地面距离丈量

为了防止丈量中发生错误及提高量距的精度，一般要往、返各丈量。距离丈量的精度通常用相对误差来衡量，即

$$K = \frac{|D_{往} - D_{返}|}{D_{均}} = \frac{1}{\dfrac{D_{均}}{|D_{往} - D_{返}|}} = \frac{1}{M} \qquad (4.1.2)$$

式中，$D_{均} = (D_{往} + D_{返})/2$。

相对误差的分母越大，表明量距的精度越高；反之相对误差的分母越小，表明量距的精度越低。一般情况下，平坦地区丈量的精度应不低于 1/2 000，在困难地区，也不应低于 1/1 000。当量距的相对误差没有超出上述规定时，可取往、返测距离的平均值作为两点间的水平距离。

【例】已知 A、B 的往测距离为 151.435 m，返测距离为 151.453 m，求丈量的结果 $D_{均}$ 及相对误差 K。

解：$D_{均} = \dfrac{151.453 + 151.453}{2} = 151.444\ (\text{m})$

　　$K = \dfrac{|151.453 - 151.435|}{151.444} = \dfrac{1}{8\ 400}$

3. 倾斜地面的丈量方法

（1）平量法。

沿倾斜地面丈量距离，当地势起伏不大时，可将钢尺拉平丈量，如图 4.1.8 所示。丈量时由 A 点向 B 点进行，甲立于 A 点，指挥乙将尺拉在 AB 方向线上。甲将尺的零端对准 A 点；乙将钢尺抬高，并且目估使钢尺水平，然后用垂球尖将尺段的末端投影到地面上，插上测钎。若地面倾斜较大，将钢尺抬平有困难时，可将一个尺段分成几个小段来平量，如图中的 ij 段。

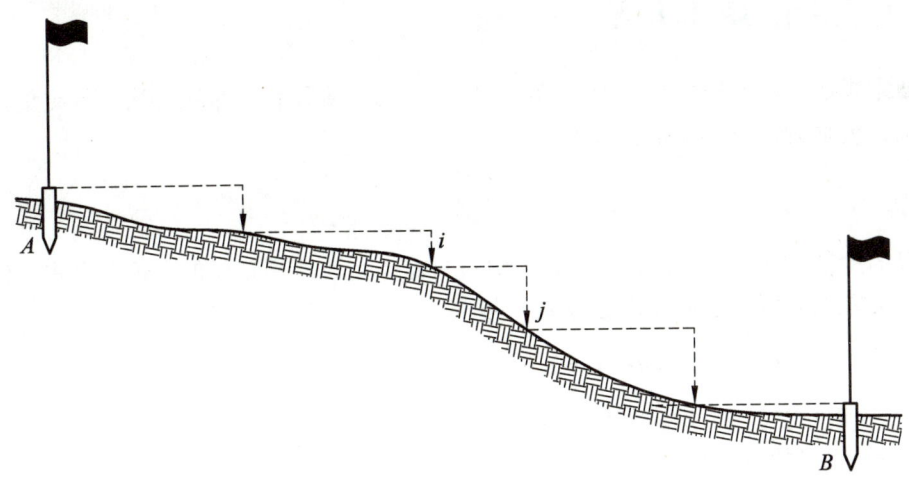

图 4.1.8 平量法示意图

应当注意：

① 每一尺段的长短不一定一样，由地面坡度的大小来决定。一般前尺员（低处的拉尺员）的拉尺高度应保持在腰部以下，这样既能用力将钢尺拉平，又能看清垂球线所处的尺面分划读数。

② 倾斜地面的平量法不能由低处向高处量，只能从高处点向低处点丈量，因此可从高处向低处丈量两次代替往返丈量。

（2）斜量法。

当倾斜地面的坡度比较均匀时，可采用斜量法。如图 4.1.9 所示，沿着斜坡丈量出 A、B 两点间的斜距 L，再用经纬仪测出地面的倾角 α 或用水准仪测出两点间高差 h，然后按下式计算出 A、B 间的水平距离：

$$D = L\cos\alpha = \sqrt{L^2 - h^2} \tag{4.1.3}$$

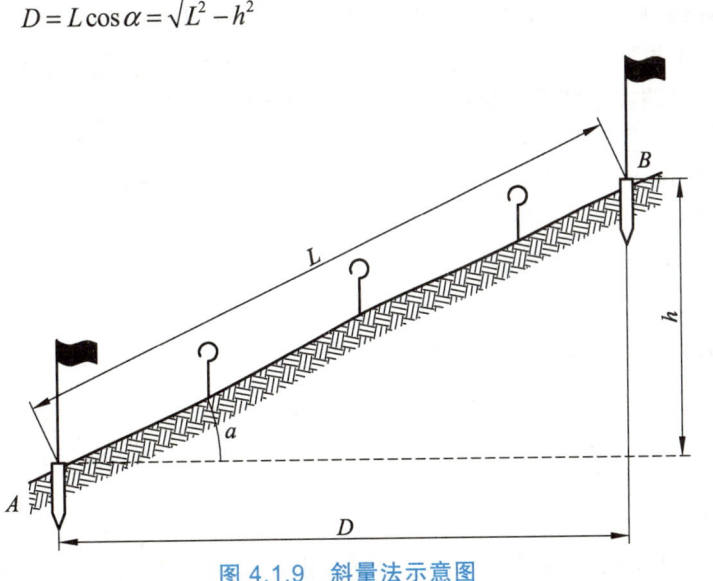

图 4.1.9 斜量法示意图

4.1.3 钢尺量距的精密方法

当要求量距的相对误差在 1/10 000 ~ 1/40 000 时,要用精密量距方法进行丈量。精密方法量距前,要对钢尺进行检定。

1. 钢尺检定

钢尺的检定一般由专门的机构进行,通过检定,得出所用钢尺的尺长方程式。例如某钢尺的尺长方程式(可通过钢尺检定得到)为

$$l_t = l_0 + \Delta l + \alpha \times (t - t_0) \times l_0 \tag{4.1.4}$$

式中 l_t——钢尺在温度 t 时的实际长度;
  l_0——钢尺的名义长度;
  Δl——整尺的尺长改正数(即钢尺在 t_0 的温度下它的实际长度和名义长度的差值);
  α——钢尺的线膨胀系数,一般为 $1.25 \times 10^{-5}/℃$;
  t_0——钢尺检定时的温度;
  t——钢尺在量距时的温度。

尺长方程式中的 Δl 会发生变化,故尺子使用一段时期后必须重新检定,得出新的尺长方程式。

2. 量距的方法

(1)清理场地。精密量距前,首先应将丈量直线方向上的障碍物和杂草清除掉。

(2)定线。精密量距前应先用经纬仪定线。

(3)丈量距离。用检定过的钢尺丈量相邻两木桩间的距离。丈量时,将钢尺首尾紧贴桩顶"+"号中心,并用弹簧秤施以钢尺检定时相同的拉力,同时根据两桩顶的"+"标记的指标线读数,读至 mm;读完一次后,将钢尺前后移动 1 ~ 2 cm,仿照同样的方法进行第二次读数;再前后移动 1 ~ 2 cm,进行第三次读数,并对三次丈量的结果进行比较。三次读得长度值之差的允许值根据不同要求而定,一般不超过 2 ~ 3 mm;如三次在限差范围之内,则取其平均值作为该段的丈量结果。每量完一尺段应测定温度一次,估读至 0.1 ℃,以便进行温度改正计算。仿此逐段丈量至终点,即为往测,往测完毕,调转尺头立即进行返测。

(4)测定桩间的高差。用水准仪测定各相邻桩顶之间的高差,以便计算倾斜改正。

(5)成果整理:

① 计算尺长改正数。

由于钢尺的实际长度与名义长度不符,故所量距离必须进行尺长改正。从尺长方程式中可以得知在 t_0 的温度下整尺的尺长改正数 Δl,于是不难求得所量尺段长度 l_s 在 t_0 温度下的尺长改正数 Δl_d 为

$$\Delta l_d = \frac{\Delta l}{l_0} \times l_s \tag{4.1.5}$$

② 计算温度改正数。

钢尺受温度变化的影响也会引起尺长变化,由于量距时的温度 t 与标准温度 t_0 不相等,因此必须加入温度变化引起的改正,即温度改正。同样从尺长方程式中可以得知所量尺段长

度 l_s 在丈量时温度 t 下的尺长改正数，即温度改正数 Δl_t 为

$$\Delta l_t = \alpha \times (t - t_0) \times l_s \quad (4.1.6)$$

③ 计算倾斜改正数。

量距时钢尺是位于尺段桩顶上的，量出来的距离是倾斜距离，还必须将它改算成水平距离。假定实际丈量结果为 l_s，尺段高差为 h，则有

$$\Delta l_h = -\frac{h^2}{2l_s} \quad (4.1.7)$$

④ 计算尺段平距。

将以上三项改正数加到丈量的尺段长度上，即得改正后的尺段平距，即

$$D = l_s + \Delta l_d + \Delta l_t + \Delta l_h \quad (4.1.8)$$

⑤ 计算全线丈量的结果和精度。

将各尺段的平距相加即得全线平距，并计算得出相对误差。

计算算例参见表表 4.1.1。

表 4.1.1　精密钢尺量距手簿

尺长方程式：$l_t = 50 + 0.008 + 1.25 \times 10^{-5} \times 50 \times (t - 20\ ℃)$

往测 $\sum D_{往} = 120.437$　　　观测者：×××　　　记录者：×××

尺段	钢尺读数/m		尺段长度/m	温　度	尺长改正数/m	高差/m	尺段平距/m
	前尺	后尺		改正数/m		改正数/m	
A—1	29.813	0.163	29.650	29.3 ℃		+0.742	29.651
	29.759	0.108	29.651		+0.006		
	29.717	0.065	29.652	+0.003		−0.009	
	平均长度		29.651				
1—2	29.908	0.175	29.733	29.7 ℃		+0.981	29.726
	29.824	0.093	29.731		+0.006		
	29.776	0.044	29.732	+0.004		−0.016	
	平均长度		29.732				
2—B	11.732	0.515	11.217	29.1 ℃		−0.428	11.212
	11.822	0.605	11.217		+0.002		
	11.889	0.671	11.218	+0.001		−0.008	
	平均长度		11.217				

往测 $\sum D_{往} = 70.589$　　　观测者：　　　记录者：

4.1.4 钢尺量距的误差来源及削减措施

钢尺量距误差来源主要由定线误差、尺长误差、温度变化误差、丈量误差、拉力变化误差、倾斜误差等。

1. 定线误差

量距时若尺子偏离了直线方向，所量的距离不是直线而是一条折线，导致丈量结果偏大，这种误差叫做定线误差。为了减小这种误差的影响，对于精度要求较高的量距要用经纬仪来定线。

2. 尺长误差

如果钢尺的名义长度和实际长度不符，则产生尺长误差。尺长误差具有累积性，量的距离越长，误差就越大。因此量距前必须对钢尺进行检定，求出钢尺的尺长方程式。

3. 温度误差

钢尺的长度随温度变化而变化，当丈量时的温度与钢尺检定时的标准温度不一致时，将产生温度误差。所以量距时，应测定实际温度，进行温度改正。

4. 丈量误差

一般量距时，零刻度线没有对准地面标志，或者测纤没有对准尺子末端的刻度线；精密量距时，前、后司尺员对点不准确、没有同时读数或读数不准确，都会引起丈量误差。这种误差属于偶然误差，无法消除，只有通过丈量时严格操作来减弱。

5. 拉力误差

丈量时钢尺所受拉力应与检定时所受拉力相同，否则将会产生拉力误差，因此量距时（尤其是精密量距）要用弹簧秤控制拉力。

6. 钢尺的倾斜和垂曲误差

量距时，尺子没有拉平（水平法量距）或尺子中间下垂而成曲线时，将使量得的长度增大。因此，水平法量距时，必须注意使尺子水平，若钢尺悬空丈量，中间应有人托一下尺子，以减小钢尺垂曲的影响；对于精密量距，必要时可加入垂曲改正。

4.1.5 钢尺量距的注意事项

（1）丈量时应检查钢尺，看清钢尺的零点位置。
（2）量距时定线要准确，尺子要水平，拉力要均匀。
（3）读数时要细心、精确，不要看错、念错。
（4）钢尺易生锈，丈量结束后应用软布擦去尺上的泥和水，涂上机油以防生锈。

（5）钢尺易折断，如果钢尺出现卷曲，切不可用力硬拉。在行人和车辆较多的地区量距时，中间要有专人保护，以防止钢尺被车辆碾压而折断。

（6）不准将钢尺沿地面拖拉，以免磨损尺面分划。

（7）收卷钢尺时，应按顺时针方向转动钢尺摇柄，切不可逆转，以免折断钢尺。

任务 4.2 视距测量

视距测量是利用经纬仪望远镜中的视距丝（上、下丝）及视距标尺按几何光学原理进行测距的一种方法。视距测量不仅能测定地面两点间的水平距离，而且还能测定地面两点间的高差。视距测量的精度较低，一般认为最高精度只能达到 1/300，但由于操作简便，且能满足碎部测量的精度要求，所以广泛应用于地形测量中。视距测量所用的主要仪器和工具是经纬仪及视距尺。

4.2.1 视距测量的原理

1. 视线水平时的视距测量

如图 4.2.1 所示，欲测定 A、B 两点间的水平距离 D 及高差 h。将经纬仪安置在 A 点，照准 B 点上竖立的视距尺。当望远镜视线水平时，视线与视距尺面垂直。对光后视距尺成像在十字丝平面上，视距尺上 M 点和 N 点的像与视距丝 m 和 n 重合。即下、上视距丝 m、n，可以在视距尺上读取 M、N 两点的读数，其读数差用 l（l = 下丝读数 − 上丝读数）表示，称其为视距间隔。

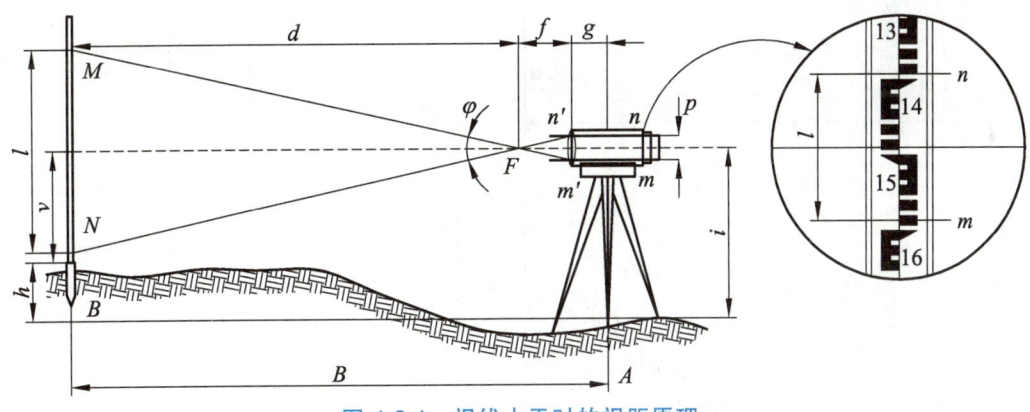

图 4.2.1 视线水平时的视距原理

设物镜焦点到视距尺之间的距离为 d，用 P 代表十字丝平面上两视距丝之间的固定间距，用 f 代表物镜焦距，由相似三角形 MNF 与 $m'n'F$ 中可得

$$\frac{MN}{m'n'} = \frac{d}{f}$$

故
$$d = \frac{MN \times f}{m'n'} = \frac{f}{p}l$$

仪器中心距物镜焦点的距离是 $(\delta+f)$，其中 δ 是仪器中心到物镜光心的距离，故仪器中心至视距尺的距离为

$$D = d+(\delta+f) = \frac{f}{p}l+(\delta+f)$$

用 K 代表 $\frac{f}{p}$，用 C 代表 $(\delta+f)$，则

$$D = Kl + C \quad\quad (4.2.1)$$

上式中的 K 称为视距乘常数，C 称为视距加常数。在仪器设计时，通过选择适当焦距的物镜和适当的视距丝间距，可使 $K=100$。对于内对光望远镜来讲，$C\approx 0$，视距加常数 C 可忽略不计。于是视线水平时的视距公式成为

$$D = kl \quad\quad (4.2.2)$$

如图 4.2.1 所示，当视线水平时，十字丝中丝在视距尺上的读数为 V，设仪器高为 i，则测站点 A 到立尺点 B 间的高差为

$$h = i - V \quad\quad (4.2.3)$$

2. 视线倾斜时的视距测量

如图 4.2.2 所示，在地面倾斜较大的地区进行测量时，往往需要上仰或下府望远镜才能看到视距尺，这时视线是倾斜的，它和视距尺不垂直，所以不能直接应用上式计算。

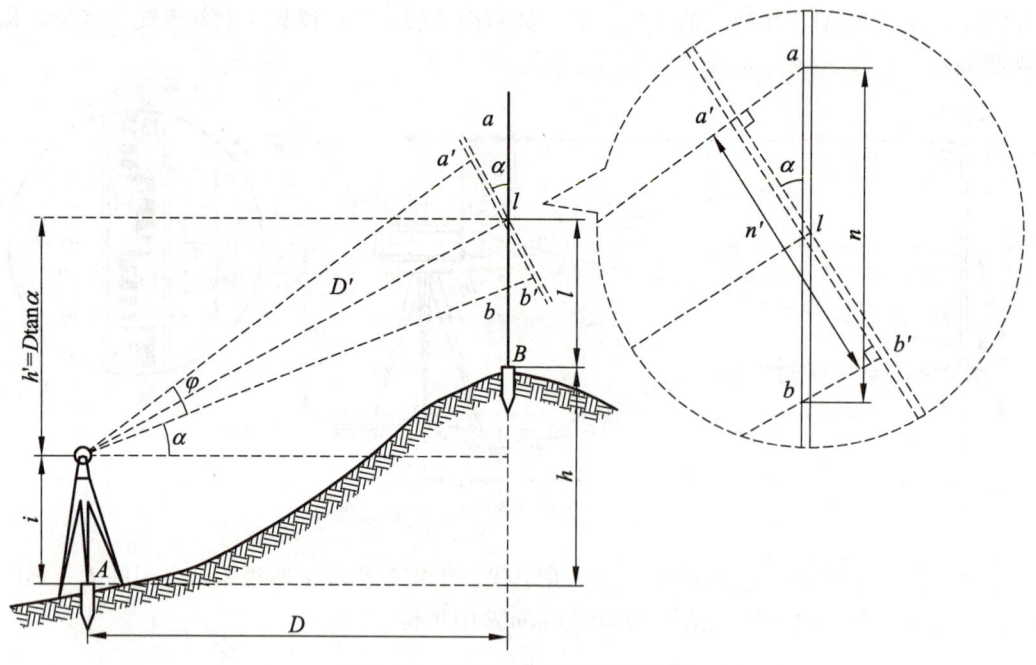

图 4.2.2 视线倾斜时的视距原理

设想将目标尺以中丝读数 l 这一点为中心，转动一个 α 角，使目标尺与视准轴垂直，由图 4.2.2 可推算出视线倾斜时的视距测量计算公式：

$$D = D' \cdot \cos\alpha = (kl') \cdot \cos\alpha = (kl \cdot \cos\alpha) \cdot \cos\alpha = kl\cos^2\alpha \tag{4.2.4}$$

$$\begin{aligned} h &= \frac{1}{2}kl\sin 2\alpha + i - v \\ &= D \cdot \tan\alpha + i - v \end{aligned} \tag{4.2.5}$$

式中　k——视距常数；

　　　l——视距间隔；

　　　α——竖直角；

　　　i——仪器高；

　　　v——中丝读数即目标高。

4.2.2　视距测量的实施

视距测量的实施步骤如下：

（1）在被测点位上竖立视距尺。

（2）在测站点安置经纬仪，量取仪器高 i（量至厘米）；盘左（视距测量只用盘左一个盘位）照准标尺。

（3）如果采用视线水平方法测距，将望远镜视线调平（指标水准管气泡居中且竖盘读数等于 90°），依序读取下丝、上丝和中丝读数 v（读至 cm），计算视距间隔 l，按公式（4.2.2）、（4.2.3）计算水平距离 D（取至 dm）及高差 h（取至 cm）。

（4）如果采用视线倾斜方法视距，使望远镜照准标尺任一位置（保证上、下丝能读数），依序读取下丝、上丝和中丝读数 v，调整指标水准管气泡居中，读取竖盘读数（读至分），计算视距间隔 l 和竖直角 α，然后按公式（4.2.4）、（4.2.5）计算水平距离 D 及高差 h。

视距测量的记录计算见表 4.2.1，例中所示为视线倾斜方法视距。

表 4.2.1　视距测量记录、计算手簿

测站：A　　测站高程：500.25 m　　仪器高 i = 1.45 m　　指标差 x = 0

点号	Kl/m	中丝读数/m	竖盘读数/(° ′)	竖直角/(° ′)	平距/m	高差/m
1	24.0	1.15	60　25	29　35	18.2	+10.63
2	45.0	1.55	68　34	+21　26	39.0	+15.21
3	86.5	1.45	111　14	−21　14	75.2	−29.22
4	66.8	1.00	102　06	−12　06	63.9	−13.25

4.2.3　视距测量的误差分析

影响视距测量精度的因素很多，但主要有以下几个方面，在测量时应加以注意。

1. 视距尺倾斜误差

视距公式是在视距尺铅垂竖直的条件下推得的，视距尺倾斜对视距测量的影响与竖直角的大小有关，竖直角越大对视距测量的影响越大，特别在山区测量时，应尽量扶直视距尺。

2. 读数误差的影响

用视距丝在视距尺上读数的误差是影响视距测量精度的主要因素。读数误差与视距尺最小分划的宽度、距离远近、望远镜的放大倍数及成像的清晰程度等因素有关。所以在作业时，应使用厘米刻划的板尺。应根据测量精度限制最远视距，使成像清晰，消除视差，读数仔细。

3. 外界条件的影响

实验证明，当视线接近地面，垂直折光引起视距尺上的读数误差较大。因此观测时应尽可能使视线离地面 1 m 以上以减少大气折光的影响。避免在烈日强光等不利天气条件下进行观测。

任务 4.3　了解电磁波测距

电磁波测距是用电磁波（光波或微波）作为载波传输测距信号，以测定两点间距离的一种方法。与传统的钢尺量距和视距测量相比，具有测程长、精度高、作业快、工作强度低、几乎不受地形限制等优点。

4.3.1　电磁波测距仪的分类

1. 电磁波测距仪按所采用的载波分类

（1）用微波段的无线电波作为载波的微波测距仪；
（2）用激光作为载波的激光测距仪；
（3）用红外光作为载波的红外测距仪。

后两者又统称为光电测距仪。微波和激光测距仪多属于长程测距，测程可达 60 km，一般用于大地测量；而红外测距仪属于中、短程测距仪（测程为 15 km 以下），一般用于小地区控制测量、地形测量、地籍测量和工程测量等。

2. 光电测距仪按仪器测程分类

（1）短程光电测距仪。

测程在 3 km 以内，测距精度一般在 1 cm 左右。这种仪器可用来测量三等以下的三角锁网的起始边，以及相应等级的精密导线和三边网的边长，适用于工程测量和矿山测量。

（2）中程光电测距仪。

测程在 3～15 km 的仪器称为中程光电测距仪，这类仪器适用于二、三、四等控制网的边长测量。

（3）远程激光测距仪。

测程在15 km以上的光电测距仪，精度一般可达±（5 mm+1×10⁻⁶D），能满足国家一、二等控制网的边长测量。

3. 根据测距仪出厂的标称精度的绝对值分类

按1 km的测距中误差，测距仪的精度分为三级，如表4.3.1所示。

表 4.3.1　测距仪的精度分级

测距中误差/mm	测距仪精度等级
<5	Ⅰ
5～10	Ⅱ
11～20	Ⅲ

4.3.2　电磁波测距的基本原理

电磁波测距是通过测定电磁波束，在待测距离上往返传播的时间 t_{2D} 来计算待测距离 D 的，如图4.3.1所示，电磁波测距的基本公式为

$$D = \frac{1}{2} c t_{2D} \tag{4.3.1}$$

式中　c——电磁波在大气中的传播速度；
　　　t_{2D}——电磁波在测线上的往返传播时间。

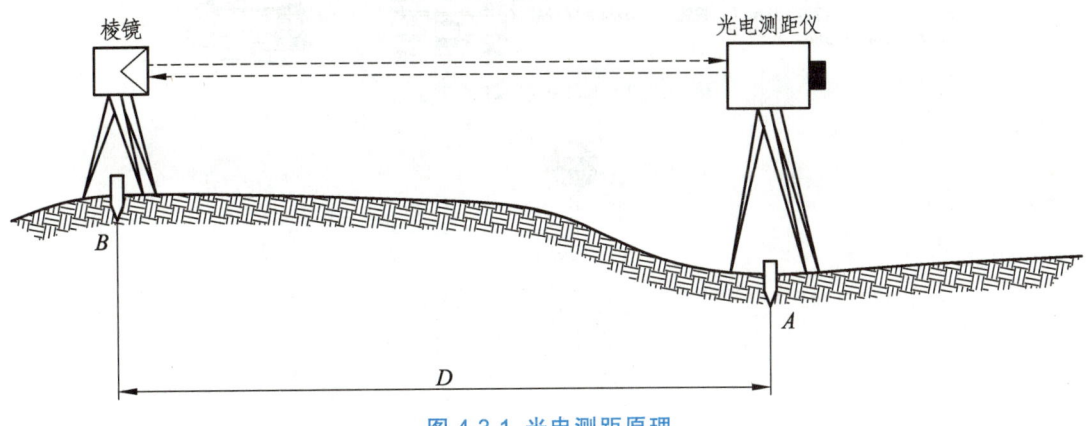

图 4.3.1　光电测距原理

电磁波在测线上的往返传播时间 t_{2D}，可以直接测定，也可以间接测定。直接测定电磁波传播时间是用一种脉冲波，它是由仪器的发送设备发射出去，被目标反射回来，再由仪器接收器接收，最后由仪器的显示系统显示出脉冲在测线上往返传播的时间 t_{2D} 或直接显示出测线的斜距，这种测距仪称为脉冲式测距仪。间接测定电磁波传播时间是采用一种连续调制波，它由仪器发射出去，被反射回来后进入仪器接收器，通过发射信号与返回信号的相位比较，即可测定调制波往返于测线的迟后相位差中小于 2π 的尾数。用 n 个不同调制波的测相结果，

便可间接推算出传播时间 t_{2D}，并计算（或直接显示）出测线的倾斜距离。这种测距仪器称为相位式测距仪。目前这种仪器的计时精度达 10 s 以上，从而使测距精度提高到 1 cm 左右，可基本满足精密测距的要求。

4.3.3 红外测距仪及其使用

红外测距仪按其照准目标的方式可以分成带望远镜和不带望远镜的两种。图 4.3.2 是南方测绘公司生产的 ND3000 红外相位式测距仪，它自带望远镜，望远镜的视准轴、发射光轴和接收光轴同轴，有垂直制动螺旋和微动螺旋，可以安装在光学经纬仪上或电子经纬仪上。测距时，测距仪瞄准棱镜测距，经纬仪瞄准棱镜测量竖直角，通过测距仪面板上的键盘，将经纬仪测量出的天顶距输入到测距仪中，可以计算出水平距离和高差。图 4.3.3 为与仪器配套的棱镜对中杆与支架，用于放样测量非常方便。

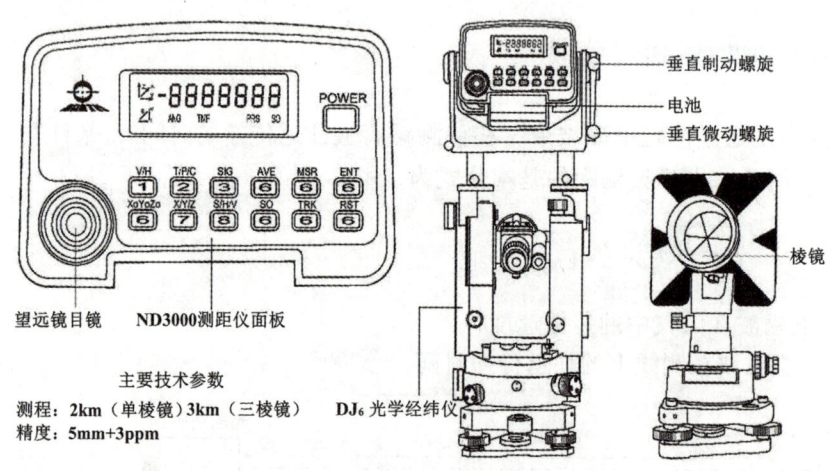

图 4.3.2　ND3000 红外测距仪

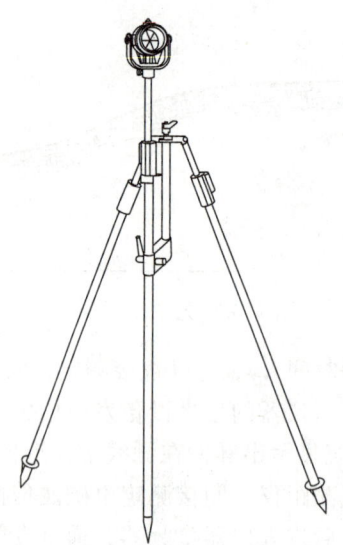

图 4.3.3　棱镜对中杆与支架

在电磁波测距仪使用中有下列相关参数需要设置：

（1）测距常数。

由于每台仪器的电器元件性能差异，使得测量值与实际距离有误差，此误差称为测距常数。这种误差在出厂前都进行了检测，给出常数值或调整为零。在使用中若发现测量距离总存在相同误差，应对仪器进行检查。

（2）反射镜常数。

反射镜（又称棱镜）是测量距离的合作目标，主要作用是将仪器发射的测距光经棱镜返回到主机接收。测距光经棱镜折射速度会减慢，因此显示的距离比实际的距离长，应加以改正，此改正称为棱镜折射率改正值。如果反射棱镜顶点位于测点的铅垂线上，那么棱镜折射率改正值即为棱镜常数。但实际顶点的位置不位于测点的铅垂线上，因此应做加减改正。以上两项改正值称为棱镜常数。棱镜常数一般为 – 30 mm、– 40 mm、0 mm，使用仪器时必须确认棱镜常数。

（3）气温、气压改正。

测距仪的测距光通过大气层时，由于大气的状态不同速度也不同，因此使实测距离产生误差。这是因为仪器生产是在某一特定气温下调整的，只有在这一温度下，所测距离才是正确的，因此实际测距时应输入当前温度与气压，使仪器自动进行改正。

任务 4.4 直线定向

4.4.1 定　义

在测量工作中要确定地面上两点间的平面位置关系，除了需要两点间的水平距离，还需要这两点所在直线的方向。在测量上，确定一条直线的方向称为直线定向。要确定直线的方向，首先必须选定标准方向。下面首先讨论标准方向，然后讨论直线定向的方法。

4.4.2 标准方向

1. 真子午线方向

如图 4.4.1 所示，地表任一点 P 与地球旋转轴所组成的平面与地球表面的交线称为 P 点的真子午线。真子午线在 P 点的切线方向称为 P 点的真子午线方向。真子午线方向可用天文观测的方法或采用陀螺经纬仪来测定。

2. 磁子午线方向

如图 4.4.1 所示，地表任一点与地球磁场南北极连线所组成的平面与地球表面交线称为该点的磁子午线。磁子午线在该点的切线方向称为该点的磁子午线方向。磁子午线方向可以用罗盘仪来测定。

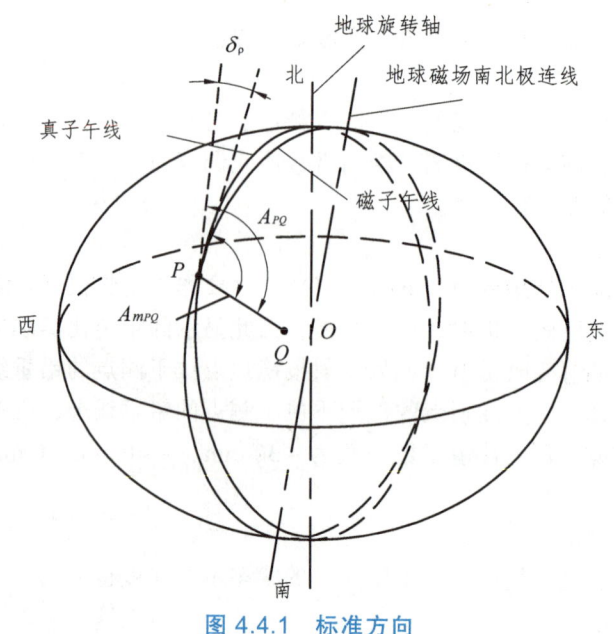

图 4.4.1 标准方向

3. 纵坐标线方向

平面直角坐标系或高斯平面直角坐标系中平行于纵坐标轴的直线方向称为纵坐标线方向。过地面上任一点在相应坐标系中的位置都可以作一条纵坐标线。

一般情况下，通过地面同一点的真子午线方向、磁子午线方向和纵坐标线方向是不一致的。真子午线方向和磁子午线方向的夹角称为磁偏角，如图 4.4.1 所示的 δ_P；真子午线方向和纵坐标线方向的夹角称为子午线收敛角；磁子午线方向和纵坐标线方向的夹角称为磁坐偏角。

4.4.3 表示直线方向的方法

测量中，常用方位角来表示直线的方向。方位角是指由标准方向的北端起，顺时针方向旋至该直线所夹的水平角，称为该直线的方位角。方位角的取值范围是 0°～360°。

和标准方向相对应，地表任一直线都具有三种方位角：从真子午线方向的北端起，顺时针旋至该直线所夹的水平角，称为该直线的真方位角，如图 4.4.1 所示，直线 PQ 的真方位角为 A_{PQ}；从磁子午线方向的北端起，顺时针旋至该直线所夹的水平角，称为该直线的磁方位角，如图 4.4.1 所示，直线 PQ 的磁方位角为 A_{mPQ}；从纵坐标线方向的北端起，顺时针旋至该直线所夹的水平角，称为该直线的坐标方位角，直线 PQ 的坐标方位角以 α_{PQ} 表示。

1. 坐标方位角

普通测量中，应用最多的是坐标方位角，通常以 α 表示。在以后的讨论中，若无特别说明，所提到的方位角均指坐标方位角。

如图 4.4.2 所示，直线 AB 有两个方向，从 A 到 B 的方向为正方向，则从 B 到 A 的方向为反方向，故直线 AB 的方位角也有两个，即 α_{AB} 和 α_{BA}，α_{AB} 称为正方位角，α_{BA} 称为反方位角。从图中可知，α_{AB} 与 α_{BA} 存在下述关系：

$$\alpha_{BA} = \alpha_{AB} \pm 180°\qquad(4.4.1)$$

当 $\alpha_{AB} < 180°$ 时，上式用"＋"；当 $\alpha_{AB} > 180°$ 时，上式用"－"。

应当指出，通过 A 点、B 点的真子午线是向两极收敛的，故直线 AB 的正、反真方位角不存在上述关系。同样，直线 AB 的正、反磁方位角也不存在上述关系。

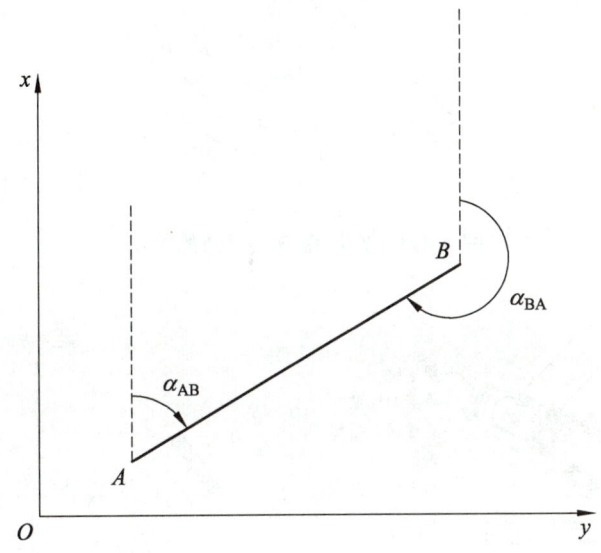

图 4.4.2　直线正、反坐标方位角

2. 象限角

直线与纵坐标线所夹的锐角，称为象限角，以 R 表示，象限角的变化范围是 0°~90°。直线的方向也可以用象限角来表示，但需要指明所在象限。

如图 4.4.3 所示，通过直线起点 O 的纵坐标线和横坐标线将平面划分为四个象限。直线 OA，位于第 I 象限，象限角是 R_1；直线 OB，位于第 II 象限，象限角是 R_2；直线 OC，位于第 III 象限，象限角是 R_3；直线 OD 位于第 IV 象限，象限角是 R_4。

用象限角表示直线的方向，必须注明直线所处的象限，第 I 象限用"北东"表示，第 II 象限用"南东"表示，第 III 象限用"南西"表示，第 IV 象限用"北西"表示。例如，$R_{AB} = 38°24'36''$（南东），表示直线 AB 位于第 II 象限，象限角是 $38°24'36''$。

4.4.4　用罗盘仪测定磁方位角

1. 罗盘仪的构造

罗盘仪是用来测定直线磁方位角的仪器。罗盘仪的种类很多，构造大同小异，由磁针、度盘和望远镜三部分构成，如图 4.4.4（a）所示。罗盘仪的刻度盘如图 4.4.4（b）所示。

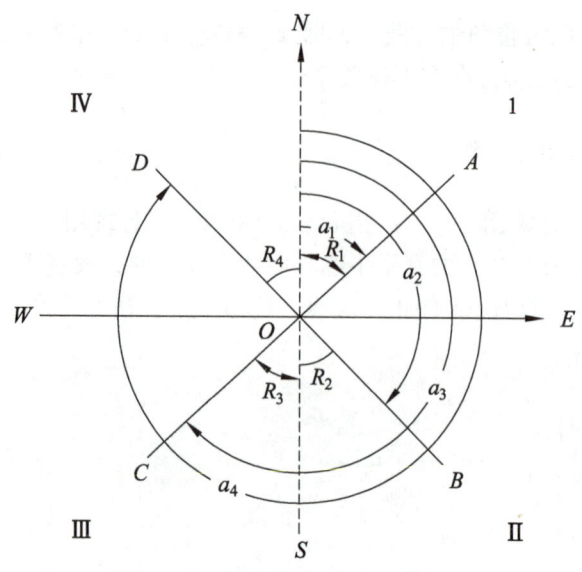

图 4.4.3 方位角与象限角的关系

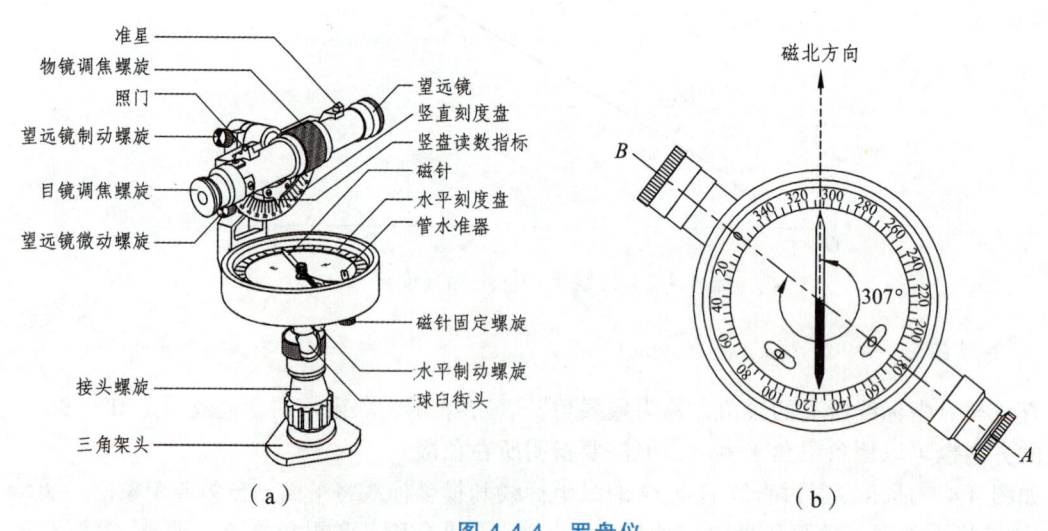

（a） （b）

图 4.4.4 罗盘仪

磁针是由磁铁制成，当罗盘仪水平放置时，自由静止的磁针就指向南北极方向，即过测站点的磁子午线方向。一般在磁针的南端缠绕有细铜丝，这是因为我国位于地球的北半球，磁针的北端受磁力的影响下倾，缠绕铜丝可以保持磁针水平。罗盘仪的度盘按逆时针方向 0° 至 360°，每 10° 有注记，最小分划为 1° 或 30′，度盘 0° 和 180° 两根刻划线与罗盘仪望远镜的视准轴一致。罗盘仪内装有两个相互垂直的长水准器，用于整平罗盘仪。

2. 罗盘仪的使用

欲测定直线 AB 的磁方位角，将罗盘仪安置在直线起点 A 上，挂上垂球对中，松开球臼接头螺旋，用手前、后、左、右转动刻度盘，使水准器气泡居中，拧紧球臼接头螺旋；松开磁针固定螺旋，让它自由转动，然后转动罗盘，用望远镜照准 B 点标志，待磁针静止后，磁针北端所指的度盘分划读数，即为 AB 直线的磁方位角。将磁针安置在直线的另一端，按上述方法返测磁方位角进行检核，二者之差理论上应等于 180°，若不超限，取往返的平均值作为最后结果。

3. 罗盘仪使用时的注意事项

（1）罗盘仪须置平，磁针能自由转动；
（2）罗盘仪使用时应避开铁器、高压电线、磁场等物质；
（3）观测结束后，旋紧固定螺旋将磁针固定。

任务 4.5　坐标正、反算

4.5.1　坐标正算

如图 4.5.1 所示，已知点 A 的坐标（x_A，y_A）、边长 D_{AB}（AB 两点间的水平距离）和坐标方位角 α_{AB}，求 B 点的坐标（x_B，y_B），称为坐标正算。

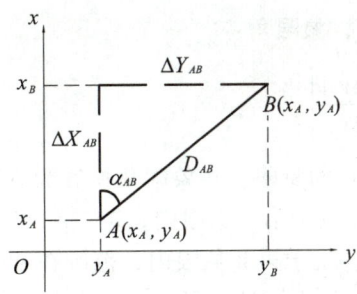

图 4.5.1　坐标正、反算

由图可知 B 点的坐标可用下述公式计算：

$$\left. \begin{array}{l} x_B = x_A + \Delta x_{AB} \\ y_B = y_A + \Delta y_{AB} \end{array} \right\} \tag{4.5.1}$$

式中，Δx_{AB}、Δy_{AB} 分别为 A 点到 B 点的纵、横坐标增量，是边长在坐标轴上的投影，即

$$\left. \begin{array}{l} \Delta x_{AB} = D_{AB} \cdot \cos \alpha_{AB} \\ \Delta y_{AB} = D_{AB} \cdot \sin \alpha_{AB} \end{array} \right\} \tag{4.5.2}$$

Δx_{AB}、Δy_{AB} 的符号分别由 α_{AB} 的余弦、正弦函数确定，要根据 α 的大小、所在象限来判别。以上两式也可以直接写成：

$$\left. \begin{array}{l} x_B = x_A + D_{AB} \cdot \cos \alpha_{AB} \\ y_B = y_A + D_{AB} \cdot \sin \alpha_{AB} \end{array} \right\} \tag{4.5.3}$$

【例】　已知直线 AB 的边长为 136.68 m，坐标方位角为 101°07′24″，其中一个端点 A 的坐标为（836.84，637.29），求直线另一个端点 B 的坐标（x_B，y_B）。

解：
$$\begin{cases} \Delta x_{AB} = D_{AB} \times \cos\alpha_{AB} = 136.68 \times \cos 101°07'24'' = -26.37 \text{ m} \\ \Delta y_{AB} = D_{AB} \times \sin\alpha_{AB} = 136.68 \times \sin 101°07'24'' = +134.11 \text{ m} \\ x_B = x_A + \Delta x_{AB} = 836.84 + (-26.37) = 810.47 \text{ m} \\ y_B = y_A + \Delta y_{AB} = 637.29 + 134.11 = 771.40 \text{ m} \end{cases}$$

所以 B 点坐标为（810.47，771.40）。

4.5.2 坐标反算

如图 4.5.1 所示，设已知两点 $A(x_A, y_A)$、$B(x_B, y_B)$ 的坐标，求边长 D_{AB} 和坐标方位角 α_{AB}，称为坐标反算。

1. 计算方位角

由图 4.5.1 可知：

$$\left.\begin{matrix} \Delta x_{AB} = x_B - x_A \\ \Delta y_{AB} = y_B - y_A \end{matrix}\right\}$$

（1）当 $\Delta x_{AB} \neq 0$，$\Delta y_{AB} \neq 0$ 时，象限角：

$$R_{AB} = \arctan\left|\frac{\Delta y_{AB}}{\Delta x_{AB}}\right| \tag{4.5.4}$$

如图 4.4.3 所示，根据 R 所在的象限，将象限角换算为方位角，即
当 $\Delta x_{AB} > 0$，$\Delta y_{AB} > 0$ 时，α_{AB} 位于第 Ⅰ 象限内，范围在 0°~90°，$\alpha = R$；
当 $\Delta x_{AB} < 0$，$\Delta y_{AB} > O$ 时，α_{AB} 位于第 Ⅱ 象限内，范围在 90°~180°，$\alpha = 180 - R$；
当 $\Delta x_{AB} < 0$，$\Delta y_{AB} < 0$ 时，α_{AB} 位于第 Ⅲ 象限内，范围在 180°~270°，$\alpha = 180 + R$；
当 $\Delta x_{AB} > 0$，$\Delta y_{AB} < 0$ 时，α_{AB} 位于第 Ⅳ 象限内，范围在 270°~360°，$\alpha = 360 - R$。
或者为

$$\alpha_{AB} = \arctan\frac{\Delta y_{AB}}{\Delta x_{AB}} = \arctan\frac{y_B - y_A}{x_B - x_A} \tag{4.5.5}$$

求得的 α 可在四个象限之内，它由 Δx、Δy 的正负符号确定。
（2）当 $\Delta x_{AB} = 0$，$\Delta y_{AB} > 0$ 时，象限角 $\alpha_{AB} = 90°$；
当 $\Delta x_{AB} = 0$，$\Delta y_{AB} < 0$ 时，象限角 $\alpha_{AB} = 270°$；
当 $\Delta x_{AB} > 0$，$\Delta y_{AB} = 0$ 时，象限角 $\alpha_{AB} = 0°$；
当 $\Delta x_{AB} < 0$，$\Delta y_{AB} = 0$ 时，象限角 $\alpha_{AB} = 180°$。

2. 计算边长

$$D_{AB} = \sqrt{\Delta x^2_{AB} + \Delta y^2_{AB}} = \sqrt{(x_B - x_A)^2 + (y_B - y_A)^2}$$

或

$$D_{AB} = \frac{\Delta y_{AB}}{\sin\alpha_{AB}} = \frac{\Delta x_{AB}}{\cos\alpha_{AB}} \tag{4.5.6}$$

【例】已知 $A(100, 400)$，$B(200, 300)$，求 α_{AB}、D_{AB}。

解：由已知坐标得

$$R_{AB} = \arctan\left|\frac{\Delta y_{AB}}{\Delta x_{AB}}\right| = \arctan\left|\frac{y_B - y_A}{x_B - x_A}\right| = 45°$$

$$\left.\begin{array}{l}\Delta x_{AB} = 200 - 100 = +100 \text{ (m)} \\ \Delta y_{AB} = 300 - 400 = -100 \text{ (m)}\end{array}\right\}$$

由上知 α 在第四象限，则

$$\alpha_{AB} = 360° - R = 360° - 45° = 315°$$

$$D_{AB} = \sqrt{\Delta x_{AB}^2 + \Delta y_{AB}^2} = 141.4 \text{ m}$$

任务 4.6　全站仪测量

全站仪（Total Station）全称为全站型电子速测仪，也称为电子速测仪或者电子视距仪，是一种兼有光电测距、电子测角、测量数据记录的大地测量仪器。全站仪广泛地用于控制测量、地形测量、地籍与房产测量、施工放样、变形观测等方面工程建设的测量作业中，是现代化测量和信息化测量工作有力的助手。

4.6.1　全站仪的工作特点及分类

全站仪能够实现对测量数据进行自动获取、显示、存储、传输、识别、处理计算的三维坐标测量与定位系统。它融光学、机械、电子等先进技术于一身，由光电测距仪、电子经纬仪、微处理机、电源装置和反射棱镜等组成，在一个测站上可同时进行角度（水平角、垂直角）测量和距离（斜距、平距、高差）基本测量工作，并配置计算程序自动计算出待定点的坐标和高程；同时能根据放样点坐标自动计算放样数据，完成点的放样工作。由于仪器只要安置一次就可以完成本测站所有的测量工作，故被称为"全站仪"。全站仪对野外采集的数据进行自动记录并通过传输接口（或 SD 卡）将数据传输给计算机，配以相应的绘图软件以及绘图设备，全站仪测图工作便实现了自动化和数字化。也可以把测量作业所需要的已知数据由计算机或仪器的键盘输入全站仪。这样，不仅使测量的外业工作自动化，而且可以实现整个测量作业的高效化。与传统的方法相比，省去了大量的中间人工操作环节，使劳动效率和经济效益明显提高，同时也避免了人工操作、记录等过程中差错率较高的缺陷。

全站仪按其结构可分为整体型和积木型（有时又称作组合型）两类。整体型全站仪的测距、测角与电子计算单元以及仪器的光学、机械系统组合成一个整体，不可分开。积木型全站仪的电子测距仪（又称测距头）、电子经纬仪各为一独立的整体，既可单独使用，又可组合在一起使用。目前广泛应用的是整体型全站仪，全站仪按其测角精度（方向标准偏差）可分为 0.5″、1.0″、1.5″、2.0″、3.0″、5.0″、7.0″等级别。

图 4.6.1 为几种常用的全站仪。

南方 NTS-341R10A

科力达 KTS-472R10L

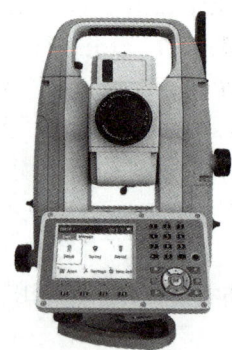
徕卡 TS16

图 4.6.1 常用的全站仪

4.6.2 全站仪的构造和功能

第一台全站仪问世于 20 世纪 70 年代,经历了三十几年的发展,全站仪的结构变化不大,但全站仪的功能不断的增强。早期的全站仪,仅能进行边、角的数字测量,后来,全站仪有了放样、坐标测量等功能。现在的全站仪有了内存、磁卡存储,并且在 Windows 系统支持下,实现了全站仪功能的大突破,使全站仪实现了电脑化、自动化、信息化、网络化。

不同厂家生产的全站仪各不相同,但其基本结构都是由同轴望远镜、键盘、度盘读数系统、补偿器、存储器和 I/O 通信借口几部分组成。图 4.6.2 所示为国内常见品牌的全站仪。

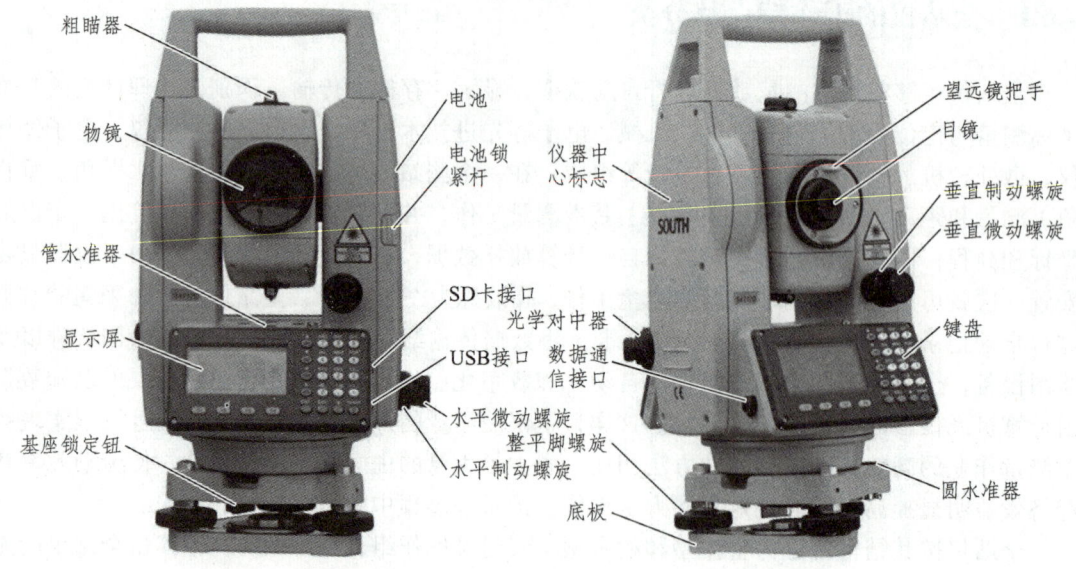

图 4.6.2 国内常见某品牌全站仪

1. 同轴望远镜

全站仪的望远镜中,瞄准目标用的视准轴和光电测距仪的光波发射、接收系统的光轴是同轴的。望远镜与调光透镜中间设置分光棱镜系统,使它一方面可以接收目标发出的光线,在十字丝分划上成像，进行目标瞄准；另一方面又可使光电测距部分的发光管射出的测距光波经物镜射向目标棱镜，并经同一路径反射回来，由光敏二极管接收，并配置电子计算机中央处理机、存储器和输入输出设备，根据外业观测数据实时计算并显示所需要的测量结果。

在全站仪测距头里，安装有两个光路与视准轴同轴的发射管，提供两种测距方式：一种方式为 IR，它可以利用棱镜和反射片发射和接收红外光束；另一种方式为 RL，它可以发射可见的红色激光束，不用反射镜（或反射片）即可测距。两种测量方式的转换可通过仪器键盘上的操作控制内部光路来实现，由此引起的不同的常数改正会由系统自动修正到测量结果上。

正因为全站仪是同轴望远镜，因此，一次瞄准目标棱镜，即可同时测定水平角、垂直角和斜距。望远镜也能作 360°纵转，通过直角目镜，甚至可以瞄准天顶的目标（工程测量中有此需要），并可测得其垂直距离（高差）。

2. 键　盘

全站仪的键盘为测量时的操作指令和数据输入的部件，键盘上的按键分为硬键和软件键（简称软键）两种。每一个硬键有一固定的功能，或兼有第二、第三功能；软键与屏幕最下一行显示的功能菜单相配合，使一个软键在不同的功能菜单下有多种功能。

3. 度盘读数系统

电子测角，即角度测量的数字化，也就是自动数字显示角度测量结果，其实质是用一套角码转换系统来代替传统的光学经纬仪光学读数系统。目前，这种转换系统有两类：一类是采用光栅度盘的所谓"增量法"测角；另一类是采用编码度盘的所谓"绝对法"测角。然而，无论是编码度盘或是光栅度盘，都只给出角度的大数(格值为1′)。如果要提高角度的分辨力，必须再采用电子内插技术，对格值进行测微，达到秒级才能成功。

4. 补偿器

在测量工作中，有许多方面的因素影响着测量的精度，不正确安装常常是诸多误差源中最重要的因素。补偿器的作用就是通过寻找仪器在垂直和水平方向的倾斜信息，自动地对测量值进行改正，从而提高采集数据的精度。

补偿器类型一般有摆式补偿器和液体补偿器两种，前者为老式补偿器，多见于早期徕卡电子经纬仪[如 T（c）1000/r（c）1600 等]，液体补偿器则几乎为当今所有全站仪所使用。

补偿器按补偿范围一般分为单轴（纵向，即 X 方向）补偿、双轴（纵横向，即 XY 方向）补偿和三轴补偿。单轴补偿仅能补偿由于垂直轴倾斜而引起的垂直度盘读数误差；双轴补偿可同时补偿由于垂直轴倾斜而引起的垂直和水平度盘的读数误差；三轴补偿则不仅能补偿经纬仪垂直轴倾斜引起的垂直度盘和水平度盘读数误差，而且还能补偿由于水平轴倾斜误差和视准轴误差引起的水平度盘读数的影响。

与全站仪的双轴补偿器密切相关的是电子气泡。在仪器工作过程中，它显示的就是仪器的倾斜状态，而这种状态对垂直和水平度盘读数的影响，就是通过补偿器有关电路来进行改正。

5. 存储器

把测量数据先在仪器内存储起来，然后传送到外围设备（电子记录手簿、计算机等），这是全站仪的基本功能之一。全站仪的存储器有机内存储器和存储卡两种。

机内存储器相当于计算机中的内存（RAM），利用它来暂时存储或读出测量数据，其容量的大小随仪器的类型而异，较大的内存可同时存储测量数据和坐标数据多达 10 000 点以上。现场测量所必需的已知数据也可以放入内存。经过接口线将内存数据传输到计算机以后将其清除。

存储器卡的作用相当于计算机的磁盘，用作全站仪的数据存储装置，卡内有集成电路、能进行大容量存储的元件和运算处理的微处理器。一台全站仪可以使用多张存储卡。通常，一张卡能存储大约 10 000 个点的距离、角度和坐标数据。在与计算机进行数据传送时，通常使用称为卡片读出打印机（卡读器）的专用设备。

将测量数据存储在卡上后，把卡送往办公室处理测量数据。同样，在室内将坐标数据等存储在卡上后，送到野外测量现场，就能使用卡中的数据。

6. I/O 通信接口

全站仪可以将内存中的存储数据通过 I/O 接口和通信电缆传输给计算机，也可以接收由计算机传输来的测量数据及其他信息，称为数据通信。通过 I/O 接口和通信电缆，在全站仪的键盘上所进行的操作，也同样可以在计算机的键盘上操作，便于用户应用开发，即具有双向通信功能。

全站仪基本功能是一起照准目标后，通过微处理器控制，自动完成测距、水平方向、竖直角的测量，并将测量结果进行显示与存储。可以自动记录测量数据和坐标数据，并直接与计算机传输数据，实现真正的数字化测量。随着计算机的发展，全站仪的功能也在不断扩展，生产厂家将一些规模较小但很实用的计算机程序固化在微处理器内，如悬高测量、偏心测量、对边测量、距离放样、坐标放样、设置新点、后方交会、面积计算等，只要进入相应的测量模式，输入已知数据，然后依照程序观测所需的观测值，即可随时显示结果。

4.6.3 国内某品牌全站仪的使用简介

全站仪的种类很多，功能各异，操作方法也不尽相同，但全站仪的测角、测边及测定高差的基本测量功能却大同小异，若要想熟练掌握一种全站仪的测量方法，首先便要熟悉它的键盘及其功能。这里介绍国内某知名品牌全站仪的按键功能及使用。

1. 显示屏及按键

显示屏及按键如图 4.6.3 所示，操作键及符号显示见表 4.6.1 和 4.6.2。

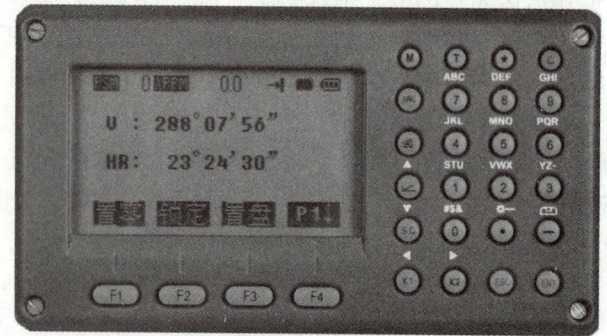

图 4.6.3　国内某品牌全站仪显示屏及按键

表 4.6.1 操作按键功能

按键	名 称	功 能
ANG	角度测量键	进入角度测量模式
◿	距离测量键	进入距离测量模式
◺	坐标测量键	进入坐标测量模式（▲上移键）
S.O	坐标放样键	进入坐标放样模式（▼下移键）
K1	快捷键1	用户自定义快捷键1（◀左移键）
K2	快捷键2	用户自定义快捷键2（▶右移键）
ESC	退出键	返回上一级状态或返回测量模式
ENT	回车键	对所做操作进行确认
M	菜单键	进入菜单模式
T	转换键	测距模式转换
★	星键	进入星键模式或直接开启背景光
⏻	电源开关键	电源开关
F1－F4	软键（功能键）	对应于显示的软键信息
0－9	数字字母键盘	输入数字和字母
－	负号键	输入负号，开启电子气泡功能
.	点号键	开启或关闭激光指向功能，输入小数点

表 4.6.2 屏幕显示符号内容

显示符号	内 容
V	垂直角
V%	垂直角（坡度显示）
HR	水平角（右角）
HL	水平角（左角）
HD	水平距离
VD	高差
SD	斜距
N	北向坐标
E	东向坐标
Z	高程
*	EDM（电子测距）
m/ft	米与英尺之间的转换
m	以米为单位
S/A	气象改正与棱镜常数设置
PSM	棱镜常数（以 mm 为单位）
（A）PPM	大气改正值(A为开启温度气压自动补偿功能,仅适用于具有温度气压补偿功能系列)

2. 基本测量模式及使用

（1）角度测量。

角度测量模式有三个界面菜单，如图 4.6.4 所示，各软件功能如表 4.6.3 所示。

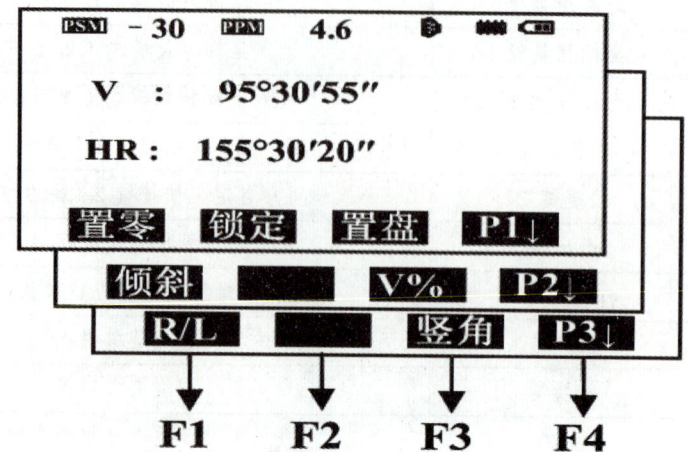

图 4.6.4　角度测量模式界面

表 4.6.3　角度测量模式各页面软件功能

页数	软键	显示符号	功　能
第 1 页	F1	置零	水平角置为 0°0'0″
	F2	锁定	水平角读数锁定
	F3	置盘	通过键盘输入设置水平角
	F4	P1↓	显示第 2 页软键功能
第 2 页	F1	倾斜	设置倾斜改正开或关，若选择开则显示倾斜改正
	F2	—	—
	F3	V%	垂直角显示格式（绝对值/坡度）
	F4	P2↓	显示第 3 页软键功能
第 3 页	F1	R/L	水平角（右角/左角）模式之间的转换
	F2	—	—
	F3	竖角	高度角/天顶距的切换
	F4	P3↓	显示第 1 页软键

用全站仪进行水平角、竖直角测量的方法与经纬仪的操作方法基本相同。具体为：安置好仪器，开机，确认进入角度测量模式，照准目标后，记录下仪器显示的水平度盘读数和竖直度盘读数。水平角观测时置数可采用如下几种方法：

① 瞄准目标，然后按 F1（置零）键和 F4 键确认，将水平角设定为零。

② 照准目标按 F3（置盘）键，通过键盘输入所要求的水平角，如：150°10'20″，则输入

150.1020，按回车（ENTER）键确认。随后即可从所要求的水平角进行正常的测量。

③ 转动照准部到某一个角度值后，按 F2 键锁定；再照准第一个目标，按 F4 键完成水平角设置，显示窗变为正常的角度测量模。

（2）距离测量。

距离测量模式有两个界面菜单，如图 4.6.5 所示，各软件功能如表 4.6.4 所示。

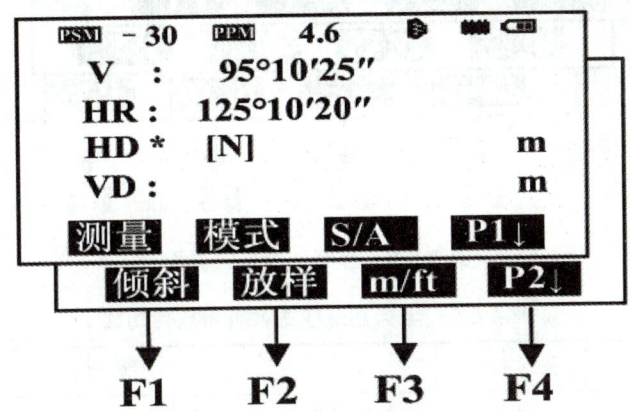

图 4.6.5　距离测量模式界面

表 4.6.4　距离测量模式各页面软件功能

页数	软键	显示符号	功　能
第 1 页	F1	测量	启动测量
	F2	模式	设置测距模式为单次精测/连续精测/连续跟踪
	F3	S/A	温度、气压、棱镜常数等设置
	F4	P1↓	显示第 2 页软键功能
第 2 页	F1	偏心	进入偏心测量模式
	F2	放样	距离放样模式
	F3	m/f	单位米与英尺转换
	F4	P2↓	显示第 1 页软键功能

用全站仪进行距离测量前通常需要确认大气改正的设置和棱镜常数的设置，再进行距离测量。当必须精确测量高程时，必须先检查仪器的 I 角。

① 将仪器和棱镜分别安置在测站和被测点位上。开机，进入距离测量模式。

② 照准棱镜中心，按测距键，开始测量并显示于屏幕；再次按距离测量键，显示的内容变为平距与高差。

③ 按 F2（模式）键在连续测量、单次测量、跟踪测量三个模式之间进行转换。

（3）坐标测量。

坐标测量模式有三个界面菜单，如图 4.6.6 所示，各软件功能如表 4.6.5 所示。

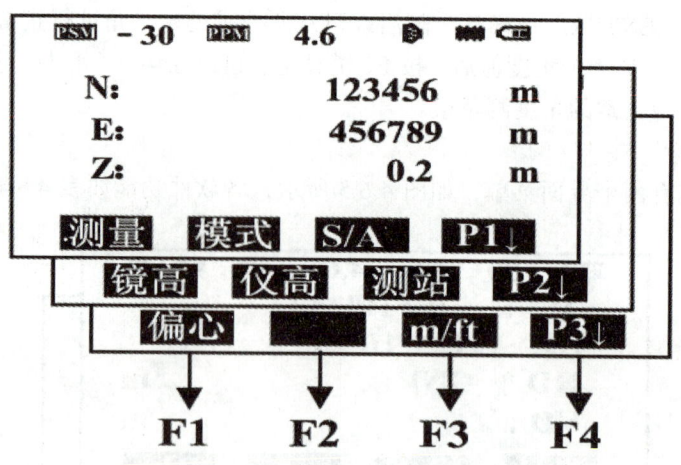

图 4.6.6 坐标测量模式界面

表 4.6.5 坐标测量模式各页面软件功能

页数	软键	显示符号	功 能
第 1 页	F1	测量	启动测量
	F2	模式	设置测距模式为单次精测/连续精测/连续跟踪
	F3	S/A	温度、气压、棱镜常数等设置
	F4	P1↓	显示第 2 页软键功能
第 2 页	F1	镜高	设置棱镜高度
	F2	仪高	设置仪器高度
	F3	测站	设置测站坐标
	F4	P2↓	显示第 3 页软键功能
第 3 页	F1	偏心	进入偏心测量模式
	F2	—	
	F3	m/f	单位 m 与 ft 转换
	F4	P3↓	显示第 1 页软键功能

输入测站点坐标、仪器高、棱镜高和后视坐标方位角后，用坐标测量功能可以测量目标点的三维坐标。

全站仪的其他测量功能可参见使用说明书和后续专业课的学习内容。

4.6.4 全站仪的使用注意事项

1. 使用时应注意事项

（1）开工前应检查仪器箱背带及提手是否牢固。

（2）开箱后提取仪器前，要看准仪器在箱内放置的方式和位置；装卸仪器时，必须握住提手；将仪器从仪器箱取出或装入仪器箱时，握住仪器提手和底座，不可握住显示单元的下部。切不可拿仪器的镜筒，否则会影响内部固定部件，从而降低仪器的精度。应握住仪器的基座部分或双手握住望远镜支架的下部。仪器用毕，先盖上物镜罩，并擦去表面的灰尘。装箱时各部位要放置妥帖，合上箱盖时应无障碍。

（3）在太阳光照射下观测仪器，应给仪器打伞，并带上遮阳罩，以免影响观测精度。在杂乱环境下测量，仪器要有专人守护。当仪器架设在光滑的表面时，要用细绳（或细铅丝）将三脚架三个脚联起来，以防滑倒。

（4）当架设仪器在三脚架上时，尽可能用木制三脚架，因为使用金属三脚架可能会产生振动，从而影响测量精度。

（5）当测站之间距离较远，搬站时应将仪器卸下，装箱后背着走。行走前要检查仪器箱是否锁好，检查安全带是否系好。当测站之间距离较近，搬站时可将仪器连同三脚架一起靠在肩上，但仪器要尽量保持直立放置。

（6）搬站之前，应检查仪器与脚架的连接是否牢固；搬运时，应把制动螺旋略微关住，使仪器在搬站过程中不致晃动。

（7）仪器任何部分发生故障，不勉强使用，应立即检修，否则会加剧仪器的损坏程度。

（8）元件应保持清洁，如沾染灰沙必须用毛刷或柔软的擦镜纸擦掉。禁止用手指抚摸仪器的任何光学元件表面。清洁仪器透镜表面时，请先用干净的毛刷扫去灰尘，再用干净的无线棉布沾酒精由透镜中心向外一圈圈的轻轻擦拭。除去仪器箱上的灰尘时切不可作用任何稀释剂或汽油，而应用干净的布块沾中性洗涤剂擦洗。

（9）湿环境中工作，作业结束，要用软布擦干仪器表面的水分及灰尘后装箱。回到办公室后立即开箱取出仪器放于干燥处，彻底晾干后再装箱。

（10）冬天室内、室外温差较大时，仪器搬出室外或搬入室内，应隔一段时间后才能开箱。

2. 电池的使用

全站仪的电池是全站仪最重要的部件之一，现在全站仪所配备的电池一般为 Ni-MH（镍氢电池）和 Ni-Cd（镍镉电池），电池的好坏、电量的多少决定了外业时间的长短。

（1）建议在电源打开期间不要将电池取出，此时存储数据可能会丢失，故在电源关闭后再装入或取出电池。

（2）可充电池可以反复充电使用，但是如果在电池还存有剩余电量的状态下充电，则会缩短电池的工作时间。此时，电池的电压可通过刷新予以复原，从而改善作业时间。充足电的电池放电时间约需 8 h。

（3）不要连续进行充电或放电，否则会损坏电池和充电器；如有必要进行充电或放电，则应在停止充电约 30 min 后再使用充电器。不要在电池刚充电后就进行充电或放电，有时这样会造成电池损坏。

（4）超过规定的充电时间会缩短电池的使用寿命，应尽量避免电池剩余容量显示级别与当前的测量模式有关。在角度测量的模式下，电池剩余容量够用，并不能够保证电池在距离测量模式下也能用，因为距离测量模式耗电高于角度测量模式；当从角度模式转换为距离模式时，由于电池容量不足，不时会中止测距。

总之，只有在日常的工作中，注意全站仪的使用和维护，注意全站仪电池的充放电，才能延长全站仪的使用寿命，使全站仪的功效发挥到最大。

小　结

本项目讲述了三种距离测量的方法，钢尺量距重点掌握一般量距和精密量距方法，要弄清对量距结果进行三项改正的含义；视距测量应熟记视距公式，掌握视距方法。了解电磁波测距。直线定向应掌握坐标方位角和象限角的概念及其关系，学会推算方位角；坐标正反算应熟练掌握。了解全站仪的使用。

思考题

4-1　什么叫直线定线？一般量距和精密量距中如何对直线进行定线？
4-2　简述一般量距和精密量距的方法。
4-3　精密量距中，为什么要对量距结果进行三项改正？
4-4　什么叫直线定向？测量工作中常用的标准方向有哪几种？
4-5　直线的方向是如何表示的？
4-6　什么叫方位角、坐标方位角、象限角？坐标方位角和象限角是什么关系？

习　题

4-1　用钢尺丈量了 AB、CD 两段距离，AB 的往测值为 105.32 m 返测值为 105.56 m；CD 的往测值为 213.39 m，返测值为 213.12 m。这两段距离丈量的精度是否相同？为什么？

4-2　在视距测量中，已知测站点的高程为 90 m，仪器高为 1.45 m，照准标尺读得下丝、上丝和中丝读数为 2.358 m、1.422 m、1.900 m，竖盘读数为 120°30′，则仪器至立尺点间的水平距离和高差分别是多少？

4-3　已知 $X_A = 5\,946.348$ m，$Y_A = 1\,257.215$ m，$\alpha_{AB} = 214°25′44″$，$D_{AB} = 100.123$ m。试求 B 点的坐标。

4-4　已知 $X_A = 1\,798.345$ m，$Y_A = 2\,685.341$ m；$X_B = 1\,723.442$ m，$Y_B = 2\,598.791$ m。试计算 α_{AB} 及 D_{AB}。

项目 5　测量误差基本知识

【学习目标】

本项目的任务是了解测量误差的基本相关知识，掌握精度评定的标准；能够运用误差传播定律分析和解决一些实际问题

案例：

下图所示的水准路线中，若三段高差的中误差均已知，则可以通过误差传播律计算整条路线高差的中误差。

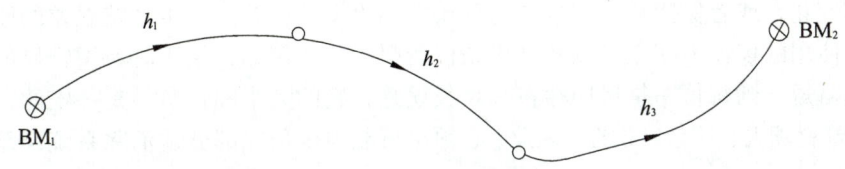

任务 5.1　测量误差概述

任何观测值都包含误差。例如，对同一个水平角连续观测两次，两次的值往往是不一样的；距离丈量时往返丈量的结果总会有差异；观测平面三角形的三内角，其观测值之和常常不等于理论值 180°。这些都说明观测值中有误差存在。

5.1.1　测量误差的定义

任何一个观测对象，客观上都存在一个反映其真正大小的数值，这个数值称为真值。每次观测所得到的数值，称为观测值。设观测对象的真值为 X，观测值为 L_i（$i = 1, 2, \cdots, n$），则差值

$$\Delta_i = L_i - X \tag{5.1.1}$$

称为真误差。

5.1.2　测量误差产生的原因

测量误差产生的主要原因如下：

（1）仪器误差：测量仪器的构造不十分完善，虽事先已将仪器校正，但尚有剩余的仪器误差没有完全消除。

（2）观测误差：观测者感觉器官的鉴别能力有一定的局限性，所以在仪器的安置、照准、读数等方面都会产生误差。

（3）外界环境误差：观测时所处的外界条件发生变化，例如，温度高低、湿度大小、风力强弱以及大气折光的影响等都会产生误差。

这三方面的因素综合起来，合称为观测条件。显然，观测条件的好坏与观测成果的质量密切相关。

5.1.3 测量误差的分类

测量误差按其性质可分为以下两类。

1. 系统误差

在相同的观测条件下作一系列的观测，如果误差在大小、符号上表现出系统性，或者按一定的规律变化，或者保持某一常数，这种误差称为系统误差。产生系统误差的原因很多，主要是由于使用的仪器不够完善以及外界条件所引起的。例如，量距时所用钢尺的长度比标准尺略长或略短，则每量一整尺即存在一尺长误差，它的大小和正负号是一定的，量的整尺数越多，误差就越大，具有累积性。因此，必须尽可能地全部或部分地消除系统误差的影响。

2. 偶然误差

在相同的观测条件下作一系列的观测，如果误差在大小和符号上都表现出偶然性，即误差的大小不等，符号不同，这种误差称为偶然误差。

偶然误差是由于人的感觉器官和仪器的性能受到一定的限制，以及观测时受到外界条件的影响等原因所造成的。例如，用望远镜照准目标时，由于观测者眼睛的分辨能力和望远镜的放大倍数有一定限度，观测时光线强弱的影响，致使照准位置不可能绝对正确，可能偏左一些，也可能偏右一些。又如，在水准尺上估读毫米时，每次估读也不会绝对相同，可能大一点，也可能小一点。偶然误差的影响可大可小，可正可负，纯属偶然性，数学上称为随机性，所以偶然误差也称随机误差。单个偶然误差的出现没有规律性，但在相同条件下重复观测某一量，出现的大量偶然误差却具有一定的规律性，这种规律性称为统计规律性。

在测量工作中，除了上述两类性质的误差外，还可能发生错误，如测错、记错、算错等。错误的发生是由于观测中粗心大意所造成的。错误又称粗差。凡含有粗差的观测值应舍去不用，并需重测，为此应加强责任心，认真操作。一般来讲，错误不算作观测误差。

为了提高观测成果的质量，同时也为了发现和消除错误，在测量工作中，一般都要进行多于实际需要的观测，称为多余观测。例如，确定一平面三角形的形状，只需要观测其中两个内角即可，但实际上也要观测第三个角，以便检校内角和，从而判断观测结果的正确性。

5.1.4 偶然误差的特性

偶然误差的产生纯系随机性的，只有通过大量观测才能揭示其内在的规律，这种规律具有重要的实用价值。现通过一个实例来阐述偶然误差的统计规律。

在相同的观测条件下，独立地观测了358个三角形的全部内角，每个三角形三内角之和应等于它的真值 180°，由于观测值存在误差，使得三内角之和往往不等于其真值。根据式

（5.1.1），各三角形内角和的真误差为

$$\Delta_i = (L_1 + L_2 + L_3)_i - 180° \tag{5.1.2}$$

式中，$(L_1 + L_2 + L_3)_i$ 为第 i 个三角形三内角观测值之和。

现取误差区间的间隔 $\mathrm{d}\Delta = 5''$，将这一组误差按其正负号与误差值的大小排列。出现在某区间内误差的个数称为误差出现在该区间内的频数，用 K 表示；频数除以误差的总个数 n 即 K/n，称为误差出现在该区间内的频率。统计结果列于表 5.1.1，此表称为误差频率分布表。

表 5.1.1 误差频率分布表

误差区间 $\mathrm{d}\Delta$	$-\Delta$			$+\Delta$		
	K	K/n	$\dfrac{K/n}{\mathrm{d}\Delta}$	K	K/n	$\dfrac{K/n}{\mathrm{d}\Delta}$
0～5″	45	0.126	0.025 2	46	0.128	0.025 6
5″～10″	40	0.112	0.022 4	41	0.115	0.023 0
10″～15″	33	0.092	0.018 8	33	0.092	0.018 4
15″～20″	23	0.064	0.012 8	21	0.059	0.118
20″～25″	17	0.047	0.009 4	16	0.045	0.009 0
25″～30″	13	0.036	0.007 2	13	0.036	0.007 2
30″～35″	6	0.017	0.003 4	5	0.014	0.002 8
35″～40″	4	0.011	0.002 2	2	0.006	0.001 2
40″以上	0	0	0	0	0	0
总 计	181	0.505	0.101	177	0.495	0.099

为更加直观，根据表 5.1.1 的数据画出如图 5.1.1 的图形，图中横坐标 Δ 表示误差的大小，纵坐标 y 为各区间内误差出现的频率除以区间的间隔，即 $\dfrac{K/n}{\mathrm{d}\Delta}$。这样，图 5.1.1 中每一误差区间上的长方条面积就代表误差出现在该区间内的频率。例如，图中画有斜线的长方形面积就是误差出现在 $+10''\sim +15''$ 区间内的频率，其值为 $\dfrac{K/n}{\mathrm{d}\Delta} \times \mathrm{d}\Delta = 0.092$。这种图在统计学上称为直方图。

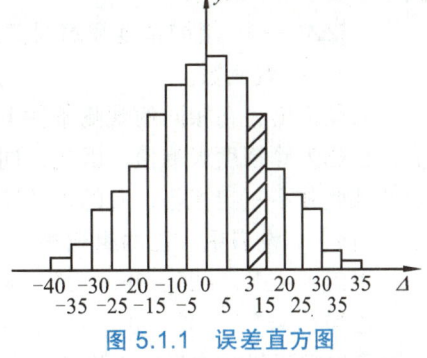

图 5.1.1 误差直方图

通过上面的实例，可以概括出偶然误差的特性如下：

（1）在一定条件下的有限观测值中，其误差的绝对值不会超过一定的界限。或者说，超过一定限值的误差，其出现的概率为零。这种特性称为偶然误差的有界性。

（2）绝对值较小的误差比绝对值较大的误差出现的次数多。或者说，小误差出现的概率大，大误差出现的概率小。这种特性称为偶然误差的聚中性。

(3)绝对值相等的正误差与负误差出现的次数大致相等。或者说，它们出现的概率相等。这是偶然误差的对称性。

(4)当观测次数无限增多时，偶然误差的算术平均值趋近于零，即

$$\lim_{n\to\infty}\frac{\sum_{i=1}^{n}\Delta_i}{n}=\lim_{n\to\infty}\frac{[\Delta]}{n}=0 \tag{5.1.3}$$

式中，$[\Delta]$为误差总和。换言之，偶然误差的理论均值为零，即偶然误差具有抵偿性。

任务 5.2　衡量精度的标准

在一定的观测条件下进行的一组观测，它对应着一种确定不变的误差分布。如果分布较为密集，则表示该组观测质量较好，也就是说，这一组观测精度较高；反之，如果分布较为离散，则表示该组观测质量较差，也就是说，这一组观测精度较低。

因此，所谓精度，就是指误差分布的密集或离散的程度。倘若两组观测成果的误差分布相同，便是两组观测成果的精度相同；反之，若误差分布不同，则精度也就不同。常用的衡量精度的标准有下列几种：

1. 中误差

在一定观测条件下，对某量进行 n 次观测，得到 n 个观测值，对应求出 n 个真误差，取这些独立误差平方和的平均值极限的平方根，称为该组观测值的中误差，用 m 表示，即

$$m=\pm\sqrt{\frac{[\Delta\Delta]}{n}} \tag{5.2.1}$$

式中　m——中误差；

$[\Delta\Delta]$——一组同精度观测误差Δ_i自乘的总和；

n——观测数。

必须指出，在相同的观测条件下进行的一组观测，测得的每一个观测值都为同精度观测值，也称为等精度观测值。因此，同精度观测值具有相同的中误差。但是同精度观测值的真误差彼此并不一定相等，有的差异还比较大，这是由于真误差具有偶然误差的性质。

【例】　设有甲、乙两组观测值，其真误差分别为

甲组：$-5''$、$-2''$、0、$+2''$、$+3''$

乙组：$+6''$、$-4''$、0、$+2''$、$-1''$

则两组观测值的中误差分别为

$$m_甲=\sqrt{\frac{(-5)^2+(-2)^2+0^2+2^2+3^2}{5}}=\pm 2.9''$$

$$m_{\text{乙}} = \sqrt{\frac{6^2 + (-4)^2 + 0^2 + 2^2 + (-1)^2}{5}} = \pm 3.4''$$

由此可以看出甲组观测值比乙组观测值的精度高，因为乙组观测值中有较大的误差，用平方能反映较大误差的影响。因此，测量工作中采用中误差作为衡量精度的标准。

应该再次指出，中误差 m 是表示一组观测值的精度。例如，$m_{\text{甲}}$ 是表示甲组观测值中每一观测值的精度，而不能用每次观测所得的真误差（$-5''$、$-2''$、0、$+2''$、$+3''$）与中误差（$\pm 3''$，0）相比较，来说明一组中哪一次观测值的精度高或低。

2. 相对误差

测量工作中，有时以中误差还不能完全表达观测结果的精度。例如，在同一观测条件下，用钢尺分别丈量了 $D1 = 1\,000$ m、$D2 = 50$ m 两段距离，其中误差均为 $m = \pm 10$ mm。虽然两段距离的中误差一样，但是我们并不能说两段距离的精度一样，这是因为因为量距时其误差的大小与距离的长短有关。很显然的，$D1$ 的距离比 $D2$ 的距离长，精度也就更高。所以，在这种情况就应采用另一种衡量精度的方法，这就是相对中误差。

相对中误差（也称相对精度），即将观测值中误差与观测值之比，化为分子化为 1 的分数表示，即用 $\frac{1}{N}$ 表示，相对误差误差一般用 k 表示。即

$$K = \frac{m_D}{D} = \frac{1}{D/m_D} = \frac{1}{N} \tag{5.2.2}$$

N 一般取至百位数的整数。N 值越大，精度越高。如上述两段距离，前者的相对中误差为 1/100 000，而后者则为 1/5 000，前者精度高于后者。

相对（中）误差主要用来衡量距离的精度，不能用来衡量测量高差和角度的测量精度。

3. 极限误差

中误差是反映误差分布的密集或离散程度的，它并不代表个别误差的大小，因此，要衡量某一观测值的质量，决定其取舍，还要引入极限误差的概念。极限误差又称允许误差，简称限差。偶然误差的第一特性说明，在一定的观测条件下，偶然误差的绝对值不会超过一定的限值，这个界值就是所说的极限误差。但这个界值很难确定，一般规定极限误差的根据是误差出现在某一范围内的概率的大小，即误差 Δ 出现在（$-km$，$+km$）内的概率。经计算误差出现在区间（$-m$，$+m$），（$-2m$，$+2m$），（$-3m$，$+3m$）内的概率分别为 68.3%、95.5%、99.7%。可见，大于三倍中误差的误差，其出现的概率只有 0.3%，是小概率事件，在一次观测中，可认为是不可能发生的事件。因此，可规定三倍中误差为极限误差，即

$$\Delta_{\text{限}} = 3m \tag{5.2.3}$$

若对观测要求较严，也可规定两倍中误差为极限误差，即

$$\Delta_{\text{限}} = 2m \tag{5.2.4}$$

任务 5.3　误差传播律

在测量工作中，未知量不是总能直接测得，而往往是由某些直接观测值通过一定的函数关系间接计算而得。例如水准测量中，测站的高差是由读得的前、后视读数求得的，即 $h=a-b$。又如两点间的坐标增量是由直接测得的边长 D 及方位角 α，通过函数关系 $(\Delta x = D\cos\alpha, \Delta y = D\sin\alpha)$ 间接算得的。前者的函数形式为线性函数，后者为非线性函数。

由于直接观测值含有误差，受其影响它的函数也必然存在误差。阐述观测值中误差与函数中误差之间关系的定律，称为误差传播定律。一般有下列一些函数关系：

1. 倍乘函数

如在 1∶1 000 的地形图上量得两点间的距离为 d，则其相应的实地距离 $D = 1\,000d$。

函数式：$z = kx$

中误差关系式：

$$m_z = \pm k m_x \tag{5.3.1}$$

即函数为倍乘关系时，中误差也是倍乘关系。

2. 和差函数

如在一个三角形中，测得了其中的两个水平角分别为 α 和 β，则第三个角 $\gamma = 180° - \alpha - \beta$。这种函数即为和差函数。

函数式：$z = x_1 \pm x_2 \pm \cdots \pm x_n + k$

式中，各观测值之间相互独立，k 为常数项，则中误差关系式：

$$m_z^2 = m_1^2 + m_2^2 + \cdots + m_n^2 \tag{5.3.2}$$

当观测值等精度时，即当 $m_1 = m_2 = \cdots = m_n = m$ 时，有

$$m_z = \pm m \cdot \sqrt{n} \tag{5.3.3}$$

【例 1】　如图 5.3.1 所示，自水准点 BM_1 向水准点 BM_2 进行水准测量，设各段所测高差分别为

$$h_1 = +1.372 \text{ m} \pm 3 \text{ mm}$$
$$h_2 = +2.006 \text{ m} \pm 4 \text{ mm}$$
$$h_3 = -2.346 \text{ m} \pm 5 \text{ mm}$$

求 BM_1、BM_2 两点间的高差及其中误差。

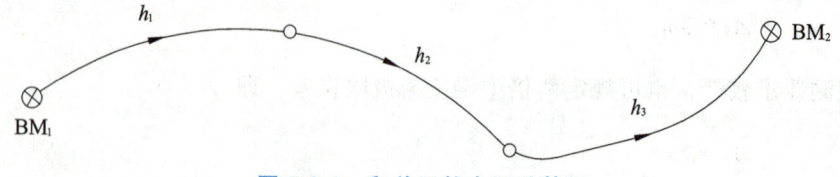

图 5.3.1　和差函数中误差算例

解：BM_1、BM_2 之间的高差：

$$h = h_1 + h_2 + h_3 = +1.032 \text{ m}$$

高差中误差：

$$m_h = \pm\sqrt{m_1^2 + m_2^2 + m_3^2} = \pm\sqrt{3^2 + 4^2 + 5^2} = \pm 7.1 \text{ mm}$$

3. 线性函数

函数式：$z = k_1 x_1 + k_2 x_2 + \cdots + k_n x_n + k_0$

式中，各观测值之间相互独立，k_0 为常数项，中误差关系式：

$$m_z = \pm\sqrt{k_1^2 m_1^2 + k_2^2 m_2^2 + \cdots k_n^2 m_n^2} \tag{5.3.4}$$

倍乘函数和差函数也属于线性函数。

【例2】 等精度观测某量 n 次，观测值分别为 $l_1, l_2, \cdots, l_n$，中误差 $m_1 = m_2 = \cdots = m_n = m$，求观测值算术平均值 x 的中误差 m_x。

解：n 个观测值的算术平均值为

$$x = \frac{l_1 + l_2 + \ldots + l_n}{n} = \frac{1}{n}l_1 + \frac{1}{n}l_2 + \ldots + \frac{1}{n}l_n$$

由公式 5.3.4 得

$$m_x^2 = \frac{1}{n^2}m_1^2 + \frac{1}{n^2}m_2^2 + \ldots + \frac{1}{n^2}m_n^2 = \frac{1}{n^2}(m_1^2 + m_2^2 + \ldots + m_n^2)$$

由于各观测值等精度，即 $m_1 = m_2 = \cdots = m_n = m$，则

$$m_x^2 = \frac{n}{n^2}m^2 = \frac{1}{n}m^2$$

即

$$m_x = \pm\frac{m}{\sqrt{n}} \tag{5.3.5}$$

4. 一般函数

例如，一个矩形的长、宽分别为 a 和 b，则其面积的函数式 $s = ab$。这种凡是在变量之间用到乘、除、开方、三角函数等数学运算符的函数称为非线性函数。线性函数和非线性函数在此总称为一般函数。其形式为

$$Z = f(x_1, x_2, \cdots, x_n) \tag{5.3.6}$$

式中，$x_1, x_2, \cdots, x_n$ 为独立观测值。

为推导中误差关系式，对上式取全微分，得

$$dZ = \frac{\partial f}{\partial x_1}dx_1 + \frac{\partial f}{\partial x_2}dx_2 + \cdots + \frac{\partial f}{\partial x_n}dx_n \tag{5.3.7}$$

因为真误差均很小，用其代替上式中的 dZ，dx_1，dx_2，$\cdots$，dx_n，得真误差关系式：

$$\Delta Z = \frac{\partial f}{\partial x_1}\Delta x_1 + \frac{\partial f}{\partial x_2}\Delta x_2 + \cdots + \frac{\partial f}{\partial x_n}\Delta x_n \tag{5.3.8}$$

式中，$\frac{\partial f}{\partial x_i}(i=1,2,\cdots,n)$ 是函数对各变量所取的偏导数，以观测值代入，所得的值为常数，因此，式（5.3.8）是线性函数的真误差关系式，仿式（5.3.4），得函数 Z 的中误差为

$$m_Z^2 = \left(\frac{\partial f}{\partial x_1}\right)^2 m_1^2 + \left(\frac{\partial f}{\partial x_2}\right)^2 m_2^2 + \cdots + \left(\frac{\partial f}{\partial x_n}\right)^2 m_n^2 \tag{5.3.9}$$

应用误差传播定律求函数中误差时，首先应根据问题的性质列出正确的函数关系式。对于线性函数，可直接采用相应的中误差公式来求；对于非线性函数，应先对函数进行全微分，获得真误差关系式后，再求函数的中误差。应当注意，观测值必须是独立的观测值，即函数式中各自变量必须是互相独立的，不包含相同的误差，否则应做并项或分项处理，使其均为独立观测值为止，否则将会得出错误的结果。

小　结

本项目主要讲述了测量误差的基本概念以及误差来源的分析、误差的分类等。通过分析偶然误差的统计规律，得到偶然误差的统计特性。阐述了常用的精度衡量指标。给出了误差传播律中的各种函数形式，应用相应的函数误差公式即可求得所求值的中误差。

思考题

5-1 何为真误差？
5-2 测量误差产生的原因有哪些？
5-3 偶然误差能否消除？它有哪些特性？
5-4 请举例说明哪些测量误差是偶然误差、哪些是系统误差。
5-5 评定精度的指标有哪些？
5-6 中误差、极限误差、相对误差的区别是什么？

习　题

5-1 某段距离的观测值为 $s = 500\text{ m} \pm 5\text{ mm}$，则该段距离的中误差、相对中误差分别是多少？

5-2 测量距离 AB 和 CD。往测结果分别为 158.545 m 和 108.745 m，返测结果分别为 158.527 m 和 108.778 m。分别计算往返较差、相对误差，并比较精度。

5-3 已知独立观测值 L_1、L_2，其中误差 $\sigma_1 = \sigma_2 = \sigma$，设 $X = 2L_1 - 6$，$Y = L_1 + 4L_2$，求 X、Y 的中误差。

5-4 如下图所示的四边形中，独立观测了 α、β、γ 三内角，它们的中误差分别是 1″、2″、3″，求：第四个角 δ 的中误差以及 $F = \alpha + \beta + \gamma + \delta$ 的中误差。

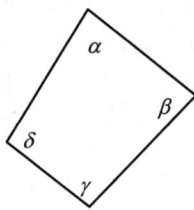

5-5 测得一正方形的边长 $a = 13.67$ m $\pm$ 8 mm。试求正方形的面积及其中误差。

项目 6 控制测量

【学习目标】

本项目的任务是对测区进行平面控制测量和高程控制测量。要求通过本项目的学习,了解平面控制测量和高程控制测量的概念及交会测量方法,掌握导线测量、三、四等水准测量和三角高程测量的方法,具备导线测量、三、四等水准测量和三角高程测量的外业、内业工作能力。逐步养成精益求精、追求卓越、一丝不苟、执着专注的工匠精神;增强团队意识、合作精神。

案例:

下图为测区全景图,白色线内是测区,A、B 为已知控制点,为测绘出整个测区的地形图,需选定控制点布设控制网,并使用经纬仪或全站仪进行平面控制测量,得出选定控制点的平面坐标;使用水准仪进行高程控制测量,得出选定控制点的高程。

任务 6.1 平面控制测量

为了满足测图或工程建设的需要,首先在整个测区范围内选定若干数量的点(这些点称为控制点),然后以较高的观测精度测出这些点的坐标和高程,作为测图及施工放样的依据,这项工作称为控制测量。

控制测量贯穿在工程建设的各阶段:在工程勘测的测图阶段,需要进行控制测量;在工程施工阶段,要进行施工控制测量;在工程竣工后的营运阶段,为建筑物变形观测而需要进行专用控制测量。控制测量分为平面控制测量和高程控制测量。测定控制点平面位置(x,y)的工作,称为平面控制测量;测定控制点高程(H)的工作,称为高程控制测量。无论平面控制或高程控制,选定的控制点必须按一定规则相互连接起来组成网络,否则将无法实施观测、检核及坐标或高程的推算,这样的网络称为控制网。只是解决控制点平面位置的控制网称为平面控制网，只是解决控制点高程的控制网称为高程控制网。为了遵循"先整体后局部，先控制后碎部"的原则，测量工作须先建立控制网，然后根据控制网进行碎部测量或测设。

6.1.1 国家平面控制网

平面控制网常规的布设方法有三角网、三边网和导线网。三角网是测定三角形的所有内角以及少量边，通过计算确定控制点的平面位置。三边网则是测定三角形的所有边长，各内角是通过计算求得。导线网是把控制点连成折线多边形，测定各边长和相邻边夹角，计算它们的相对平面位置。

国家控制网是在全国范围内建立的控制网，是全国各种比例尺测图的基本控制，并为确定地球的形状和大小提供研究资料。国家平面控制网按照"分级布网、逐级控制"的原则布设，按精度从高级到低级将控制网依序划分为一、二、三、四等四个等级。主要由三角测量法布设，在西部困难地区采用导线测量法。如图 6.1.1 所示，一等三角锁沿经线和纬线布设成纵横交叉的三角锁系，锁长 200～250 km，构成许多锁环。一等三角锁是国家平面控制网的骨干。二等三角以网的形式布设在一等锁网内，是国家平面控制网的全面基础。三、四等三角以插网或插点形式布设在一、二等锁网内，为二等三角网的进一步加密，各等级三角网的主要技术指标见表 6.1.1。

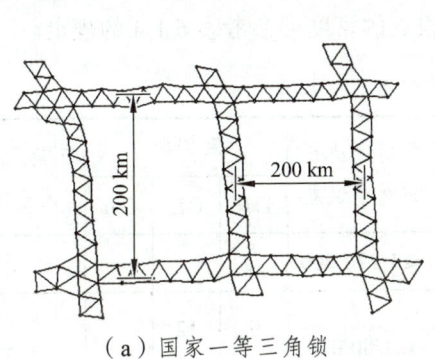

（a）国家一等三角锁

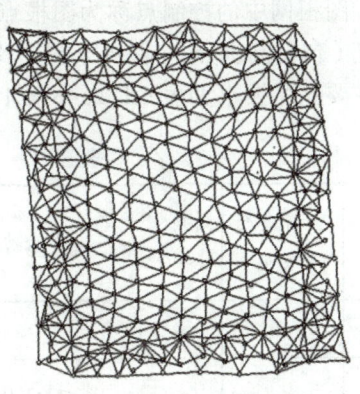

（b）国家二等三角网

图 6.1.1　国家一、二等三角锁

表 6.1.1　国家三角网技术指标

等级	平均边长/km	测角中误差/″	三角形最大闭和差/″	起始边相对中误差	最弱边相对中误差
一	20～25	±0.7	±2.5	1/350 000	1/150 000
二	13	±1.0	±3.5	1/250 000	1/150 000
三	8	±1.8	±7.0	1/150 000	1/80 000
四	2～6	±2.5	±9.0	1/100 000	1/40 000

国家三角网中的控制点称为三角点，国家等级的三角点或导线点统称"大地点"。选定的大地点必须按规范要求埋设永久性标石作为标志，同时建立觇标作为照准标志，如图 6.1.2 所示。

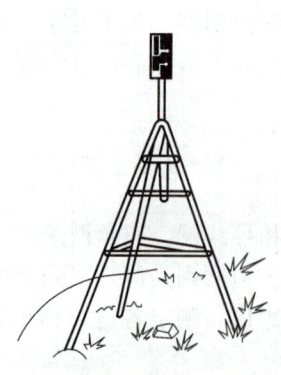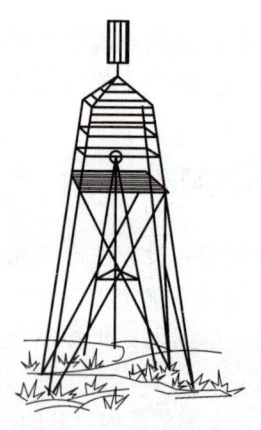

图 6.1.2　觇标

在城市地区为满足大比例尺测图和城市建设施工的需要，需布设城市平面控制网。城市平面控制网在国家控制网的控制下布设，按城市范围大小布设不同等级的平面控制网，GPS网、三角网和边角组合网依次分为二、三、四等和一、二级；导线网则依次分为三、四等和一、二、三级。

图根控制网是直接为测图服务的一级控制网，它是在首级控制网基础上对控制点的进一步加密。图根网中的控制点称为图根点。测定图根点位置的工作，称为图根控制测量。图根点的密度（包括高级点），取决于测图比例尺和地物、地貌的复杂程度。城市三角测量和导线测量的主要技术要求如表 6.1.2、表 6.1.3 所示，图根点的密度可参考表 6.1.4 的规定。

表 6.1.2　城市三角测量的主要技术要求

等级	平均边长 /km	测角中误差 /″	起始边相对中误差	最弱边边长相对中误差	测回数 DJ_1	测回数 DJ_2	测回数 DJ_6	三角形最大闭合差/″
二等	9	≤±1.0	≤1/300 000	≤1/120 000	12	—	—	≤±3.5
三等	5	≤±1.8	≤1/200 000（首级） ≤1/120 000（加密）	≤1/80 000	9 6	12 9	—	≤±7
四等	2	≤±2.5	≤1/120 000（首级） ≤1/80 000（加密）	≤1/45 000	6 4	9 6	—	≤±9
一级小三角	1	≤±5.0	≤1/40 000	≤1/20 000	—	2	6	≤±15
二级小三角	0.5	≤±10.0	≤1/20 000	≤1/10 000	—	1	2	≤±30
图根	≤最大视距的1.7倍	≤±20.0	1/10 000				1	≤±60

表 6.1.3 城市导线测量的主要技术要求

等级	导线长度 /km	平均边长 /m	测角中误差 /″	测距中误差 /mm	测回数 DJ$_1$	测回数 DJ$_2$	测回数 DJ$_6$	方位角闭合差 /″	导线全长相对闭合差
三等	15	3000	±1.5	±18	8	12	—	$\leq \pm 3\sqrt{n}$	≤1/60000
四等	10	1600	±2.5	±18	4	6	—	$\leq \pm 5\sqrt{n}$	≤1/40000
一级	3.6	300	±5	±15	—	2	4	$\leq \pm 10\sqrt{n}$	≤1/14000
二级	2.4	200	±8	±15		1	3	$\leq \pm 16\sqrt{n}$	≤1/10000
三级	1.5	120	±12	±15		1	2	$\leq \pm 24\sqrt{n}$	≤1/6000
图根	≤1.0M		±30				1	$\leq \pm 40\sqrt{n}$	≤1/4000

注：① 表中 n 为测站数；
② M 为测图比例尺的分母。

表 6.1.4 图根点的密度

测图比例尺	1∶500	1∶1 000	1∶2 000
图根点密度/（点/km²）	150	50	15

6.1.2 小区域平面控制测量

在小于 10 km² 的范围内建立的控制网，称为小区域控制网。在这个范围内，水准面可视为水平面，不需要将测量成果归算到高斯平面上，而是采用直角坐标，直接在平面上计算坐标。在建立小区域平面控制网时，应尽量与已建立的国家或城市控制网联测，将国家或城市高级控制点的坐标作为小区域控制网的起算和校核数据。如果测区内或测区周围无高级控制点，或者不便于联测时，也可建立独立平面控制网。

本项目只讨论小范围测区控制测量的有关内容。平面控制主要介绍大比例尺测图图根导线和交会法测量的基本作业方法；高程控制介绍三、四等水准测量和三角高程测量的基本作业方法。

6.1.3 导线测量

导线测量是建立小区域平面控制网常用的一种方法，主要用于带状地区（如公路、铁路和水利）、隐蔽地区、城建区、地下工程等控制点的测量。将测区内相邻控制点连成直线而构成的折线图形，称为导线。构成导线的控制点称为导线点。相邻两直线之间的水平角叫做转折角。测定了转折角和导线边长之后，即可根据已知坐标方位角和已知坐标算出各导线点的坐标。用经纬仪测量转折角，用钢尺测定边长的导线，称为经纬仪导线；若用光电测距仪测定导线边长，则称为光电测距导线。

1. 导线的布设形式

根据测区情况和要求，单一导线的布设形式可分为以下三种。

（1）闭合导线。

如图 6.1.3 所示，由一个已知控制点出发，顺序连接各个未知点，最后回到这一点，形成一个闭合多边形，称为闭合导线。

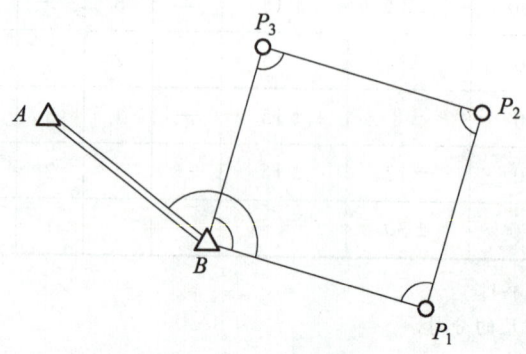

图 6.1.3　闭合导线

（2）附合导线。

如图 6.1.4 所示，导线起始于一个已知控制点，而终止另一个已知控制点，称为附合导线。

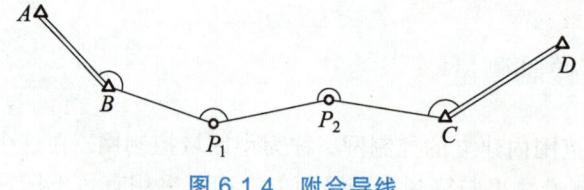

图 6.1.4　附合导线

（3）支导线。

如图 6.1.5 所示，从某一已知点出发，顺序连接各个未知点，既不闭合又不附合的导线，称为支导线。由于支导线没有检核条件，故一般只限于地形测量的图根导线中采用。

以上三种导线形式中，闭合导线多用于面积较宽阔的独立地区、附合导线多用于带状地区及公路、铁路、水利等工程的勘测与施工，两种导线均具有严格的几何条件供检核，所以实际工作中得到了广泛应用；支导线没有检核条件，一般不宜采用，特殊情况下需要采用时，支导线的点数不宜超过 2 个，一般仅作补点使用。此外，还有导线网，其多用于测区情况较复杂地区。

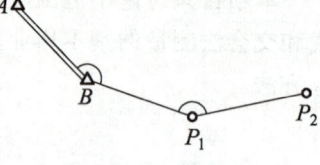

图 6.1.5　支导线

2. 导线测量的外业工作

导线测量的外业工作包括踏勘、选点及建立标志、测角、量边，分述如下。

（1）踏勘、选点及建立标志。

踏勘是为了了解测区范围、地形及控制点情况，以便确定导线的形式和布置方案。在实地上选择、落实和标定控制点点位的工作叫选点，选点应考虑便于导线测量、地形测量和施工放样。在踏勘选点前，应调查收集测区已有地形图和高一级控制点的成果资料，把控制点展绘在地形图上，然后在地形图上拟定导线的布设方案，最后到野外去踏勘，实地核对、修改、落实点位。如果测区没有地形图资料，则需详细踏勘现场，根据已知控制点的分布、测区地形条件及测图和施工需要等具体情况，合理地选定导线点的位置。点位的选择应符合下述要求：

① 点位应选在视野开阔、土质坚实，易于保存和寻找，便于安置仪器和测绘地形的地方。

② 相邻点间必须通视，以便于测角和测距。

③ 相邻两导线边长应大致相等，以防测角时因望远镜调焦幅度过大引起测角误差，一般要求边长最短不应短于 50 m。

④ 导线点应有足够的密度，且分布均匀，便于控制整个测区。

导线点选定后，应直接在地上打入木桩，桩顶钉一小铁钉或划"+"作点的标志，作为临时性标志；若导线点需要长期保存，则应埋设混凝土桩或标石，桩顶刻"十"字，作为永久性标志，如图 6.1.6（a）所示。导线点应按前进顺序统一编写点名或点号（闭合导线应按逆时针方向编号）。为了便于寻找，应量出导线点与附近固定而明显的地物点的距离，绘出草图（示意图），注明尺寸，称为"点之记"6.1.6（b），也可拍照记录，如图 6.1.6（c）所示。

（a）控制点

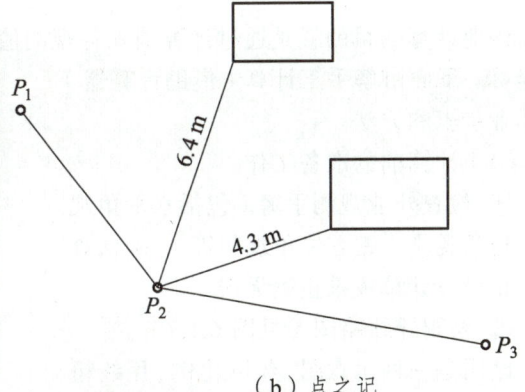

（b）点之记

（c）控制点照片

图 6.1.6　控制点点位

（2）测角。

在导线的各转折点上用测回法施测导线左角（位于导线前进方向左侧的角）或右角（位于导线前进方向右侧的角）。一般在附合导线或支导线中测量导线的左角；在闭合导线中均测内角，若前进顺序为逆时针方向，左角亦即多边形的内角（若前进顺序为顺时针方向，则其右角就是内角）。对于图根导线，水平角观测一般采用 DJ$_6$ 型经纬仪（或全站仪），以测回法观测。测角时，为了便于瞄准，可用测钎、觇牌作为照准标志，也可在标志点上用仪器的脚架吊一垂球线作为照准标志。

当导线边与高级控制边连接时，应在连接点上观测连接角，如图 6.1.3 中的 $\angle AB2$、图 6.1.4 中的 $\angle AB2$ 及 $\angle 3CD$、图 6.1.5 中的 $\angle AB2$。不与高级控制边连接的独立闭合导线，应用罗盘仪测磁方位或陀螺经纬仪测定方向。

（3）测边。

测定各导线边的边长（两导线点间的水平距离）。边长测定可采用经纬仪视距法测距，称导线为"视距导线"，也可以采用光电测距的方法。

二级导线测量视频

3. 导线测量的内业计算

内业计算的目的就是通过计算消除各观测值之间的矛盾，最终以求得各导线点的平面直角坐标。下面讲解手工计算（借助计算器）的作业步骤和方法。

（1）计算前的准备工作。

① 检查外业观测手簿（包括水平角观测、边长观测、磁方位角观测等），确认观测、记录及计算成果正确无误。

② 绘制导线略图（见图 6.1.7）。

略图是一种示意图，绘图比例、用线粗细没有严格要求，但应注意美观、大方，大小适宜，与实际图形保持相似，且与实地方位大体一致。所有的已知数据（已知方位角、已知点坐标）和观测数据（水平角值、边长）应正确抄录于图中，注意字迹工整，位置正确。

③ 绘制计算表格，如表 6.1.5 所示。在对应的列表中抄录已知数据和观测数据，应注意抄录无误。在点名或点号一列应按推算坐标的顺序填写点名和点号。

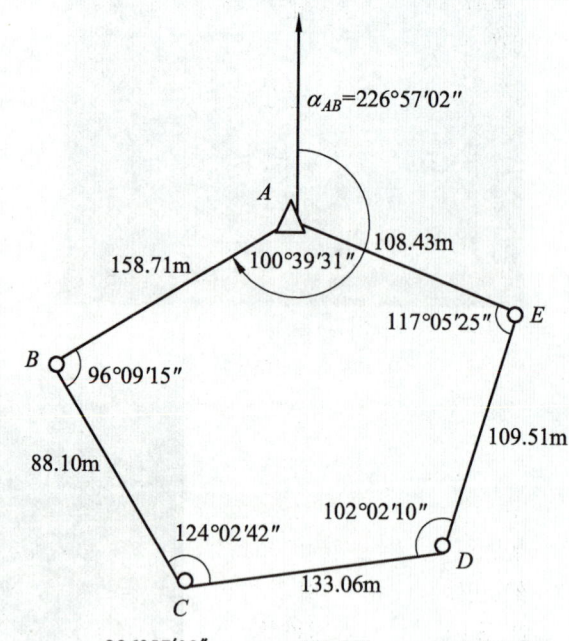

图 6.1.7 闭合导线计算略图

（2）闭合导线的计算。

下面结合图 6.1.7 和表 6.1.5 所示示例说明闭合导线的计算步骤与方法。

① 角度闭合差的计算与调整。

闭合导线是由折线组成的多边形，由平面几何可知，n 边形内角和的理论值为

闭合导线内业计算视频

$$\sum \beta_{理} = (n-2) \times 180°$$

设闭合导线实际观测的各个内角的和为 $\sum \beta_{测}$。在角度观测过程中，不可避免地会产生误差，致使内角和的观测值不等于其理论值，两者的差值称为角度闭合差，以 f_β 表示，则

$$f_\beta = \sum \beta_{测} - \sum \beta_{理}$$

于是得闭合导线角度闭合差的计算公式为

$$f_\beta = \sum \beta_{测} - (n-2) \times 180° \tag{6.1.1}$$

例如图 6.1.7 中：

$$\sum \beta_{测} = 96°09'15'' + 124°02'42'' + 102°02'10'' + 117°05'25'' + 100°39'31''$$
$$= 539°59'03''$$
$$f_\beta = \sum \beta_{测} - \sum \beta_{理} = 539°59'03'' - (5-2) \times 180° = -57''$$

角度闭合差 f_β 的大小一定程度上标志着测角的精度。对于图根导线，角度闭合差的允许值为

$$f_{\beta 允} = \pm 60'' \sqrt{n} \tag{6.1.2}$$

式中 n —— 闭合导线内角个数。

如果角度闭合差超过允许值，应分析原因，进行外业局部或全部返工。当角度闭合差小于允许值时，可将闭合差按"反号平均法则"分配到各个观测角中，即得每个观测角分配一个改正数：

$$V_\beta = -\frac{f_\beta}{n} \tag{6.1.3}$$

式中 f_β —— 角度闭合差，('')。

如果 f_β 的数值不能被内角数 n 整除而有余数时，可将余数调整分配在短边的邻角上。本例所示的闭合导线，按上式算得角度改正数为 $V_\beta = -\frac{-57''}{5} = +11.4''$，可先按 $+11''$ 分配给各角，剩余共有 $+2''$ 的余数，由于 BC 边长最短，可分别再给 B 角和 C 角各分配 $+1''$，即 B 角和 C 角的改正数各为 $+12''$，角度闭合差改正数填写在表 6.1.5 的第 2 栏观测值秒值的上方。为避免改正数的计算或分配错误，应按下式作角度改正数的检校：

$$\sum V_\beta = -f_\beta \tag{6.1.4}$$

如改正数计算和分配无误，将各角观测值加上相应的改正数即得各角改正后的角值（表 6.1.5 的第 3 栏为改正后的角度值）。改正后角值之和应该等于多边形内角和的理论值，以此可检核改正后角值的计算是否正确。

② 导线边方位角的推算。

实际工作中，常常根据已知边的方位角和观测的水平角来推算未知边的方位角。如图 6.1.8 所示，从 A 到 D 是一条导线，假定 α_{AB} 已知，在转折点 B、C 上分别设站观测了水平角 β_B、β_C，由于观测了推算路线左侧的角度，故称为左角。现在来推算 BC、CD 边的方位角。由图中可以看出：

$$\alpha_{BC} = \alpha_{AB} + 180° + \beta_B$$

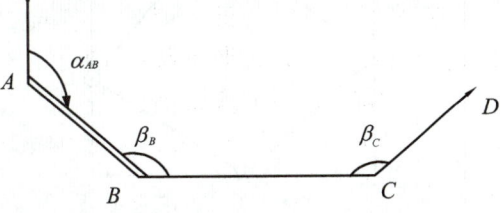

图 6.1.8 坐标方位角的推算

$$\alpha_{CD} = \alpha_{BC} + 180° + \beta_C$$

一般公式（即左角公式）为

$$\alpha_{前} = \alpha_{后} + 180° + \beta_{左} \qquad (6.1.5)$$

即：前一边的方位角等于后一边的方位角加上 180°再加上观测的左角。

如果观测了推算路线右侧的角度，称为右角。不难得到用右角推算未知边方位角的公式为

$$\alpha_{前} = \alpha_{后} + 180° - \beta_{右} \qquad (6.1.6)$$

即：前一边的方位角等于后一边的方位角加上 180°减去观测的右角。

在式（6.1.5）和（6.1.6）中，若算得的方位角超过 360°，则应减去 360°或若干个 360°；若算得的方位角小于 0°，则应加上 360°。

从已知方位角的边开始，结合各角改正后的角值，依序推算各边的方位角，如表中第 4 栏所示。由于按逆时针编号，观测的左角，因此方位角的推算公式应按左角公式计算。

例如在表 6.1.5 中：

$$\alpha_{BC} = \alpha_{AB} + 180° + \beta_{B改} = 226°57'02'' + 180° + 96°09'27'' = 143°06'29''$$

为了检核方位角计算有无错误，方位角应推回到起算边，推算得的方位角值应等于其已知值；否则说明方位角推算有误，应重新推算。

③ 计算各边的坐标增量。

各边方位角推出后，即可根据边长和方位角按坐标正算公式计算导线各边的坐标增量。计算结果应填写在表第 6、第 7 栏相应位置中。计算结果的取位应当和已知点坐标的取位一致。例如在表 6.1.5 中：

$$\begin{cases} \Delta x_{AB} = D_{AB} \times \cos\alpha_{AB} = 158.71 \times \cos 226°57'02'' = -108.340 \text{ (m)} \\ \Delta y_{AB} = D_{AB} \times \sin\alpha_{AB} = 158.71 \times \sin 226°57'02'' = -115.980 \text{ (m)} \end{cases}$$

④ 坐标增量闭合差的计算与调整。

从图 6.1.9（a）可以看出，闭合导线各边纵、横坐标增量的代数和在理论上应等于零，即

$$\left. \begin{array}{l} \sum \Delta x_{理} = 0 \\ \sum \Delta y_{理} = 0 \end{array} \right\} \qquad (6.1.7)$$

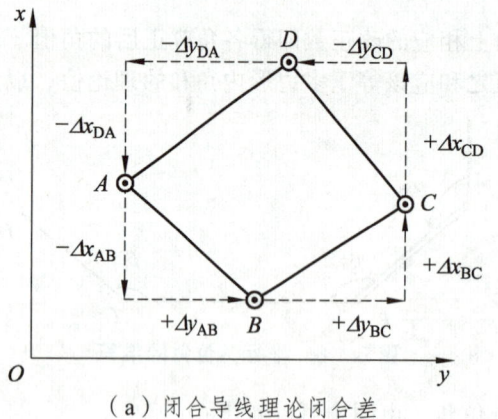
（a）闭合导线理论闭合差

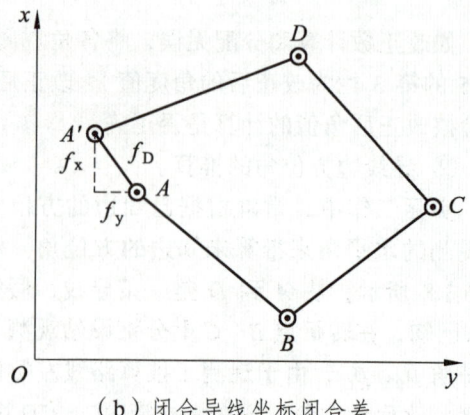
（b）闭合导线坐标闭合差

图 6.1.9 闭合导线坐标闭合差

由于角度和边长测量均存在误差，尽管角度进行了闭合差的调整，但调整后的角值也不一定是该角的真值，所以由边长、方位角计算出的纵、横坐标增量，其代数和 $\sum \Delta x_{测}$、$\sum \Delta y_{测}$ 一般都不等于其理论值（即零），那么它们和理论值的差值称为闭合导线纵、横坐标增量闭合差，分别以 f_x、f_y 表示，则

$$\left.\begin{array}{l}f_x = \sum \Delta x_{测} \\ f_y = \sum \Delta y_{测}\end{array}\right\} \tag{6.1.8}$$

由于 f_x、f_y 的存在，使闭合导线从 A 点出发，最后不是闭合到 A 点，而是落在 A' 点，产生了一段差距 $A'A$，如图 6.1.9（b）所示，这段差距称为导线全长闭合差，用 f_D 表示，从图中可以得出：

$$f_D = \sqrt{f_x^2 + f_y^2} \tag{6.1.9}$$

仅从 f_D 值的大小还不能显示导线测量的精度，应当将 f_D 与导线全长 $\sum D$ 相比，用分子为 1 的分数来表示导线全长相对闭合差，即

$$K = \frac{f_D}{\sum D} = \frac{1}{\sum D / f_D} \tag{6.1.10}$$

例如在表 6.1.5 中：

$$K_D = \frac{f_D}{\sum D} = \frac{0.124}{597.81} = \frac{1}{4\,821}$$

以导线全长相对闭合差 K 来衡量导线测量的精度，K 的分母越大，精度越高。图根导线测量中，一般情况下，K 值不应超过 1/2 000，困难地区也不应超过 1/1 000。若 K 值超过限差，则说明成果不合格，首先检查内业计算有无错误，必要时重测；若 K 在限差以内，则说明符合精度要求，可以进行坐标增量闭合差的调整。坐标增量闭合差的调整方法是将增量闭合差 f_x、f_y 反号，按与边长成正比，分配到各边的纵、横坐标增量中。换言之，即为了消除闭合差，应给各边的坐标增量施加一个改正数。设第 i 边的边长为 D_i，坐标增量改正数为 $V_{\Delta x_i}$、$V_{\Delta y_i}$，则

$$\left\{\begin{array}{l}V_{\Delta x_i} = -\dfrac{f_x}{\sum D} \times D_i \\ V_{\Delta y_i} = -\dfrac{f_y}{\sum D} \times D_i\end{array}\right. \tag{6.1.11}$$

例如在表 6.1.5 中：

$$V_{\Delta x_2} = -\frac{f_x}{\sum D} \times D_2 = -\frac{0.079}{597.81} \times 88.10 = -0.012 \text{（m）}$$

$$V_{\Delta y_2} = -\frac{f_y}{\sum D} \times D_2 = -\frac{-0.096}{597.81} \times 88.10 = +0.014 \text{（m）}$$

改正数的计算结果应填写在表中第 6、第 7 栏相应坐标增量的上方位置，改正数计算结果的取位应当与坐标增量的取位一致。坐标增量改正数计算的正误，可用下式来进行校核：

$$\left.\begin{array}{l}\sum V_{\Delta x} = -f_x \\ \sum V_{\Delta y} = -f_y\end{array}\right\} \tag{6.1.12}$$

由于收舍误差的影响，有时会使改正数之和与增量闭合差相反数有一微小的差值，即上式不能绝对得到满足，此时可将这一微小差值分配到较长的导线边上。

坐标增量改正数经检核无误后，即可计算各边改正后的坐标增量，填写在表中第8、第9栏相应位置中。改正后纵、横坐标增量之代数和应分别为零，以作计算校核。

⑤ 计算导线点的坐标（坐标正算）。

根据起点的坐标和改正后的坐标增量，按照公式（4.5.3）依次推算各导线点的坐标，填写于表中第10、第11栏中相应的位置。

例如在表6.1.5中：

$$\begin{cases} x_B = x_A + \Delta x_{AB改} = 540.380 + (-108.361) = 432.019 \\ y_B = y_A + \Delta y_{AB改} = 1\,236.700 + (-115.955) = 1120.745 \end{cases}$$

推至最后一个点 E 的坐标后，还要再推算出起点 A 的坐标，看是否与其已知 A 坐标相等，以检查计算是否正确。

表6.1.5 闭合导线计算算例

点名	观测角 /(° ′ ″)	改正后角值 /(° ′ ″)	坐标方位角 /(° ′ ″)	边长/m	坐标增量/m		改正后坐标增量/m		坐标值/m	
					Δx	Δy	Δx	Δy	x	y
1	2	3	4	5	6	7	8	9	10	11
A									540.380	1 236.700
			226 57 02	158.71	−0.021 −108.340	+0.025 −115.980	−108.361	−115.955		
B	+12 96 09 15	96 09 27							432.019	1 120.745
			143 06 29	88.10	−0.012 −70.460	+0.014 +52.887	−70.472	+52.901		
C	+12 124 02 42	124 02 54							361.547	1 173.646
			87 09 23	133.06	−0.018 +6.601	+0.021 +132.896	+6.583	+132.917		
D	+11 102 02 10	102 02 21							368.130	1 306.563
			9 11 44	109.51	−0.014 +108.103	+0.018 +17.500	+108.089	+17.518		
E	+11 117 05 25	117 05 36							476.219	1 324.081
			306 17 20	108.43	−0.014 +64.175	+0.018 −87.399	+64.161	−87.381		
A	+11 100 39 31	100 39 42							540.380	1 236.700
			226 57 02							
B										
∑	539 59 03	540 00 00		597.81	+0.079	−0.096	0	0		

$f_\beta = 539°59'03'' - 540° = -57''$

$f_{\beta允} = \pm60''\sqrt{5} = \pm134''$

$f_x = +0.079\text{ m}$

$f_y = -0.096\text{ m}$

$f_D = \sqrt{f_x^2 + f_y^2} = \sqrt{0.079^2 + (-0.096)^2} = 0.124\text{ m}$

$K_D = \dfrac{f_D}{\sum D} = \dfrac{0.124}{597.81} = \dfrac{1}{4821}$

草图

（3）附合导线的计算。

附合导线的坐标计算步骤与闭合导线相同，但由于两者形式不同，致使角度闭合差与坐标增量闭合差的计算稍有区别。下面结合图 6.1.10 和表 6.1.6 中的示例说明附合导线的计算步骤与方法。现仅将其不同之处说明如下：

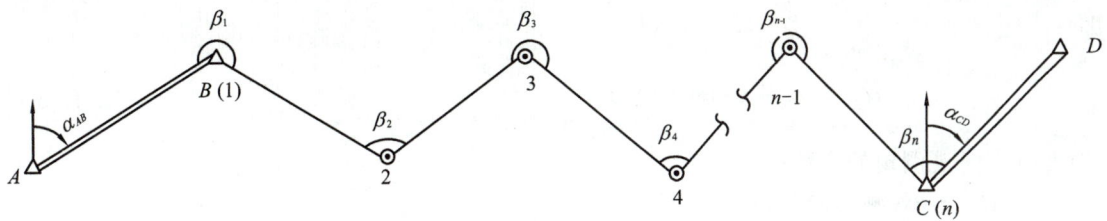

图 6.1.10 附合导线的计算

表 6.1.6 附合导线算例

点号	观测角 /(° ′ ″)	改正后的角 /(° ′ ″)	坐标方位角 α /(° ′ ″)	距离 D/m	坐标增量 Δx/m	坐标增量 Δy/m	改正后的坐标增量/m $\hat{\Delta x}$	改正后的坐标增量/m $\hat{\Delta y}$	坐标值 $\hat{x}$/m	坐标值 $\hat{y}$/m
1	2	3	4	5	6	7	8	9	10	11
A			60 00 00							
B	+6 253 34 54	253 35 00							1 000.00	2 000.00
			133 35 00	125.37	−0.004 −86.431	+0.003 +90.815	−86.435	+90.818		
1	+6 114 52 36	114 52 42							913.565	2 090.818
			68 27 42	109.84	−0.004 +40.325	+0.003 +102.170	+40.321	+102.173		
2	+6 240 18 48	240 18 54							953.886	2 192.991
			128 46 36	106.26	−0.004 −66.549	+0.002 +82.840	−66.553	+82.842		
C	+6 227 16 12	227 16 18							887.333	2 275.833
			176 02 54							
D										
∑	836 02 30	836 02 54		341.47	−112.655	+275.825	−112.667	+275.833		
辅助计算	\multicolumn{10}{l}{$f_\beta = \alpha'_{CD} - \alpha_{CD} = (60°00'00'' + 4\times180° + 836°02'30'') - 176°02'54'' = -24''$ $f_{\beta允} = \pm60''\sqrt{4} = 120''$ $f_x = (-112.655) - (887.333 - 1000.00) = +0.012$ $f_y = 275.825 - (2275.833 - 2000.00) = -0.008$ $K_D = \dfrac{f_D}{\sum D} = \dfrac{0.014}{341.47} = \dfrac{1}{24386}$　　草图}									

① 角度闭合差的计算。

在图 6.1.10 所示的附合导线中，A、B、C、D 为已知点，α_{AB} 和 α_{CD} 分别为起始边和终边的方位角。根据方位角（左角）推算公式，有

$$\alpha_{12} = \alpha_{AB} + 180° + \beta_1$$
$$\alpha_{23} = \alpha_{12} + 180° + \beta_2 = \alpha_{AB} + 2\times180° + (\beta_1 + \beta_2)$$
$$\vdots$$
$$\alpha'_{CD} = \alpha_{(n-1)n} + 180° + \beta_n = \alpha_{AB} + n\times180° + (\beta_1 + \beta_2 + \cdots + \beta_n)$$

即

$$\alpha'_{CD} = \alpha_{AB} + n\times180° + \sum\beta_{测} \tag{6.1.13}$$

式中 n ——观测角的个数；

$\sum\beta_{测}$ ——观测角的总和；

α'_{CD} ——推得的 CD 边（终边）的方位角。

应当注意，当推算出的 $\alpha'_{CD} > 360°$ 时，应减去一个或若干个 $360°$。

例如在表 6.1.6 中：

$$\begin{aligned}\alpha'_{CD} &= \alpha_{AB} + n\times180° + \sum\beta_{测} \\ &= 60°00'00'' + 4\times180° + 836°02'30'' \\ &= 1616°02'30'' - 4\times360° = 176°02'30''\end{aligned}$$

由于测量误差的存在，使得推得的 CD 边的方位角 α'_{CD} 不等于其已知方位角 α_{CD}。两者的差值（方位角闭合差）即角度闭合差 f_β，即

$$f_\beta = \alpha'_{CD} - \alpha_{CD} \tag{6.1.14}$$

例如在表 6.1.6 中：

$$f_\beta = \alpha'_{CD} - \alpha_{CD} = 176°02'30'' - 176°02'54'' = -24''$$

附合导线角度闭合差允许值的计算以及角度闭合差的调整方法与闭合导线相同。但须注意，改正后角值的检核应按下式进行：

$$\sum\beta_{改} = \sum\beta_{测} - f_\beta \tag{6.1.15}$$

式中 $\sum\beta_{改}$ ——各角改正后的角值之和。

② 坐标增量闭合差的计算。

由于附合导线是从一个已知点出发，附合到另一个已知点，因此，各边纵、横坐标增量的代数和理论上不是零，而应等于终、起两已知点间的坐标增量（即两已知点坐标之差）。如不相等，其差值即为附合导线的坐标增量闭合差，计算公式为

$$\left.\begin{aligned}f_x &= \sum\Delta x_{测} - (x_{终} - x_{起}) \\ f_y &= \sum\Delta y_{测} - (y_{终} - y_{起})\end{aligned}\right\} \tag{6.1.16}$$

式中 $x_{起}, x_{终}$ ——导线起点的纵、横坐标。

$y_{起}, y_{终}$ ——导线终点的纵、横坐标。

例如在表 6.1.6 中：

$$f_x = (-112.655) - (887.333 - 1000.00) = +0.012 \text{（m）}$$
$$f_y = 275.825 - (2275.833 - 2000.00) = -0.008 \text{（m）}$$

附合导线的导线全长闭合差、全长相对闭合差和容许相对闭合差的计算，以及增量闭合差的调整，与闭合导线相同。但须注意，改正后坐标增量的检核应按下式进行：

$$\left. \begin{array}{l} \sum \Delta x_{改} = x_{终} - x_{起} \\ \sum \Delta y_{改} = y_{终} - y_{起} \end{array} \right\} \qquad (6.1.17)$$

式中　$\sum \Delta x_{改}$ ——各边改正后的纵坐标增量之和。

$\sum \Delta y_{改}$ ——各边改正后的横坐标增量之和。

附合导线的算例见表 6.1.6 所示。

（4）支导线的计算。

由于支导线只是一端与已知点相连，而另一端不附合到任何已知点，所以支导线没有检核条件，不存在角度闭合差和坐标增量闭合差的调整问题，直接推算各边的方位角，再根据边长计算出各边的坐标增量，依次求得各点的坐标。但由于缺乏检核条件，难于发现计算中的错误，所以应审慎计算，最好采用二人对算的方法进行。

6.1.4　交会法测量

交会法测量是加密图根点的常用方法，尤其适合于当导线点的密度不能满足工程施工或大比例尺测图要求，而需加密的点又不多的情况。根据观测元素的不同，交会法测量可分为测角交会和测边交会两种，这里仅介绍测角交会。

1. 交会法的布设形式

交会法有三种布设形式：

（1）前方交会。

如图 6.1.11（a）所示，在两个已知点 A 和 B 上，分别对待定点 P 观测水平角 α 和 β，从而求得待定点的 P 坐标，称为前方交会法。为了进行检核和提高精度，实际工作中，常常采用三个已知控制点进行交会，如图 6.1.11（b）所示，由两个三角形分别计算待定点的坐标，取两组坐标的平均值为最后结果。

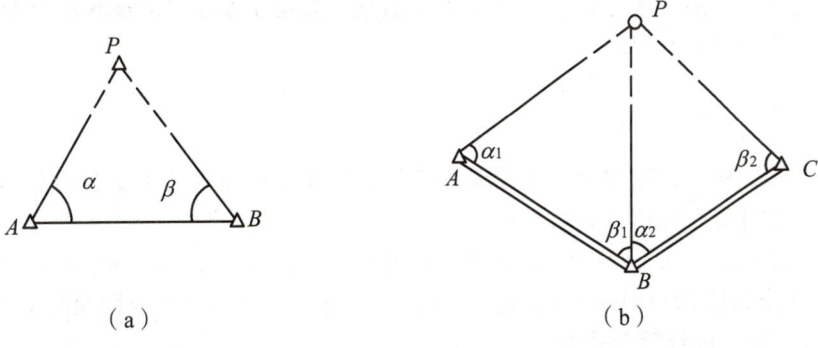

图 6.1.11　前方交会

（2）侧方交会。

如图 6.1.12（a）所示，在由两个已知点 A、B 和待定点 P 所组成的三角形中，分别在已知点 A 和待定点 P 上观测水平角 α 和 γ，从而求得待定点 P 的坐标，称为侧方交会法。为了进行检核，一般还要在待定点 P 对另一已知控制点观测一个检查角，如图 6.1.12（b）所示。

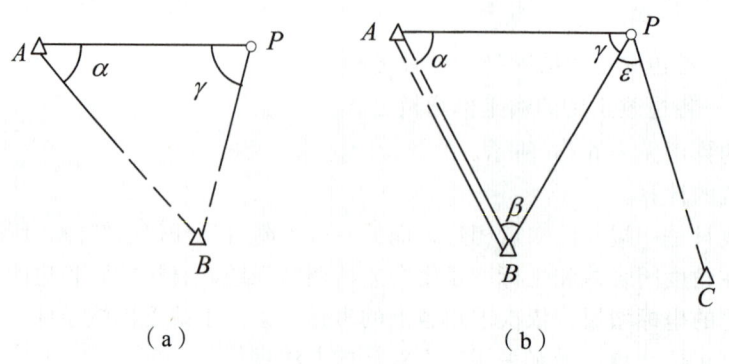

图 6.1.12　侧方交会

（3）后方交会。

如图 6.1.13（a）所示，在待定点 P 上对 3 个已知控制点 A、B、C 观测水平角，从而求得待定点 P 坐标的方法称为后方交会法。为了进行检核，一般还应对准第 4 个已知控制点观测一个检查角，如图 6.1.13（b）所示。

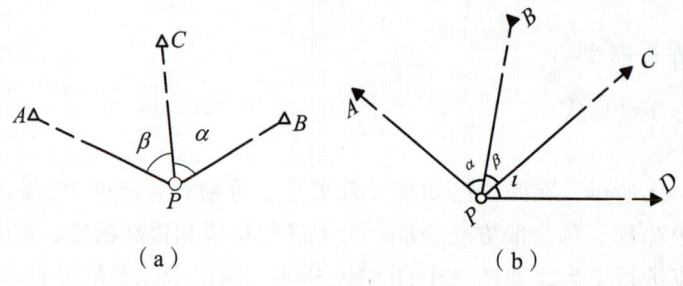

图 6.1.13　侧方交会

为了提高交会定点的解算精度，待定点上的交会角应不小于 30°和不大于 150°。水平角采用 DJ_6 型经纬仪观测两测回。

2. 前方交会的坐标计算公式

三种交会形式中，以前方交会应用最为广泛，下面直接给出前方交会的坐标计算公式，其他交会形式的计算可参阅其他教科书。

如图 6.1.11（a）所示，设 A、B 为已知控制点，P 为待定点，A、B、P 三点按逆时针顺序排列。A、B 点的坐标分别为（x_A, y_A）（x_B, y_B），在 A、B 两点上分别观测了角 α 和 β，则 P 点坐标（x_P, y_P）的计算公式为

$$x_P = \frac{x_A \cot\beta + x_B \cot\alpha - y_A + y_B}{\cot\alpha + \cot\beta} \left.\begin{matrix}\\\\\end{matrix}\right\}$$
$$y_P = \frac{y_A \cot\beta + y_B \cot\alpha + x_A - x_B}{\cot\alpha + \cot\beta}$$
（6.1.18）

式（6.1.18）即著名的戎格公式，又称为余切公式。

如图 6.1.11（b）所示，为了检核和提高点位精度，待定点 P 应由两个不同的三角形分别进行交会，分别由余切公式计算 P 点坐标，当两组坐标计算的点位较差符合要求时，取两组坐标的平均值作为最后结果。点位较差 f 的计算公式为

$$f = \sqrt{(x'_P - x''_P)^2 + (y'_P - y''_P)^2}$$
（6.1.19）

式中，x'_P、y'_P 和 x''_P、y''_P 分别表示第 1 个和第 2 个图形推算的 P 点坐标。f 的允许值为 0.000 2 mm 或 0.000 3 mm（M 为测图比例尺分母；前者适用于 1∶5 000 或 1∶10 000 测图，后者适用于 1∶500~1∶2 000 测图）。

前方交会的计算示例见表 6.1.7。

表 6.1.7　前方交会计算

已知数据			观测数据		P 坐标（分组计算）		P 坐标（平均值）	
点名	X	Y	第一组	第二组	X	Y	X	Y
A	5 522.01	1 523.29	$\alpha_1 = 59°20'59''$	$\beta_1 = 54°09'52''$	5 059.93	1 595.34	5 059.98	1 595.34
B	5 189.35	1 116.90	$\alpha_2 = 61°54'29''$	$\beta_2 = 55°44'54'''$	5 060.02	1 595.35		
C	4 671.79	1 236.06						
计算点位较差	$f = \sqrt{(5059.93-5060.02)^2 + (1595.34-1595.35)^2}$ $= 0.09(m)$							

任务 6.2　高程控制测量

6.2.1　高程控制测量概述

国家高程控制网也是按照"分级布网，逐级控制"的原则布设的。与平面控制网相对应，我国的国家高程控制网也划分为一、二、三、四 4 个等级，一等精度最高，从高级到低级，一级控制一级。国家高程控制测量是采用水准测量方法施测的，故高程控制网又称为水准网，

选定的高程控制点又称为水准点。一等水准网是国家高程控制的骨干,同时也是研究地壳垂直形变等科学问题的依据。二等水准网布设在一等水准环内,它是国家高程控制的全面基础。一、二等水准路线一般沿铁路、公路或河流布设,用精密水准测量方法测定水准点的高程。三、四等水准路线加密于一、二等水准网内,作为地形测量和工程测量的高程控制,一般布设成闭合或附合水准路线,如图 6.2.1 所示。为便于保存和使用,各等级水准点都必须按规范要求埋设永久性的固定标志(标石),如图 6.2.2 所示。

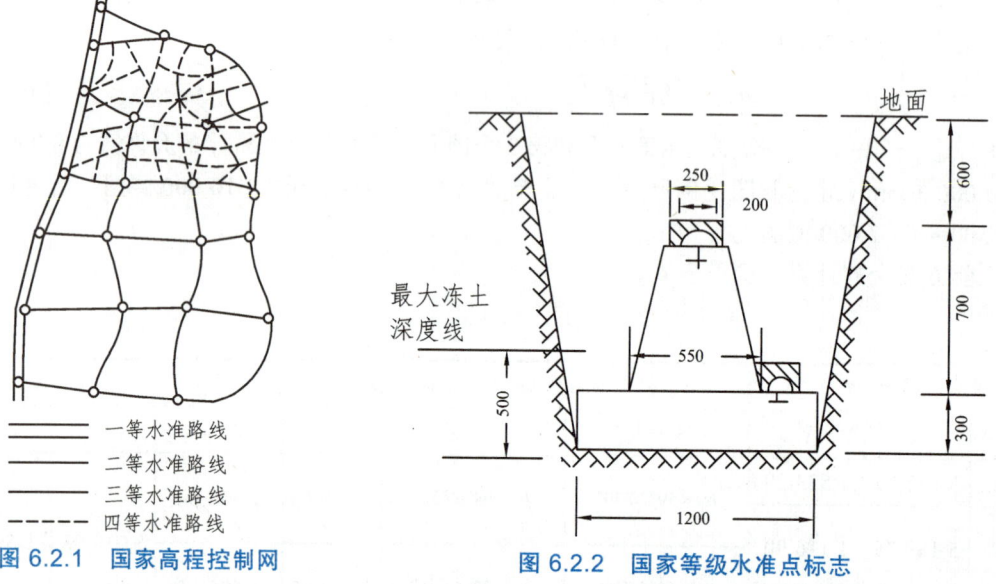

图 6.2.1 国家高程控制网

图 6.2.2 国家等级水准点标志

城市高程控制网是用水准测量方法建立的,称为城市水准测量。它是城市大比例尺测图及工程测量的高程控制,按其精度要求分为二、三、四、五等水准和图根水准。根据测区的大小,各级水准均可首级控制。首级控制网应布设成环形路线,加密时宜布设成附合路线或结点网。水准测量主要技术要求见表 6.2.1。在丘陵或山区,高程控制量测量可采用三角高程测量。光电测距三角高程测量现已用于(代替)四、五等水准测量。

表 6.2.1 各等级水准测量的主要技术要求

等级	每千米高差全中误差/mm	路线长度/km	水准仪型号	水准尺	观测次数		往返较差、附合或环线闭合差	
					与已知点联测	附合或环线	平地/mm	山地/mm
二等	2	—	DS$_1$	因瓦	往返各一次	往返各一次	$4\sqrt{L}$	—
三等	6	≤50	DS$_1$	因瓦	往返各一次	往一次	$12\sqrt{L}$	$4\sqrt{n}$
			DS$_3$	双面		往返各一次		
四等	10	≤16	DS$_3$	双面	往返各一次	往一次	$20\sqrt{L}$	$6\sqrt{n}$
五等	15	—	DS$_3$	单面	往返各一次	往一次	$30\sqrt{L}$	—
图根	20	≤5	DS$_{10}$	单面	往返各一次	往一次	$40\sqrt{L}$	$12\sqrt{n}$

注:① L 为往返测段,附合或环线的水准路线长度以 km 为单位;
② n 为测站数。

小区域高程控制测量建立的常用方法有三、四等水准测量、三角高程测量等。三、四等水准测量的起算点高程应尽量从附近的一、二等级水准点引测，若测区附近没有国家一、二等级水准点，则在小区域范围内可采用闭合水准路线建立独立的首级高程控制网，假定起算点的高程。三、四等水准点应选在土质较硬、便于长期保存和使用的地方，并应埋设水准标石（参见《国家三、四水准测量规范》），也可以利用埋石的平面控制点作为水准点，称为平高点。同时为便于日后寻找，应仿照前面所述方法绘制点位略图，称为水准点点之记。本任务主要介绍三、四等水准测量、三角高程测量。

6.2.2 三、四等水准测量

在地形测图和工程测量中，常常以三、四等水准测量方法建立高程控制网。三、四等水准测量所使用的仪器、工具相同，作业方法也基本相同，区别主要是观测顺序、限差不同。

1. 三、四等水准测量的观测程序和记录方法

三、四等水准测量一般采用 DS_3 型水准仪和双面水准尺施测。为消除尺底因磨损而造成的零点差的影响，每测段（相邻两水准点间的段落）的测站数应设置为偶数站。四等水准测量的观测程序和记录方法如下：

（1）照准后视尺黑面，调整水准管气泡居中，按下丝（1）、上丝（2）、中丝（3）的顺序读数、记录。

（2）照准后视尺红面，调整水准管气泡居中，读取中丝读数（4），记录。

（3）照准前视尺黑面，调整水准管气泡居中，按下丝（5）、上丝（6）、中丝（7）的顺序读数、记录。

（4）照准前视尺红面，调整水准管气泡居中，读取中丝读数（8），记录。

以上观测顺序简称为"后—后—前—前"（或黑—红—黑—红）。所有读数以"m"为单位，读记至"mm"。观测完毕应立即进行测站的计算与检核，符合要求后方可迁站，不符合要求须重新观测。

三等水准测量测站观测顺序为："后—前—前—后"（或黑—黑—红—红），即依序读取后尺黑面（下、上、中丝）、前尺黑面（下、上、中丝）、前尺红面（中丝）、后尺红面（中丝）读数。其优点是可消除或减弱仪器和尺垫下沉误差的影响。三等水准测量除上述观测程序以及各种限差要求与四等水准不同外，其余作业方法和四等水准测量相同。三、四等水准测量的主要技术要求见表6.2.2。

四等水准测量视频

表 6.2.2 三、四等水准测量一测站技术要求

等级	视线长度/m		视线高度/m	前后视距离差/m	前后视距累积差/m	红黑面读数差/mm	红黑面所测高差之差/mm
	仪器类型	视距/m					
三等	DS_1、DS_{05}	75	三丝读数	2.0	5.0	2.0	3.0
	DS_3	100					
四等	DS_1、DS_{05}	150	三丝读数	3.0	10.0	3.0	5.0
	DS_3	100					

2. 三、四等水准测量记录、计算与检核

下面以四等水准测量为例：

（1）视距部分：

后视距：(9) = [(1) − (2)] × 100（式中 100 为视距乘常数，下同）

前视距：(10) = [(5) − (6)] × 100

前后视距差：(11) = (9) − (10)

前后视距累积差：(12) = 本站(11) + 上站(12)，绝对值不应超过 10.0 m。

（2）同一水准尺黑、红面中丝读数校核：

后尺黑红面读数差：(13) = k + (3) − (4)

式中 k 为后尺尺常数，其值为 4.687 或 4.787，只注记毫米数，绝对值不应超过 3 mm。

前尺黑红面读数差：(14) = k + (7) − (8)

式中 k 为前尺尺常数，其值为 4.787 或 4.687，只注记毫米数，绝对值不应超过 3 mm。

（3）高差计算及校核：

黑面高差：(15) = (3) − (7)

红面高差：(16) = (4) − (8)

黑红面高差中数：(18) = {(15) + [(16) ± 0.1]}/2，取至 0.000 1 m 位。

校核计算：

黑红面高差之差：(17) = (15) − [(16) ± 0.1] = (13) − (14)，只注记毫米数，绝对值不应超过 5 mm。由于两水准尺红面起点读数相差 ± 0.1 m（即 4.687 与 4.787 之差），因此红面测得的高差应加上或减去 0.1 m 才等于实际高差。在测站上，当后尺红面起点为 4.687 m，前尺红面起点为 4.787 时，取 + 0.1；反之，取 − 0.1。

（4）每页计算校核：

每页所有测站的观测、记录、计算、校核全部完成后，立即进行测段的计算与校核。测段计算与校核的项目如下：

① 视距部分：

测段后距全长 Σ(9)

测段前距全长 Σ(10)

测段视距累积差 Σ(11) 检核：Σ(11) = Σ(9) − Σ(10) = 末站的(12)

测段全长：L_i = Σ(9) + Σ(10)（式中 i 为测段编号）

②高差部分：

测段后尺黑面读数和 Σ(3)

测段后尺红面读数和 Σ(4)

测段前尺黑面读数和 Σ(7)

测段前尺红面读数和 Σ(8)

测段黑面高差 Σ(15)　　检核：Σ(15) = Σ(3) − Σ(7)

测段红面高差 Σ(16)　　检核：Σ(16) = Σ(4) − Σ(8)

测段高差中数 Σ(18)　　检核：

Σ(18) = {Σ(15) + Σ(16)}/2（测站数为偶数时）

$$\Sigma(18) = \{\Sigma(15) + [\Sigma(16) \pm 0.1]\}/2 \text{（测站数为奇数时）}$$

3. 成果计算与校核

一条水准路线所有测段的作业完成后，立即汇总出全线的路线长度 L（即各测段的长度之和）以及全线高差 $\Sigma h_{测}$（即各测段高差中数之和），然后按下式计算高差闭合差 f_h：

$$f_h = \Sigma h_{测} \quad \text{（闭合水准路线）}$$

$$f_h = \Sigma h_{测} - (H_{终} - H_{起}) \quad \text{（附合水准路线）}$$

式中，$H_{终}$、$H_{始}$ 分别为终点、始点高程。

对于四等水准测量，高差闭合差的允许值为 $\pm 20\sqrt{L}$（mm）（L 以千米为单位）。如果闭合差超限，应分析原因，作部分测段或全线返工。外业工作全部结束以后，即可投入内业计算。内业计算的任务是对高差闭合差进行调整并逐一推算各点的高程。内业计算的方法步骤参看项目二的任务四中的成果整理。四等水准测量观测记录、计算见表 6.2.3。

表 6.2.3　四等水准测量观测记录

测段：自 **BM_A** 至 **BM_B**　　仪器型号：DS₃　　观测者：张三　　记录者：李四
时间：2010 年 3 月 29 日　　天气、呈像：晴，良　　（$K_A = 4.687$，$K_B = 4.787$）

测站编号	后尺 下丝 上丝	前尺 下丝 上丝	方向及尺号	标尺读数 黑面	标尺读数 红面	$K+$黑$-$红	高差中数
	后距	前距					
	视距差 d	Σd					
表项标注	（1）	（5）	后	（3）	（4）	（13）	
	（2）	（6）	前	（7）	（8）	（14）	
	（9）	（10）	后－前	（15）	（16）	（17）	（18）
	（11）	（12）					
BM_A 1	2.043	0.849	后 A	1.773	6.459	+1	
	1.502	0.318	前 B	0.584	5.372	−1	
	54.1	53.1	后－前	+1.189	+1.087	+2	
	+1.0	+1.0					+1.188 0
2	2.746	0.867	后 B	2.530	7.319	-2	
	2.313	0.425	前 A	0.646	5.333	0	
	43.3	44.2	后－前	+1.884	+1.986	−2	
	−0.9	+0.1					+1.885 0
3	1.891	0.758	后 A	1.708	6.395	0	
	1.525	0.390	前 B	0.574	5.361	0	
	36.6	36.8	后－前	+1.134	+1.034	0	
	−0.2	−0.1					+1.134 0

续表

测站编号	后尺 下丝 上丝 后距 视距差 d	前尺 下丝 上丝 前距 ∑d	方向及尺号	标尺读数 黑面	标尺读数 红面	K+黑−红	高差中数
4 BM$_B$	1.167	1.677	后 B	0.911	5.696	+2	
	0.655	1.155	前 A	1.416	6.102	+1	
	51.2	52.2	后−前	−0.505	−0.406	+1	
	−1.0	−1.1					−0.505 5
测段校核	∑（9）	185.2	∑（3）	∑（4）	6.922	25.869	
	∑（10）	186.3	∑（7）	∑（8）	3.220	22.168	
	∑（11）	−1.1	∑15）	∑16）	+3.702	−3.701	∑（18）	+3.701 5
	Li	371.5	[∑（15）+∑（16）]/2 = +3.701 5 = ∑（18）				

6.2.3 三角高程测量

三角高程测量是加密高程控制的常用方法，尤其适用于地形起伏大的地区。它是根据两点间的水平距离和竖直角，利用平面三角计算公式计算两点间的高差，推求待定点的高程。三角高程测量精度较低，只能满足图根高程控制的要求。

1. 三角高程测量原理

如图 6.2.3 所示，在 A 点架设经纬仪，B 点竖立观测目标，如果我们已知两点间的平距 D，测定目标顶点的竖直角 α，同时又量取了仪器高 i 和目标高 v，可推出：

$$h_{AB} + V = D \times \tan\alpha + i \quad (6.2.1)$$

$$h_{AB} = D \times \tan\alpha + i - V \quad (6.2.2)$$

$$H_B = H_A + h_{AB} = H_A + D \times \tan\alpha + i - V \quad (6.2.3)$$

公式（6.2.3）适用于 A、B 两点距离较近（小于 300 m），此时水准面可近似看成平面，视线视为直线。

2. 球气差影响及改正方法

三角高程测量中，由于地球曲率和大气折光的存在，将对观测高差产生很大影响，地球曲率对高差的影响称为地球曲率差，简称球差。大气折光引起视线成弧线的差异，称为气差。当两点距离较大（大于 300 m）时，要加球、气差改正或进行对向观测（即由 A 向 B 观测和由 B 向 A 观测，也称直观和反观）。

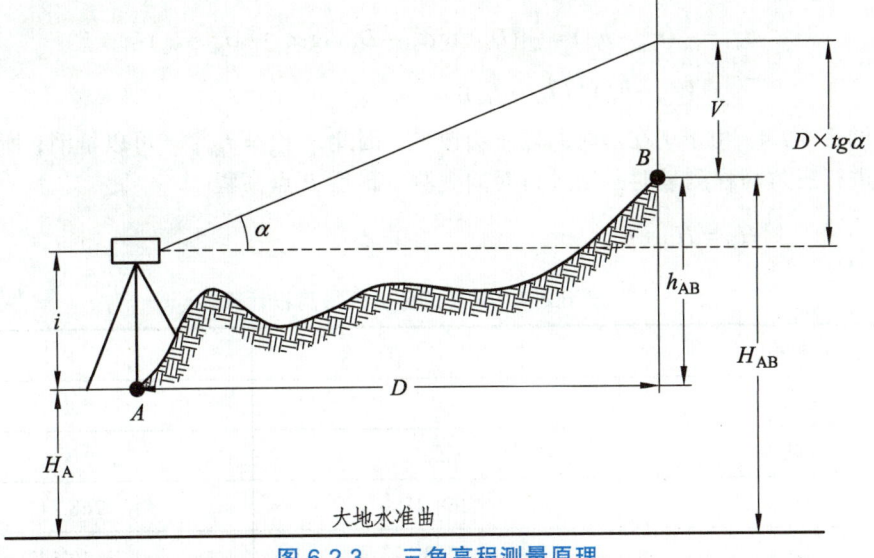

图 6.2.3 三角高程测量原理

如图 6.2.4 所示，EF 为地球曲率对高差的影响（球差）；MM' 即大气折光的影响（气差）。球差和气差的联合影响称为球气差，以 f 表示。由图 6.2.4 可知：

$$h = D \cdot \tan\alpha + i - v + (EF - MM')$$

即

$$h = D \cdot \tan\alpha + i - v + f \tag{6.2.4}$$

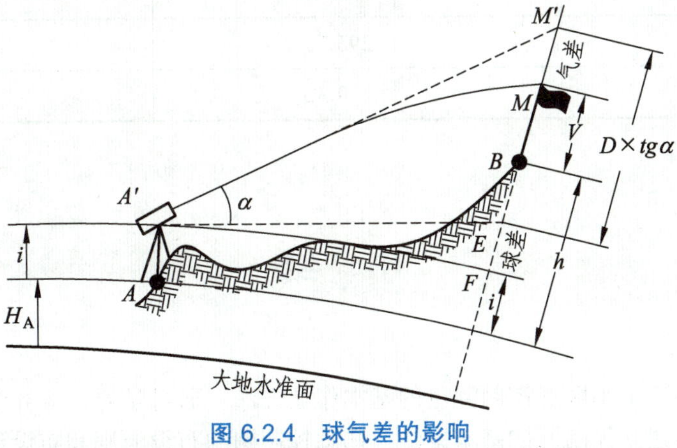

图 6.2.4 球气差的影响

球差的影响可以用项目一中介绍的地球曲率对高差测量的影响公式（1.3.2）来计算，即 $EF = D^2/2R$。气差的影响比较复杂，它与气温、气压、地面坡度和植被等因素有关。长期的实验和研究结果表明，在我国境内，气差（MM'）的平均值约等于 $0.11D^2/2R$。于是，球气差的计算公式可写作：

$$f = EF - MM' = D^2/2R - 0.11D^2/2R = 0.445D^2/R \tag{6.2.5}$$

式中，f 亦称作球气差改正数，R 为地球半径（$R = 6371$ km），D 为 A、B 两点间水平距离。

为了消除或削弱球气差的影响，通常三角高程测量进行对向观测。由 A 向 B 观测得 h_{ab}，由 B 向 A 观测得 h_{ba}，当两高差的校差在容许值内，则取其平均值，得

$$h_{AB} = \frac{1}{2}(h_{ab} - h_{ba}) = \frac{1}{2}[(D_{ab} \cdot \text{tg}\alpha_{ab} - D_{bi} \cdot \text{tg}\alpha_{ba}) + (i_{ba} - i_{ba}) - (v_{ab} - b_{ba}) + (f_{ab} - f_{ba})]$$

计算见表 6.2.4。由于 f 在短时间内不会改变，因此，$f_{ab} = f_{ba}$，f 可以抵消，所以作为高程控制点进行三角高程测量时必须进行对向观测。最后 B 点高程

$$H_B = H_A + h_{AB}$$

表 6.2.4　独立交会点三角高程计算

所求点	P	P
起点	A	A
觇法	直	反
D	268.21	268.21
α	−3°10′12″	3°40′54″
i	1.49	1.37
V	3.00	3.000
f	0.01	0.01
h	−16.35	+16.42
高差中数	−16.38	
$H_{起}$	295.70	
$H_{求}$	279.32	

小　结

本项目主要讲述了小区域控制测量的基本作业方法。通过学习，应弄清控制测量任务和作用是什么；熟悉建立控制网的基本方法，熟悉控制网的布设原则和布设形式；平面控制测量，应掌握导线测量和交会法测量的内外业作业方法；高程控制测量，应掌握三、四等水准测量和三角高程测量的内外业作业方法。

思考题

6-1　什么是控制测量？控制测量分为哪两种？

6-2 建立平面控制网的常用方法有哪些？各有何特点？

6-3 国家平面控制网的布设原则、方法是什么？有哪些技术要求？

6-4 小区域平面控制网的布设原则、方法是什么？有哪些技术要求？

6-5 单一导线有哪三种布设形式？各有何特点？

6-6 选取导线点时应注意哪些问题？

6-7 交会法测量有哪几种布设形式？各有何特点？

6-8 三、四等水准测量各自的观测程序如何？有哪些主要限差？

6-9 三角高程测量测定的高差为何要加两差改正？

习 题

6-1 完成下表闭合导线计算（画下划线的数据为已知数据）。

点号	观测角 /(° ′ ″)	改正后的角 /(° ′ ″)	坐标方位角 α /(° ′ ″)	距离 D/m	坐标增量		改正后的坐标增量/m		坐标值	
					Δx/m	Δy/m	$\Delta \hat{x}$	$\Delta \hat{y}$	$\hat{x}$/m	$\hat{y}$/m
1	2	3	4	5	6	7	8	9	10	11
1			45 30 00	105.22					1 500.000	1 000.000
2	107 48 24									
				80.18						
3	73 00 12									
				129.34						
4	89 33 48									
				78.16						
1	89 36 30									
2										
∑										
辅助计算	草图									

6-2 完成下图附合导线的计算（画下划线的数据为已知数据）。

点号	观测角 /(° ′ ″)	改正后的角 /(° ′ ″)	坐标方位角α /(° ′ ″)	距离 D/m	坐标增量		改正后的坐标增量/m		坐标值	
					Δx/m	Δy/m	$\hat{\Delta x}$	$\hat{\Delta y}$	$\hat{x}$/m	$\hat{y}$/m
1	2	3	4	5	6	7	8	9	10	11
A										
			<u>45 00 00</u>							
B	239 29 52								<u>1 000.000</u>	<u>2 000.000</u>
				297.262						
1	147 44 20									
				187.814						
2	214 49 52									
				963.403						
C	189 41 22								<u>955.510</u>	<u>2 055.928</u>
			<u>116 44 48</u>							
D										
Σ										
辅助计算	草图									

6-3 如图 6-1 所示的前方交会图形中，已知 A、B、C 三点的坐标为

$x_A = 3\,646.35$ m, $x_B = 3\,873.96$ m, $x_C = 4\,538.45$ m;

$y_A = 1\,054.54$ m, $y_B = 1\,772.68$ m, $y_C = 1\,862.57$ m。

观测数据为：$\alpha_1 = 64°03'30''$，$\beta_1 = 59°46'40''$；$\alpha_2 = 55°30'36''$，$\beta_2 = 72°44'47''$。试计算 P 点的坐标（x_P, y_P）（测图比例尺为 1：2 000）。

6-4 已知 A 点高程 $H_A = 182.232$ m，在 A 点观测 B 得竖直角为 $18°36'42''$，量得 A 点仪器高为 1.452 m，B 点棱镜高 1.673 m。在 B 点观测 A 点得竖直角为 $-18°34'36''$，B 点仪器高为 1.466 m，A 点棱镜高为 1.615 m，已知 $D_{AB} = 486.751$ m，试求 h_{AB} 和 H_B。

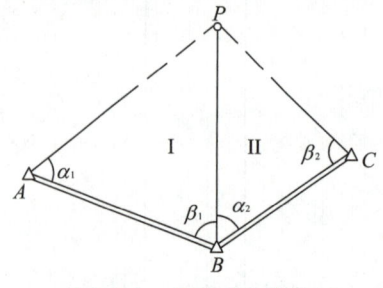

图 6-1 前方交会计算

6-5 完成如下四等水准表格计算（$K_A = 4.687$，$K_B = 4.787$）

测站编号	后尺 下丝 上丝 后距 视距差 d	前尺 下丝 上丝 前距 Σd	方向尺号	标尺度数 黑面	标尺度数 红面	$K+$黑－红	高差中数
1 BM₁	1.812 1.296	0.570 0.052	后 A 前 B 后－前	1.554 0.311	6.241 5.097		
2	1.426 0.995	0.801 0.371	后 B 前 A 后－前	1.211 0.586	5.998 5.273		
3	1.891 1.525	0.758 0.390	后 A 前 B 后－前	1.708 0.574	6.395 5.361		
4 BM₇	0.889 0.507	1.713 1.333	后 B 前 A 后－前	0.698 1.523	5.486 6.210		
测段检核	Σ（9） Σ（10） Σ（11） L_i		Σ（3） Σ（7） Σ15） [Σ（15）+ Σ（16）]/2 =	Σ（4） Σ（8） Σ16）		Σ（18）	

项目 7　地形图测绘

【学习目标】

本项目的任务是对测区进行大比例尺地形图测绘。要求通过本项目的学习,了解地形图的概念和地形的分类,比例尺的概念、种类和比例尺精度,能够在测图时合理地选择比例尺;掌握地物和地貌表示方法,能够通过等高线分辨各种典型地貌;了解图廓以及图廓外注记;了解地形图分幅与编号以及测图方法。培养学生团队协作精神,逐步养成爱岗敬业、实事求是的职业素养,追求卓越、一丝不苟、执着专注的工匠精神,增强国家版图意识、数据安全和保密意识。

案例:

下图为测区全景图,某单位现需测区地形图做工程设计,测区图根控制测量已完成,现需通过使用经纬仪或全站仪测绘出该区域精度不低于 0.05 m 的地形图。

任务 7.1　地形图的基本知识

7.1.1　地形图概述

1. 定　义

在地面上进行测量工作时,可以得到一系列数据,如点的平面坐标、高程等,通常根据不同目的将这些数据绘制成各种表示地面情况的图形。按图的内容和成图方法不同,可分为地图、地形图、平面图、专题图及断面图等。

(1)地图。

当在较大范围内测绘地面图形时,就不能将水准面看作平面,必须考虑地球曲率的影响。

通常采用地图投影的方法,将参考椭球面上的图形编绘成平面图形,这种图称为地图。它有严格的数学基础、科学的符号系统和完善的文字注记规则。地图上的图形,因投影的关系,都有一定的变形。

(2)地形图。

把地面上的房屋、道路、河流、耕地、植被等一系列固定物体及地面上各种高低起伏的形态,经过综合取舍,按一定比例尺缩小,以专门的图式符号加注记描绘在图纸上的正射投影(投影线与投影面垂直相交的正投影)图,都可称为地形图。地形是地物和地貌的总称。地物是指地面天然或人工形成的各种固定物体,如河流、森林、房屋、道路、农田等;地貌是指地表面的高低起伏形态,如高山、丘陵、平原、洼地等。地形图上一般以图式符号加注记表示地物,用等高线表示地貌。

无论哪种比例尺地形图,图上均包括以下基本内容:

① 数学要素。

数学要素即图的数学基础,诸如坐标格网、投影关系、图的比例尺和控制点等,以保证地形图具有必要的精度。

② 自然地理要素。

自然地理要素即表示地球自然形态所包含的要素,诸如水系、地貌、土壤、植被等。

③ 社会经济要素。

社会经济要素即地面上人类活动所包含的要素,诸如居民地、道路网、通信设备、工业设施、经济文化和行政标志等。

④ 注记。

注记即对地物与地貌加以说明的文字、数字或特定符号等。

⑤ 整饰要素。

整饰要素即图名、图号、测图日期、测绘单位、成图方法、坐标系统和高程系统等。

(3)平面图。

当测区范围较小时,可将水准面看作水平面,将地面上的地物点按正射投影的原理,垂直投影到水平面上,并将投影在水平面上的地物的轮廓按一定的比例尺缩绘到图纸上去,这种图称为平面图。其特点是,平面图上的图形与地面上相应地物的图形是相似的,即它们的相应角度相等,边长成比例。

地形图与平面图的区别主要是:地形图既测量地物,也测量地貌;平面图只测量地物,不测量地貌。

(4)专题图。

专题图以普通地图为底图,着重表示自然地理和社会经济各要素中的一种或几种,反映要素的空间分布规律、历史演变和发展变化等。专题图又称专门地图、主题地图、专业地图等。专题图的种类很多,但大体上可分为自然地图、社会经济图和工程技术图三大类,如地质图、气候图、人口分布图、交通图、工程布局图等。

(5)断面图。

为了了解某一方向的地面起伏情况,而把该方向的起伏状况按一定比例尺缩绘成的带状图,称为断面图(假想用剖切面将物体的某处切断,仅画出该剖切面与物体接触部分的图形称作断面图)。

2. 地形分类

地貌是地面高低起伏的自然形态的总称。由于地壳成因与结构的不同（内力作用）以及自然侵蚀作用（外力作用），形成了如今比较复杂的地表自然形态。按地貌的起伏形态可归纳为如下三类：

平地：地面平坦，起伏无显著变化，坡度一般在 0°～2°。

丘陵地：地面起伏不大，但变化复杂，坡度一般在 2°～6°。

山地：地面起伏较大，坡度一般在 6°～25°。

高山地：地面起伏大，坡度一般在 25°以上。

3. 比例尺的概念

地面上各种要素不可能按其真实的大小描绘在有限面积的图纸上，必须缩小若干倍。地形图上经缩小后的任意一线段的长度与地面上相应线段的实际水平长度之比，称为该地形图的比例尺。

4. 比例尺的种类

根据比例尺表示方法的不同，一般可分为数字比例尺和图示比例尺两种。

（1）数字比例尺。

数字比例尺一般用分子为 1 的分数形式表示。设图上某一直线的长度为 l，地面上相应线段的水平长度为 D，则地形图的比例尺为

$$\frac{l}{L}=\frac{1}{M} \tag{7.1.1}$$

式中，M 为比例尺分母，也表示缩绘的倍数，一般为整数，如 1∶500、1∶1 000 或 $\frac{1}{500}$、$\frac{1}{1000}$。比例尺的大小是以比例尺的比值来衡量的，分数值越大（分母 M 越小），比例尺越大。

（2）图示比例尺。

为了在测图或用图时减少数字换算上的麻烦及减弱由于图纸伸缩而引起的误差，在绘制地形图时，常在图上绘制图示比例尺。直线比例尺是最常见的图示比例尺。图 7.1.1 为 1∶500 的图示比例尺，在两条平行线上分成若干 2 cm 长的线段，称为比例尺的基本单位，左端一段基本单位细分成 10 等分，每等分相当于实地 2 m，每一基本单位相当于实地 10 m。图示比例尺标注在图纸的下方，便于用分规直接在图上量取直线段的水平距离，可以基本消除由于图纸伸缩而产生的误差影响。

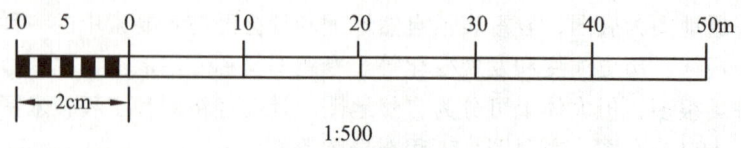

图 7.1.1　直线比例尺

为了满足经济建设和国防建设的需要，测绘和编制了各种不同比例尺的地形图。通常把 1∶500、1∶1 000、1∶2 000、1∶5 000 的地形图称为大比例尺地形图，将 1∶1 万、1∶2.5 万、1∶5 万、1∶10 万的地形图称为中比例尺地形图，将比例尺小于 1∶10 万的地形图称为

小比例尺地形图（如1：20万、1：50万、1：100万的地形图）。

不同比例尺的地形图有不同的成图方法与用途。比例尺为1：500和1：1 000的地形图一般用经纬仪或全站仪测绘，这两种比例尺的地形图常用于城市详细规划、工程设计施工等。比例尺为1：2 000、1：5 000和1：10 000的地形图一般用更大比例尺的图缩制，大面积的比例尺测图也可以用航空摄影测量方法成图。1：2 000地形图常用于城市详细规划及工程项目初步设计，1：5 000和1：10 000的地形图则用于城市总体规划、厂址选择、区域布置、方案比较等。中比例尺地形图系国家的基本图，由国家测绘部门负责测绘，目前均用航空摄影测量方法成图。小比例尺地形图一般由中比例尺地形图缩小编绘而成。按照地形图图式的规定，数字比例尺标注在图幅下方正中处。

5. 比例尺精度及测图比例尺的确定

正常人眼能分辨的最短距离一般为0.1 mm，再短的距离就无法辨认了。因此，在地形图上0.1 mm所代表的地面上的实地距离称为比例尺精度。即：比例尺精度等于$0.1M$（mm），M为比例尺分母。表7.1.1为几种比例尺的比例尺精度。

表7.1.1　比例尺精度

比例尺	1：500	1：1 000	1：2 000	1：5 000
比例尺精度/m	0.05	0.1	0.2	0.5

根据比例尺精度，不但可以按已定的比例尺知道测图时量距的精度和对景物图形的概括程度；也可以按用图的要求来考虑多大的地物需在图上表示出来，进而决定测图的比例尺。例如，测绘1：1 000比例尺地形图时，实地距离的测量精度只需精确到0.1 m；如果要求在图上能反映出实地0.2 m的距离，则所选用的地形图比例尺不应小于1：2 000。采用的测图比例尺越大，地物和地貌反映得就越详细，但测图工作量和投入就会成倍地增加。因此，在测量地形图时究竟选用多大的比例尺，应从工作需要出发来考虑。

7.1.2　地形图的图式

地面上各种地物和地貌都可以用不同颜色、不同大小的点、线和各种图形表示在地图上，这些点、线和图形统称为地形图符号。

地形图符号是目前表示地图内容的主要形式。就单个地形图符号而言，它具有两个基本功能：第一，它能指出目标的种类及其数量和质量的特征；第二，能确定对象的空间位置和现象的分布。而一幅地形图中地形图符号的总和，能表达这个地区的物体和现象的分布规律、空间组合和相互联系，它不仅可以描述实际存在的目标，还能够表达一些抽象的概念，从而在地图平面上建立起一个具有客观和思维意义的地理环境形象。

地形图符号的形成过程是一个约定的过程，即被地形图的作者和读者逐渐熟悉、承认和遵守的过程。为了交流和使用方便，国家测绘部门制定了各种比例尺地形图的图式，在图式中对地形图符号的图形、大小、颜色及注记均作了统一的规定，以此作为我国地形图内容表示的标准和规范。随着测绘技术的不断进步，地形图图式也经过了多次更新和修订，其内容更加完善和成熟，逐渐形成了目前的地形图符号系统。我国目前使用的大比例尺地形图图式是由国家测绘局组织制定,中华人民共和国国家质量监督检验检疫总局与中国国家标准化管理委员会发布,2018年5月1日实施的《国家基本比例尺地图图式 第1部分:1∶500、1∶1 000、1∶2 000地形图图式》(GB/T 20257.1—2017)。

1. 地物在图上的表示方法

按所表示的地形图内容来划分,地形图符号分为地物符号、地貌符号和注记符号三大类。

(1) 地物符号。

地面固定性的物体称为地物。地物一般分为两大类:一类是自然地物,如河流、湖泊、森林、草地等;另一类是经过人类物质生产活动改造的人工地物,如房屋、管线、道路、水渠、桥梁等。所有地物在地形图上都用地物符号来表示。图7.1.2为一些常用的地物符号。按其与地物的比例关系,地物符号可分为比例符号、非比例符号和半比例符号。

① 比例符号。

能将地物按地形图比例尺缩绘到图上以表达其轮廓特征的符号称为比例符号或真形符号。在符号的轮廓线内可填绘一定的颜色、网纹或文字以表示地物的性质。这类符号可以表示地物的位置、形状、大小和方向。图7.1.2中,从1号至12号都是比例符号。

② 半比例符号。

实地上有些线状和狭长的带状地物,按地形图比例尺缩小后,其长度能按比例缩绘,而宽度或粗度无法按比例表示的符号称为半比例符号,如铁路、管道、通信线、单线河等。半比例符号能表示地物的长度、方向,不能反映地物的宽度或粗度。图7.1.2中,从13号至26号都是半比例符号。这种符号的中心线,一般表示其实地地物的中心位置,但是城墙和垣栅等,地物中心位置在其符号的底线上。

对于地物的表示,究竟是采用比例、非比例还是半比例符号,这不是绝对的,而是随地物本身大小的差异和地形图比例尺大小的变化而变化。同类地物由于大小相差悬殊,因此在同一幅图上就有可能存在着比例符号、非比例符号和半比例符号。例如:同一条河流,上游河床较窄,只能用半比例符号(单线河)表示;而下游河床较宽可采用比例符号(双线河)表示。同时,随着地形图比例尺的缩小,对同一地物的表示,也会出现比例符号向半比例符号或非比例符号的转化,如道路、居民地、桥梁等。

③ 非比例符号。

实地较小的重要地物或目标显著的物体,按地形图比例尺缩小后的轮廓形状太小,无法绘制在图上,只能用具有一定象征意义的记号性符号来表示,这种符号称为非比例符号。例如:三角点、水准点、烟囱、塔、井等。非比例符号只表示地物的位置,不能反映地物的形状、大小和方向。图7.1.2中,从27号至40号都为非比例符号。非比例符号均按直立方向描绘,即与南图廓垂直。

非比例符号的中心位置与该地物实地的中心位置关系,随各种不同的地物而异,在测图和用图时应注意下列几点:

a. 规则的几何图形符号,如圆形、正方形、三角形等,以图形几何中心点作为实地地物的中心位置;

b. 底部为直角形的符号,如独立树、路标等,以符号的直角顶点作为实地地物的中心位置;

c. 宽底符号,如烟囱、岗亭等,以符号底部中心作为实地地物的中心位置;

d. 几种图形组合符号，如路灯、消火栓等，以符号下方图形的几何中心为实地地物的中心位置；

e. 下方无底线的符号，如山洞、窑洞等，以符号下方端点连线的中心作为实地地物的中心位置。

编号	符号名称	图例	编号	符号名称	图例
1	坚固房屋 4.房屋层数	坚4	11	灌木林	
2	普通房屋 2.房屋层数	2	12	菜地	
3	窑洞 1.住人的 2.不住人的 3.地面下的		13	高压线	
4	台阶		14	低压线	
5	花圃		15	电杆	
			16	电线架	
6	草地		17	砖、石及混凝土围墙	
			18	土围墙	
7	经济作物地	蔗	19	栅栏、栏杆	
			20	篱笆	
8	水生经济作物地	藕	21	活树篱笆	
9	水稻田		22	沟渠 1.有堤岸的 2.一般的 3.有沟堑的	
10	旱地		23	公路	沥砾
			24	简易公路	

编号	符号名称	图例	编号	符号名称	图例
25	大车路	0.15 —————— 0.3 ——— 碎石 ———	38	路灯	1.5 1.0
26	小路	4.0 1.0 0.3 — — — —	39	独立树 1. 阔叶 2. 针叶	1.5 1 3.0 0.7 2 3.0 0.7
27	三角点 凤凰-点名 394.468-高程	凤凰山 △ ——— 394.468 3.0	40	岗亭、岗楼	90° 3.0 1.5
28	图根点 1. 埋石的 2. 不埋石的	1 2.0 : □ N16 84.46 2 1.5 : ⊕ 25 62.74 2.5	41	等高线 1. 首曲线 2. 计曲线 3. 间曲线	0.15 ～～～ 87 —1 0.3 ～～～ 85 —2 0.15 ---6.0--- —3 1.0
29	水准点	2.0 ⊗ Ⅱ京石5 32.804	42	示坡线	 0.8
30	旗杆	1.5 4.0 ⚑ 1.0 1.0	43	高程点及其注记	0.5 · 163.2 ±75.4
31	水塔	2.0 3.0 ⊕ 1.0 1.2	44	滑坡	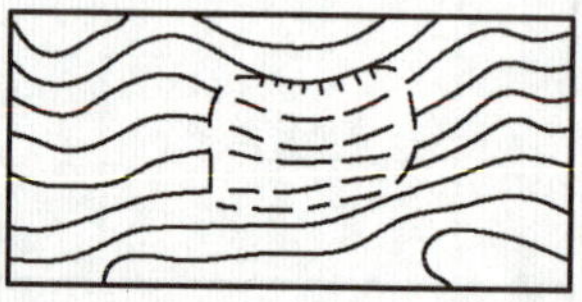
32	烟囱	3.5 ⌂ 1.0			
33	气象站	3.0 T 4.0 1.2	45	陡崖 1. 土质的 2. 石质的	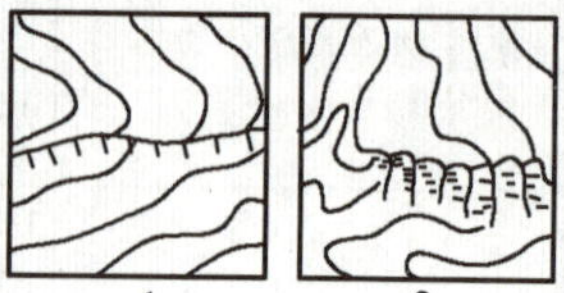 1 2
34	消防栓	1.5 1.5 ⊥ 2.0			
35	阀门	1.5 1.5 ○ 2.0			
36	水龙头	3.5 ⊥ 2.0 1.2	46	冲沟	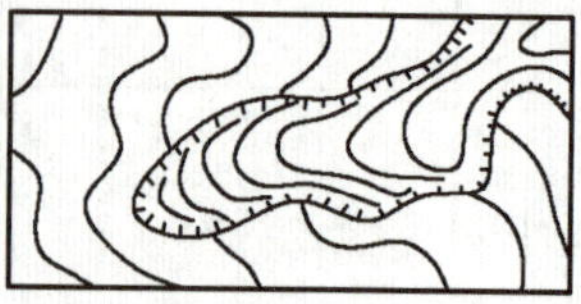
37	钻孔	30 ◉ :: 1.0			

图 7.1.2　地物符号

2. 地貌在图上的表示方法

按地貌的表现形态主要包括山头、洼地、山脊、山谷和鞍部，在地形图上，地貌的基本形态一般用等高线表示。在一些地区还有一些特殊的地貌形态，如陡崖、冲沟、溶洞等，在地形图上，当这些特殊地貌形态不能用等高线表示时，可用特殊地貌符号来表示（见图 7.1.3）。因此，地貌符号包括等高线和各种特殊地貌符号。

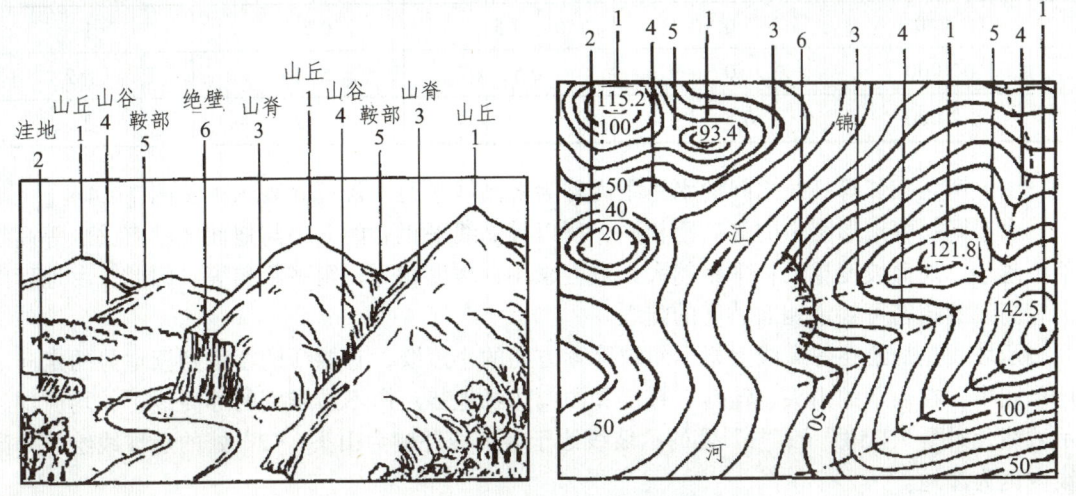

图 7.1.3 综合地貌及其等高线表示

（1）等高线。

① 等高线的定义。

设想用若干间距相等的水平面切割地面，将各平面与地面的交线垂直投影在一个水平面上，就得到一圈套一圈的能反映该区地貌状况的闭合曲线，因为同一条曲线上各点的高程相同，故称为等高线。所以，等高线就是地面上高程相同的相邻各点连成的闭合曲线（见图 7.1.4）。等高线的高程从大地水准面起算。

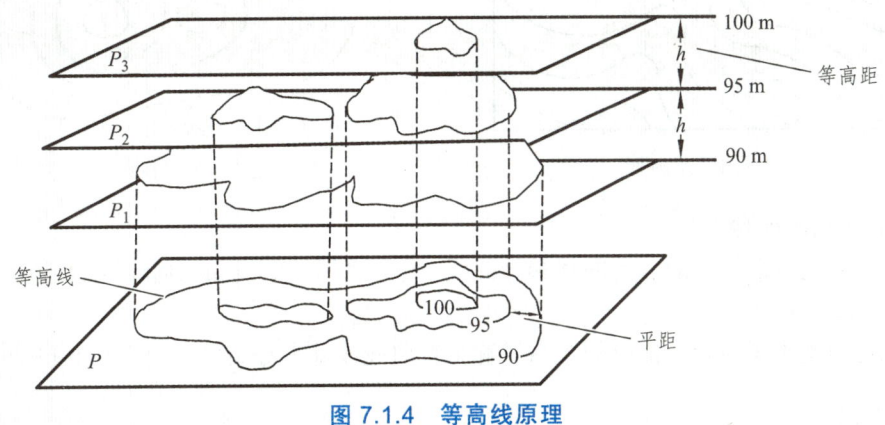

图 7.1.4 等高线原理

② 等高距、等高线平距及示坡线。

在地形图上，相邻两条等高线的高程之差称为等高距，常用 h 表示（见图 7.1.4）。在同一幅地形图中等高距应相同。等高距的大小决定着所表示地貌形态的精度，同时也影响着地形图的负载量,所以,等高距的大小应根据测区内大部分地面坡度的大小以及地形图的比例尺和用途来确定。表 7.1.2 是各种大比例尺地形图的等高距参考值。

表 7.1.2 大比例尺地形图的基本等高距

比例尺	地形类别			
	平原/m	丘陵/m	山地/m	高山地/m
1∶500	0.5	0.5	0.5、1	1
1∶1 000	0.5	0.5、1	1	1、2
1∶2 000	0.5、1	1	2	2

图上两条相邻等高线之间的水平距离称为等高线平距,常用 d 表示(见图 7.1.4)。

由于同一幅地形图中的等高距相同,所以等高线平距 d 的大小与地面坡度有关。等高线平距越小,地面坡度越大;平距越大,坡度越小;坡度相等,则平距相等。因此,由地形图上等高线的疏密可判定地面坡度的陡缓。

示坡线是加绘在等高线上指示斜坡降落方向的小短线,它能帮助读者判读地势的走向。地形图中,在表示的山头、洼地、鞍部和图幅边缘地势走向不易辨别的等高线上,均应加绘示坡线,如图 7.1.5 所示,"1"处的示坡线绘于等高线外侧为山头,"2"处的示坡线绘于等高线内侧为洼地。

图 7.1.5 示坡线

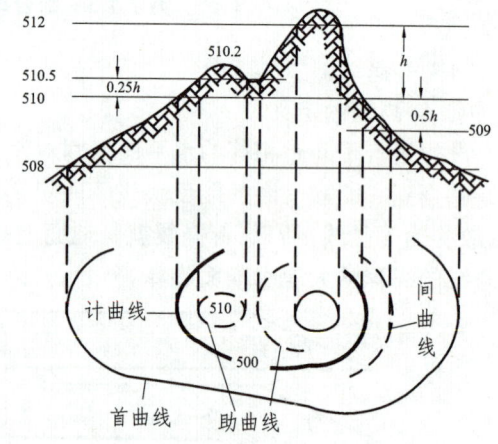

图 7.1.6 等高线的种类

③ 等高线的种类。

地形图中的等高线一般有首曲线和计曲线,有时也用间曲线和助曲线,如图 7.1.6 所示。

a. 首曲线。

按规定的基本等高距 h 描绘的等高线称为首曲线或基本等高线,用线粗 0.15 mm 的实线描绘。

b. 计曲线。

为了读图方便,规定从高程起算面开始,当等高距为整米时,每隔 4 条首曲线加粗一条等高线,这些加粗的等高线称为计曲线或加粗等高线。在图中计曲线的适当位置处需加注高程,计曲线用线粗 0.3 mm 的实线描绘。

c. 间曲线。

为了表示首曲线显示不出的局部地貌形态，按 1/2 基本等高距加绘的等高线称为间曲线或半距等高线。用线粗 0.15 mm 的长虚线描绘。

d. 助曲线。

为了表示首曲线和间曲线显示不出的局部地貌形态，按 1/4 基本等高距加绘的等高线称为助曲线或辅助等高线。用线粗 0.15 mm 的短虚线描绘。

④ 典型地貌的等高线形状

地貌的形态虽然多种多样，但它们都是由山头、洼地、山脊、山谷、鞍部、斜坡等几种典型地貌构成的，如图 7.1.3 所示。

a. 山头。

山体的最高部位叫山头。山头的等高线图形是一组闭合曲线，示坡线向外，如图 7.1.7 所示。

b. 洼地。

洼地是指中间低，四周高的地形。其等高线图形也是一组闭合曲线，示坡线在等高线的内侧，如图 7.1.8 所示。

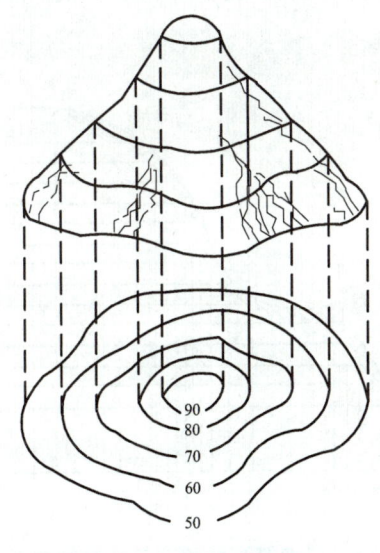

图 7.1.7 山头等高线

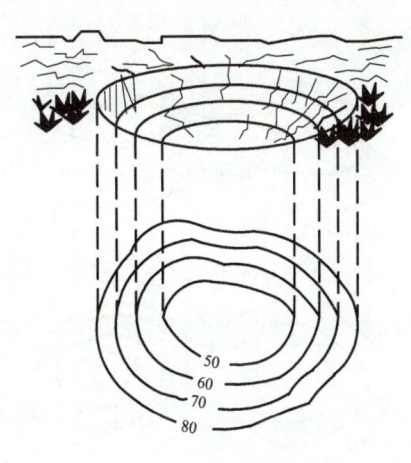

图 7.1.8 洼地等高线

c. 山脊。

山脊是山体延伸的最高棱线，它的最高部分的连线称为山体的分水岭。山脊的等高线图形是一组凸向下坡方向的曲线，两侧对称，如图 7.1.9 所示。

d. 山谷。

山谷是两山脊间的向一定方向倾斜延伸的低凹部分，它的最低部分的连线叫合水线。山谷的等高线图形是一组凸向上坡方向的曲线，两侧对称，如图 7.1.10 所示。

e. 鞍部。

鞍部是连接两个山顶之间的低凹部分，形如马鞍。鞍部的等高线图形是由两组凸向鞍部中心的对称曲线组成，如图 7.1.11 所示。

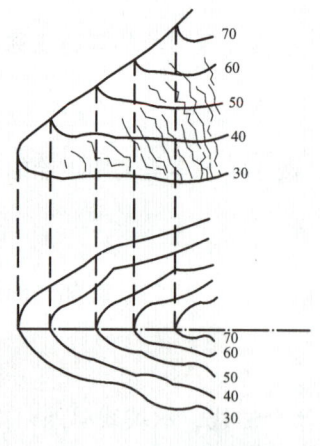
图7.1.9 山脊等高线

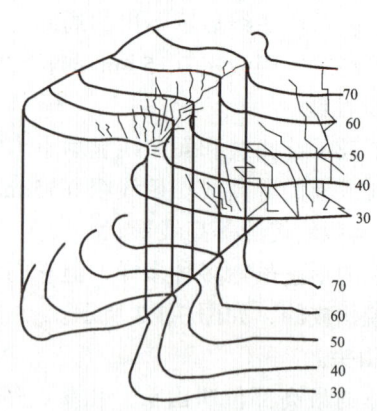
图7.1.10 山谷等高线

f. 斜坡。

斜坡是山体的坡面。其坡形可分为四种：等齐坡，等高线的间隔大致相等；凹形坡，等高线间隔自低向高由疏变密；凸形坡，等高线的间隔自低向高由密变疏；阶状坡，等高线疏密交替，陡坡密，缓坡疏，如图7.1.12所示。

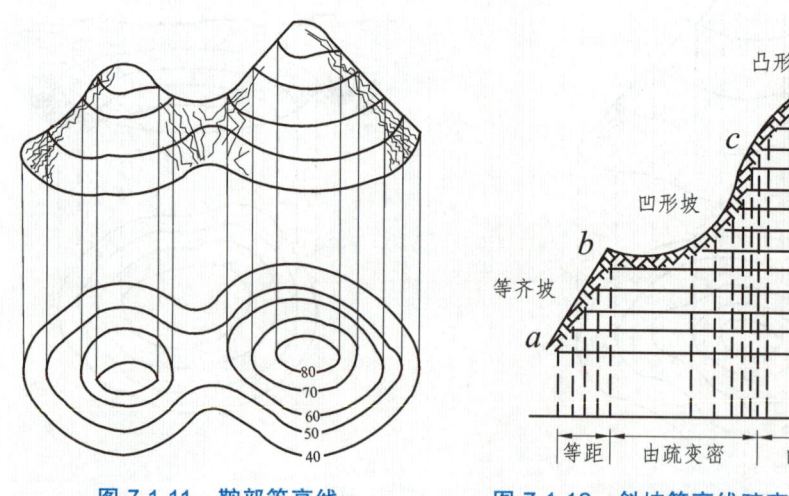

图7.1.11 鞍部等高线　　　图7.1.12 斜坡等高线疏密与坡度的关系

⑤ 等高线的特性。

认识等高线的特性有助于正确勾绘等高线和使用地形图。等高线主要有以下特性：

a. 同一条等高线上各点高程相等。

b. 等高线是闭合曲线，除遇其他符号或注记外，不能中断（间曲线和助曲线除外）。

c. 当等高距相同时，等高线越稀，地面坡度越缓；等高线越密，地面坡度越陡。

d. 等高线经过山脊和山谷时，转弯处的顶点必在山脊和山谷线上。

e. 等高线与等高线不能相交。

f. 通过河流的等高线不会直接横穿河谷，而应逐渐向上游交河岸线而中断，并保持与河流岸线成正交，然后向彼岸折向下游。

（2）特殊地貌的表示。

由于特殊的地质和气候条件或因地壳变动、人工改造而形成的局部地区特殊的地表形态如陡崖、冲沟等，在地形图上不能用等高线表示时，可用专门的地貌符号表示，如图 7.1.13 所示。

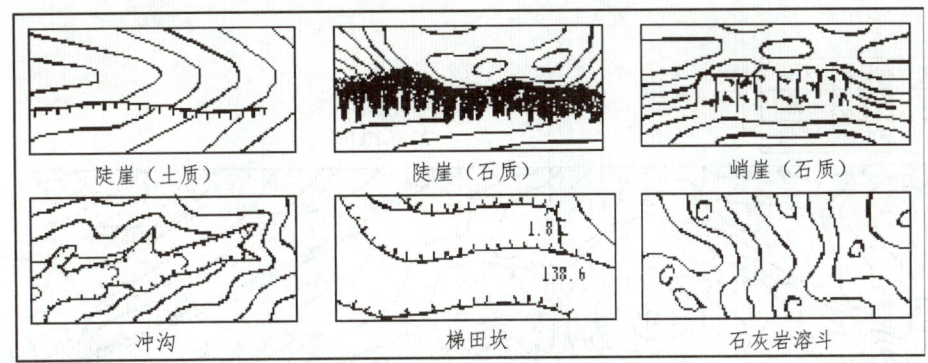

图 7.1.13　特殊地貌的表示

① 陡崖。

陡崖是指坡度在 70°以上的陡壁，有土质和石质两种，分别用相应符号表示。陡崖符号的基线应定位在陡壁的上缘，短线指向坡降方向。

② 冲沟。

冲沟是由暂时性流水侵蚀而成的壁陡底窄的沟壑，我国黄土地区最为常见。当图上宽度小于 0.5 mm 时，用中间粗、两头尖的单线符号表示；宽度 0.5～2 mm 的用双线依比例表示；宽度 2～5 mm 的，沟壁用陡坎符号表示；宽度大于 5 mm 时，应在沟壁内加绘沟底等高线。

③ 梯田坎。

梯田坎是依山坡由人工修成的阶梯状农田陡坎。坎高 0.5 m 以上的在大比例尺图上应用陡坎符号表示，并注上坎高。

④ 陡石山。

陡石山岩石裸露的陡峻山岭，表面很少有土壤覆盖，坡度大于 70°的石山，在图上用相应符号表示，并适当标注高程。当石山坡度小于 70°时，用等高线配合陡石山符号表示。

⑤ 石灰岩溶斗。

石灰岩溶斗是石灰岩地区受水的溶蚀或岩层崩塌作用形成的洞穴，面积小的用相应符号表示，面积大的按实际情况用陡崖符号和等高线配合表示。

3. 注记符号

地物和地貌符号只能表示各类地物和地貌的位置、大小及形态，但不能反映其名称、属性、高度等特征，因此必须用文字和数字对这些特征加以说明。这些在地形图上起补充和说明作用的文字和数字称为地形图注记，如居民地名称、道路名称、植被种类、河流的流速、等高线的高程等。在各种比例尺的《地形图图式》中，对各种地形图注记的字体、字号大小及其使用均作了明确的规定。

7.1.3 地形图的图廓外注记

在地形图的图框外标绘有许多注记和图表,如图 7.1.14 所示,它们是地形图上必不可少的内容。

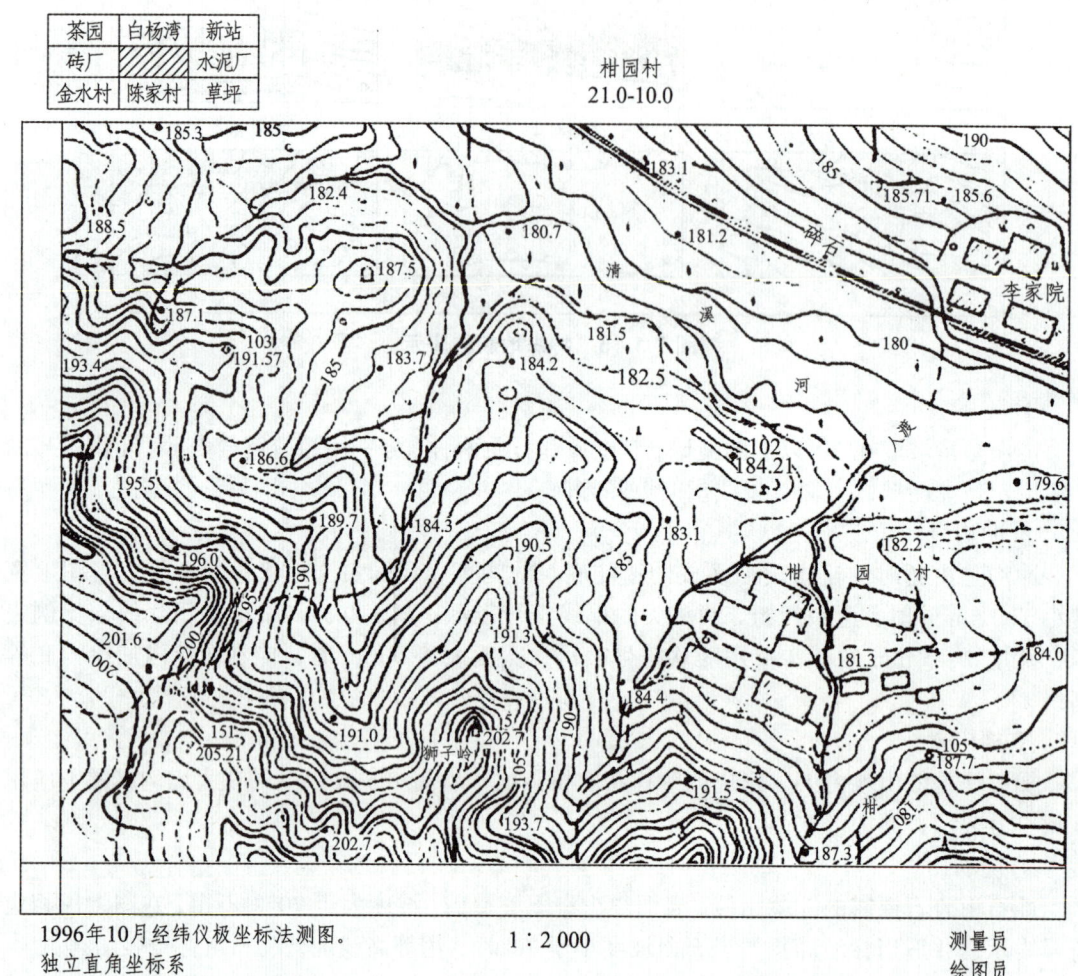

图 7.1.14 地形图图廓和图廓外注记

1. 图 廓

地形图的图廓分内图廓和外图廓。

内图廓是图幅范围的边界线。由经纬线分幅的国家基本比例尺地形图,其内图廓是经线和纬线,在内图廓的四角注有该图廓点的经纬度。矩形图幅的内图廓线由纵横坐标线构成,其四角注有该图廓点的平面直角坐标值。

外图廓是绘制在内图廓外边的加粗线,它把图廓线内外的内容分开并起到装饰作用。由经纬线分幅的地形图,在内外图廓之间还绘有分度尺。分度尺是经纬线图廓的加密分划,它是将图廓四边的经纬线长度分别按 1′的经差和纬差进行划分并用单双线或黑白相间线段绘出。利用分度尺可构成经纬线格网,借助格网可以更方便、更精确地量算出图内任一点的大地坐标。

2. 图名和图号

图名和图号标注于北图廓外的中央。图名是本幅图的名称,一般用图内最著名或重要的地名命名。图号就是图的编号,注在图名的下面。在地形图的图号下面还注有本图幅范围所属的行政区划名。

3. 接图表

在图廓外左上角绘有接图表,中央阴影部分为本幅图,四周为相邻图幅的位置和图名。为了便于查找相邻图幅,有些地形图还在四条图廓边的中部注有相邻图幅的图号,即接合图号。

4. 各种说明

(1)平面直角坐标网。

图内由相互垂直的两组直线所组成的方格网就是高斯平面直角坐标格网,在内、外图廓之间注有每条坐标格网线的纵横坐标值。根据坐标格网及其坐标值,可以确定图上任一点的高斯平面直角坐标。

在高斯投影中,相邻投影带的中央子午线不平行,以致两相邻投影带的纵横坐标线均斜交成一夹角。为了用图、拼图方便,规定我国基本比例尺地形图中位于投影带边缘相邻投影带重叠区内的图幅,在外图廓的外侧用短线绘制出邻带坐标格网,并注出其坐标值。

(2)比例尺。

在南图廓线的下方中央,绘有直线比例尺和数字比例尺,用于图上量算距离。

(3)坡度尺。

有些比例尺地形图,在比例尺的左侧绘有坡度尺,如图 7.1.15 所示,坡度尺的纵线表示等高线间的平距,横线自左向右注有 1°~30°的地面坡度,用来量取相邻 2 条或 6 条等高线之间的坡度。利用坡度尺在图上求坡度的方法是,用尺子在图上量取所要求的等高线之间的平距,然后在相应的坡度尺的纵线上找出同高的位置,在横线上读出坡度值。

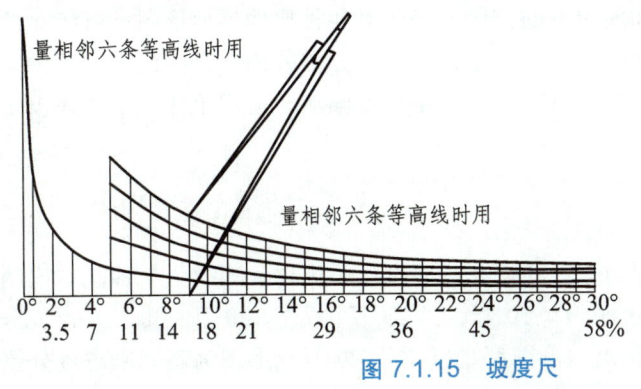

图 7.1.15 坡度尺

（4）三北方向图。

在南图廓线的右下方，绘有表示真子午线、磁子午线和坐标纵线（中央子午线）之间角度关系的三北方向图，如图7.1.16所示。

我国基本比例尺地形图中的东西内图廓线以及南、北分度尺对应端点所连成的线都是真子午线，真子午线可用来标定地图的真北方向。

在南北内图廓线上标有磁北点 P' 和磁南点 P，其连线表示该图幅范围内的平均磁子午线方向。

内图廓中平面直角坐标格网的纵线就是坐标纵线，它们平行于本图幅投影带的中央子午线，纵坐标值递增的方向就是坐标北方向（北半球）。

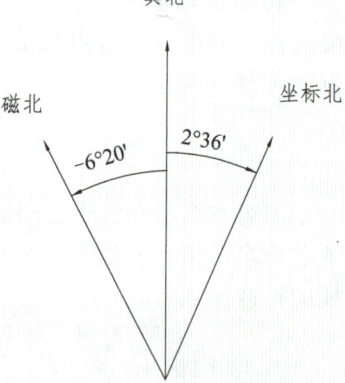

图7.1.16 三北方向图

三北方向中两两之间的夹角有坐标纵线偏角（子午线收敛角）、磁偏角和磁坐偏角。偏角均有正有负。常用的子午线收敛角和磁偏角均是以中央子午线为标准线，东偏为正，西偏为负。处于投影带中央子午线以东区域的子午线收敛角均是东偏，角值为正；以西区域均是西偏，角值为负。6°带的子午线收敛角最大值约为±3°。在我国范围内，磁偏角一般都是西偏，只有在发生磁力异常的地区才会出现东偏。

（5）坐标系统和高程系统。

在外图廓的左下角注有本图幅所采用的坐标系统和高程系统。我国基本比例尺地形图1980年前一直采用"1954年北京坐标系"和"1956年黄海高程系"，以后改用"1980年（西安）大地坐标系"和"1985年国家高程基准"。其他地形图也有采用城市坐标系、独立平面直角坐标系及独立高程系的情况。

（6）成图方法。

在外图廓的右下角注有本图的成图方法。一般分航测成图、经纬仪测图和数字化测图。

（7）其他。

除以上内容外，图上还标注有制图所依据的图式、测图单位、成图日期、出版日期、等高距及地形图的密级等。

7.1.4 地形图的分幅与编号

为了地形图的生产、管理和使用上的方便，必须对各种比例尺地形图进行统一的分幅和编号。地形图的分幅方法分为两大类：一类是按经纬线分幅的梯形分幅法，用于国家基本比例尺地形图的分幅；另一类是按坐标格网分幅的矩形分幅法，适用于各种工程建设中的大比例尺地形图的分幅。

1. 国际分幅与编号

为适应我国政治、经济和国防建设的需要，国家统一规划、测制了7种基本比例尺地形图，它们的比例尺分别是1∶100万、1∶50万、1∶25万（或1∶20万）、1∶10万、1∶5万、1∶2.5万、1∶1万。各基本比例尺地形图都是以1∶100万地形图为基础来进行分幅与编号的。根据时期的不同（以 1993 年 3 月为界），国家基本比例尺地形图又有老的和新的两种分幅与编号方法。

（1）国家基本比例尺地形图的分幅与编号。

① 1∶100 万比例尺地形图的分幅与编号。

为了使全球地形图统一，在 20 世纪初国际地理学会上通过了将 1∶100 万地形图作为国际性地图的决议，并对该图的规格、投影、表示方法、内容选择等作了一系列的规定，1∶100 万地形图也被称为国际地图。

1∶100 万地形图的标准分幅是经差 6°，纬差 4°；由于随着纬度的增大，地图面积逐渐缩小，所以，规定在纬度 60°和 76°之间双幅合并，即每幅图经差 12°，纬差 4°；在纬度 76°和 88°之间由四幅合并，即每幅图经差 24°，纬差 4°；纬度 88°以上单独为一幅。我国处于纬度 60°以下，故没有合幅的情况。

如图 7.1.17 所示，从赤道起，每隔纬差 4°为一列，至北（南）纬 88°，分为 22 横列，依次用英文字母 A，B，…，V 表示相应的列号，列号前分别加 N 或 S，以区别北半球和南半球。从 180°经线起，自西向东每隔经差 6°为一行，将全球分为 60 纵行，依次用 1，2，…，60 来

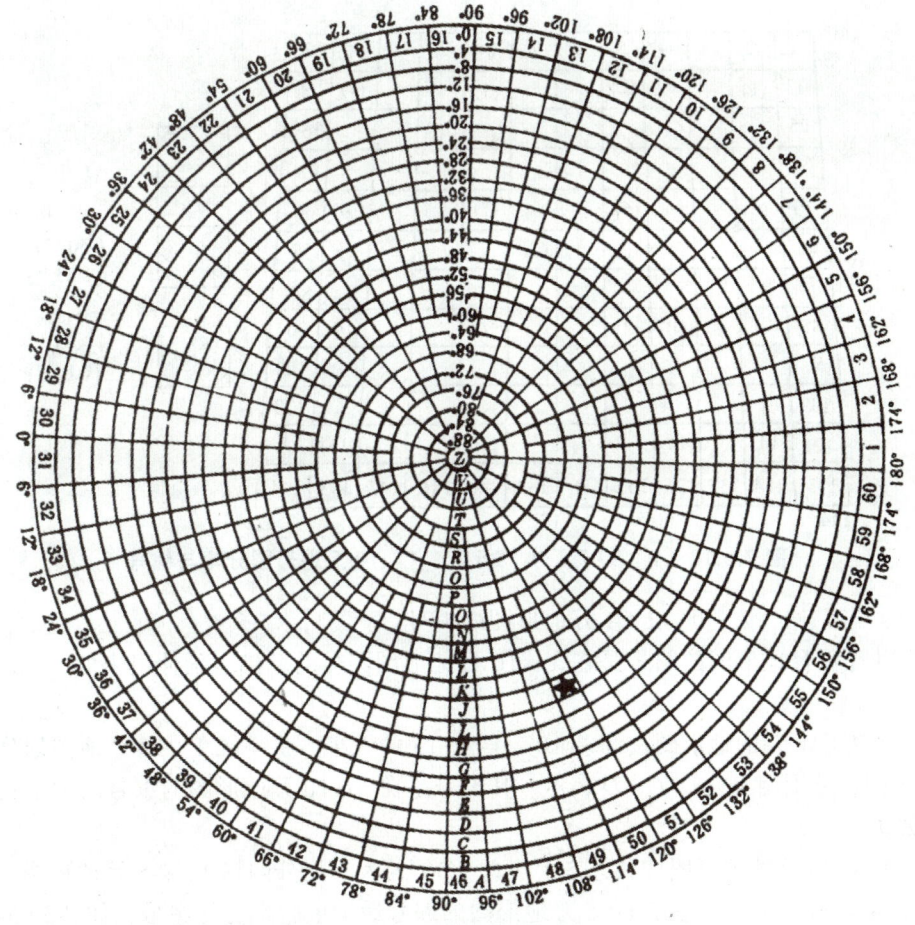

图 7.1.17 国际 1∶100 万地形图分幅与编号

表示。地形图图号采用行列式编号，即"列号—行号"。例如某地的经度为东经 117°54′18″，纬度为北纬 39°56′12″，则其所在的 1∶100 万比例尺图的图号为 J-50（因我国地处北半球，图号前的 N 可以省略）。高纬度的双幅、四幅合并时，图号也合并写出，如 NP—35，36；NT—37，38，39，40。

② 1∶50 万、1∶25 万、1∶10 万地形图的编号。

这三种地形图的编号都是在 1∶100 万地形图图号后分别加上自己的代号组成的，如图 7.1.18 所示。

一幅 1∶100 万地图按纬差 2°、经差 3°划分为四幅 1∶50 万地图，分别用 A、B、C、D 表示，其编号是在 1∶100 万地形图的编号后加上它本身的序号，例如 J-50-A。

一幅 1∶100 万地图按纬差 1°、经差 1°30′划分为 16 幅 1∶25 万地图，分别用带括号的数字（1）～（16）表示，其编号是在 1∶100 万地形图的编号后加上它本身的序号，如 J-50-（2）。

一幅 1∶100 万地图按纬差 20′、经差 30′划分 144 幅 1∶10 万地图，分别用数字 1～144 表示，其编号是在 1∶100 万地形图的编号后加上它本身的序号，如 J-50-5。

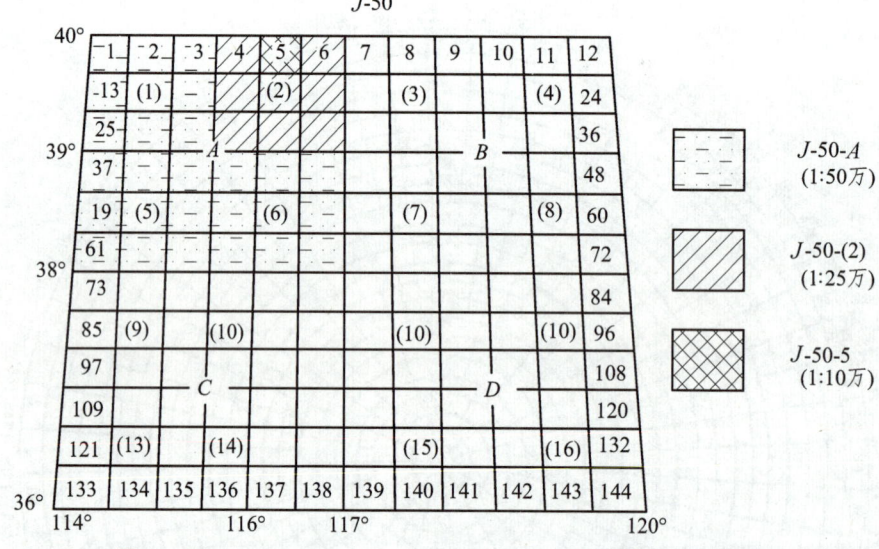

图 7.1.18　1∶50 万、1∶25 万、1∶10 万地形图分幅与编号

③ 1∶5 万、1∶2.5 万、1∶1 万地形图的编号。

这三种比例尺地形图的图号是在 1∶10 万地形图图号的基础上延伸出来的，如图 7.1.19 所示。

将一幅 1∶10 万的地形图按纬差 10′、经差 15′的大小，将一幅 1∶10 万地图划分为四幅 1∶5 万地图，分别用 A、B、C、D 表示，其编号是在 1∶10 万地形图的编号后加上它本身的序号，如 J-50-5-B。

将一幅 1∶5 万的地形图按纬差 5′、经差 7′30″的大小划分四幅 1∶2.5 万地形图，分别用 1、2、3、4 表示，其编号是在 1∶5 万地形图的编号后加上它本身的序号，如 J-50-5-B-4。

1∶1 万地形图的编号，是以一幅 1∶10 万地形图按纬差 2′30″、经差 3′45″的大小划分为八行八列 64 幅 1∶1 万地形图，分别以带括号的（1）～（64）表示，其编号是在 1∶10 万图号后加上 1∶1 万地图的序号，如 J-50-5-（24）。

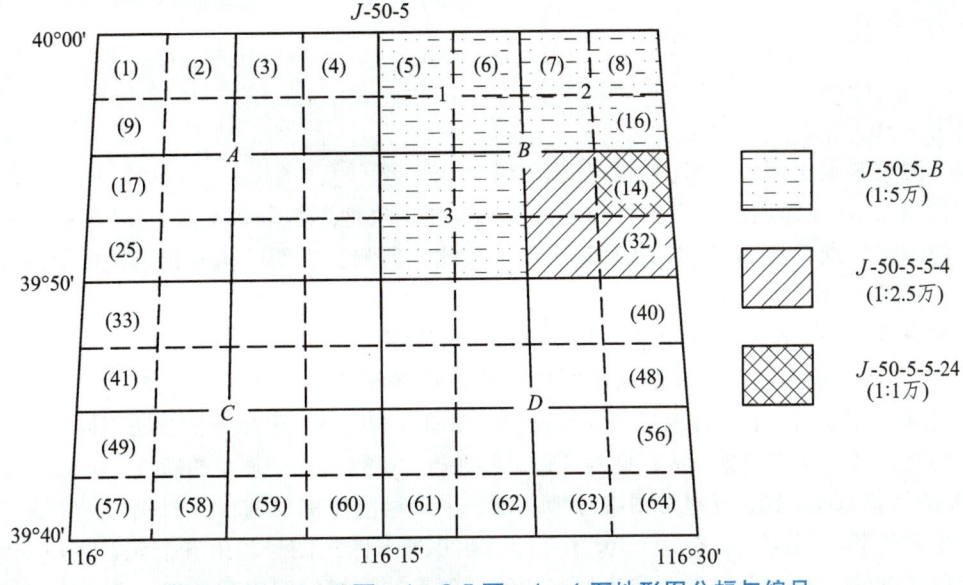

图 7.1.19 1∶5 万、1∶2.5 万、1∶1 万地形图分幅与编号

④ 1∶5 000 比例尺地形图的分幅与编号。

1∶5 000 地形图的分幅与编号是在 1∶1 万地形图的基础上进行的，如图 7.1.20 所示。

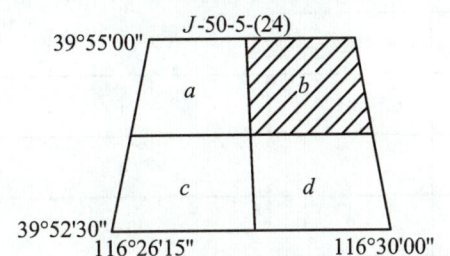

图 7.1.20 1∶5 000 地形图的分幅与编号

每幅 1∶1 万地形图分成四幅 1∶5 000 地形图，用 a、b、c、d 表示，其纬差是 1′15″，经差是 1′52.5″。1∶5 000 地形图的编号，是在 1∶1 万地形图的编号后加上自身的代号。北京某点所在的 1∶5 000 地形图的编号为 J-50-5-（24）-b。

表 7.1.2 为老的国家基本比例尺地形图分幅与编号一览表，在 20 世纪 50 年代~20 世纪 90 年代期间，我国出版的基本比例尺地形图都采用这种分幅和编号。

如果已知某地的经纬度，要求该地所在图幅的编号，可用图解法或计算法求得。

【例 1】已知某地的经度为 117°54′18″（E），纬度为 39°56′12″（N），试求该地所在国际地图的编号。

a. 图解法。

直接在图 7.1.17 中根据经度查得该地所在的行号为 50，根据纬度查得该地所在的列号为 J，地所在国际地图的编号为 J-50。

b. 计算法。

$$纵行号 = \left(\frac{117°54'18''}{6°}\right)(取整) + 31 = 50$$

$$横列号 = \left(\frac{39°56'12''}{4°}\right)(取整) + 1 = 10 \qquad (10对应J)$$

编号仍为 J-50。

（2）国家基本比例尺地形图新的分幅与编号。

2012年6月我国颁布了新制订的《国家基本比例尺地形图分幅和编号》（GB/T 13989—2012）的国家标准，自2012年10月起实行。从此，新测和更新的基本比例尺地形图，均须按照新的标准进行分幅和编号。

新的分幅编号标准与老（见表7.1.3）的相比有以下不同：

① 1∶5 000地形图被列入国家基本比例尺地形图系列。

② 分幅虽仍以1∶100万地形图为基础，经纬差没有改变，但划分的方法不同，即全部由1∶100万地图逐次加密划分而成；此外，过去的纵行、横列改成了现在的横行、纵列。

③ 编号仍以1∶100万地形图编号为基础，下接相应比例尺的行、列代码所构成，并增加了比例尺代码。因此，所有1∶50万~1∶5 000地形图的图号均由五个元素10位代码组成。编码系列统一为一个根部，编码长度相同，便于计算机的识别和处理。

表7.1.3 国家基本比例尺地形图的分幅与编号（老）

地形图比例尺	图幅大小		在一幅1∶100万地形图中的幅数	某地所在图幅的编号示例
	经差	纬差		
1∶100万	6°	4°	1	J-50
1∶50万	3°	2°	4	J-50-A
1∶25万	1°30′	1°	16	J-50-（2）
1∶10万	30′	20′	144	J-50-5
1∶5万	15′	10′	在一幅1∶10万地形图中的幅数 4	J-50-5-B
1∶2.5万	7′30″	5′	在一幅1∶5万地形图中的幅数 4	J-50-5-B-4
1∶1万	3′45″	2′30″	在一幅1∶10万地形图中的幅数 64	J-50-5-B-（24）

以1∶100万地形图为基础，用新的分幅标准按各种基本比例尺地形图的经纬差划分的图幅，其行列数和图幅数成简单的倍数关系，见表7.1.4。

新的1∶100万地形图的编号是由该图所在的行号（字符码）和列号（数字码）组合而成，如成都所在的1∶100万地形图图号为J50。

表 7.1.4 国家基本比例尺地形图的分幅与编号（新）

比例尺		1:100万	1:50万	1:25万	1:10万	1:5万	1:2.5万	1:1万	1:5 000
图幅范围	经差	6°	3°	1°30′	30′	15′	7′30″	3′45″	1′52.5″
	纬差	4°	2°	1°	20′	10′	5′	2′30″	1′15″
行列数量关系	行数	1	2	4	12	24	48	96	192
	列数	1	2	4	12	24	48	96	192
图幅数量关系		1	4	16	144	576	2304	9216	36864
			1	4	36	144	576	2304	9216
				1	9	36	144	576	2304
					1	4	36	144	576
						1	4	36	144
							1	4	36
								1	4
									1

1:50万~1:5千地形图编号均是在 1:100 万地形图图号的基础上采用行列式的编号方法。将 1:100 万地形图按所含各比例尺地形图的经差和纬差划分成若干行和列，行从上到下、列从左到右按顺序分别用阿拉伯数字（数字码）编号，如图 7.1.21 所示。图幅编号的行、列代码均采用三位十进制数字表示，不足三位时前面加 0，取行号在前、列号在后的排列形式标记，加在所在的 1:100 万地形图的图号之后。

为了使各种比例尺不致混淆，分别用不同的英文字母作为各种比例尺的代码，其规定见表 7.1.5。

表 7.1.5 国家基本比例尺地形图的比例尺代码

比例尺	1:50万	1:25万	1:10万	1:5万	1:2.5万	1:1万	1:5 000
代码	B	C	D	E	F	G	H

这样，1:50万~1:5 000 比例尺地形图的图号就由五个元素 10 位码构成，其形式如图 7.1.22 所示。

【例 2】在 1:100 万地形图 *J50* 中

西北角的 1:50 万地形图图号为：*J50B001001*

西南角的 1:10 万地形图图号为：*J50D012001*

东北角的 1:2.5 万地形图图号为：*J50F001048*

东南角的 1:5 000 地形图图号为：*J50H192192*

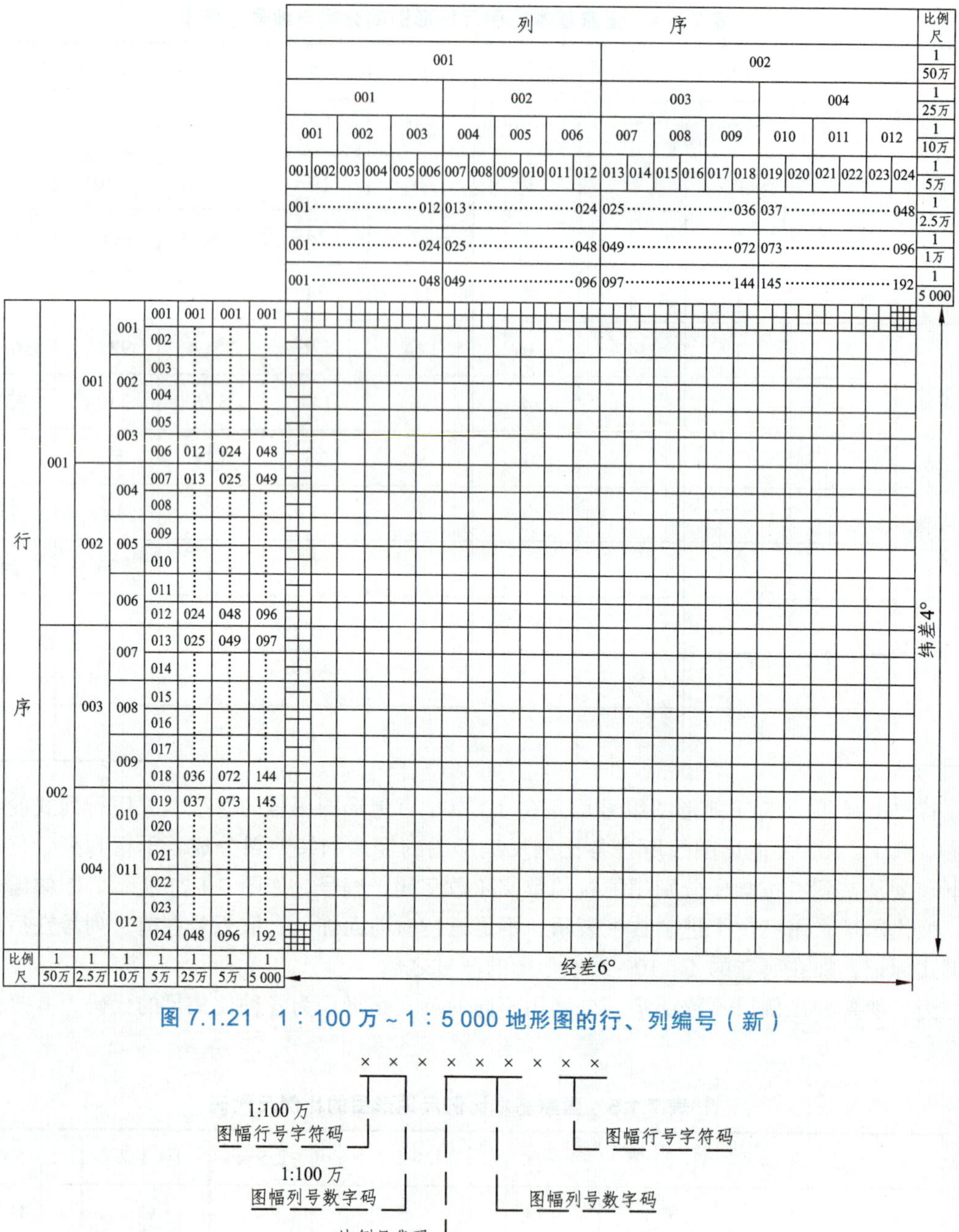

图 7.1.21 1：100 万～1：5 000 地形图的行、列编号（新）

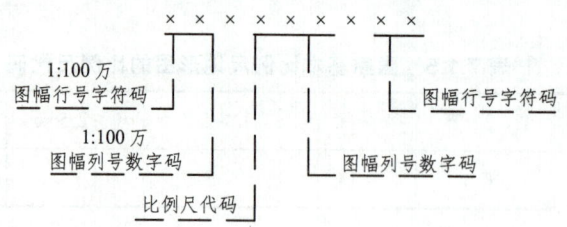

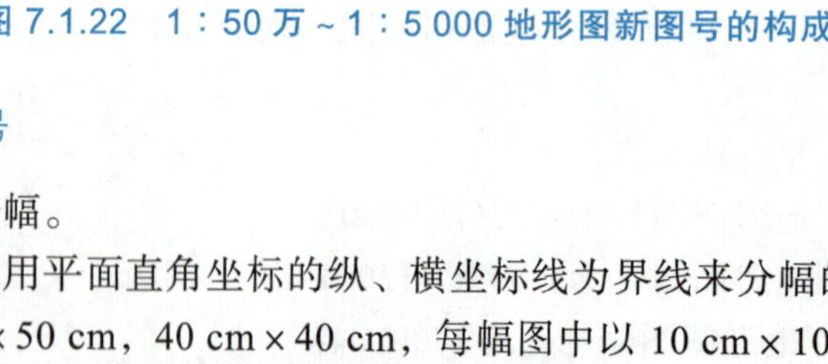

图 7.1.22 1：50 万～1：5 000 地形图新图号的构成

2. 矩形分幅与编号

（1）矩形图幅的分幅。

大比例尺地形图采用平面直角坐标的纵、横坐标线为界线来分幅的，图幅的大小通常为 50 cm×50 cm、40 cm×50 cm、40 cm×40 cm，每幅图中以 10 cm×10 cm 为基本方格。一般规定：对 1：5 000 的地形图，采用纵、横各 40 cm 的图幅；对 1：2 000、1：1 000 和 1：500

的地形图,采用纵、横各 50 cm 的图幅。以上分幅称为正方形分幅。也可以采用纵距 40 cm、横距 50 cm 的分幅,称为矩形分幅。图幅大小如表 7.1.6 所示。

表 7.1.6 矩形图幅的分幅及面积

比 例 尺	图幅大小/cm²	实地面积/km²	格网线间隔/cm	1/km² 所含图幅数
1∶5 000	40×40	4	10	1/4
1∶2 000	50×50	1	10	1
1∶1 000	50×50	0.25	10	4
1∶500	50×50	0.062 5	10	16
1∶200	50×50	0.01	10	100

(2)矩形图幅的编号。

正方形图幅号按坐标编号方法常见的有坐标编号法、数字顺序编号法、基本图号逐次编号法三种。

① 坐标编号法。

当测区坐标已和国家控制点联测时,矩形图幅的编号可由下列两部分组成:

a. 以图幅所在投影带的中央子午线经度 + 图幅西南角的纵横坐标值(以 km 为单位)组成。例如编号"117°-38100-430",即表示该图幅所在投影带的中央子午线经度为 117°,图幅西南角坐标 X = 3 810 km,Y = 43 km,图 7.1.23 为 1∶5 000 地形图图幅号。

b. 图幅西南角坐标编号法。

以每幅图的图幅西南角坐标值 X、Y 的公里数作为图幅的编号,图 7.1.24 为 1∶1 000 比例尺的地形图,按图幅西南角坐标编号法分幅,其中画阴影线的两幅图的编号分别为 3.0-1.5、2.5-2.5。

这种方法的编号和测区的坐标值联系在一起,便于按坐标查找。

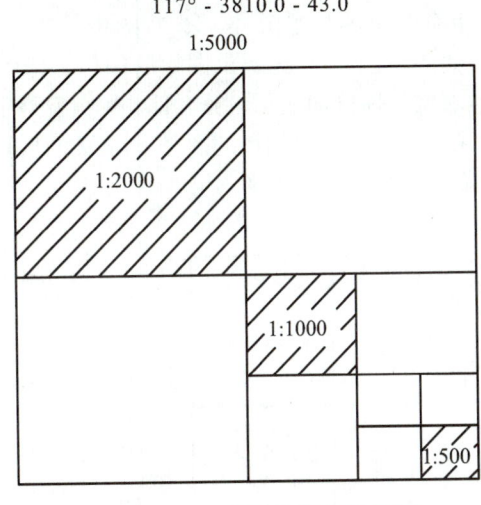

图 7.1.23 正方形分幅与编号图

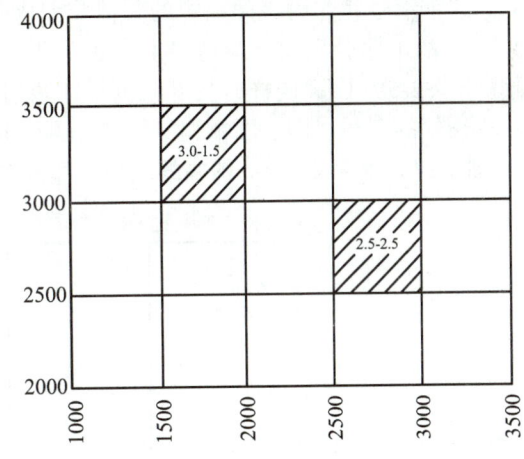

图 7.1.24 图幅西南角坐标编号法分幅

② 顺序编号法。

对于小面积测区,可按数字、字母或两者相结合的方法顺序进行编号。一般有两种形式:

流水编号法,即在整个测区内按从上到下、从左到右的顺序,按阿拉伯数字进行编号,见图 7.1.25(a);行列式编号法,是将测区内所有的图幅,以英文字母为行号,以阿拉伯数字为列号,以图幅所在行的英文字母与所在列的阿拉伯数字组成本幅图的编号,见图 7.1.25(b)。

(a)流水编号法

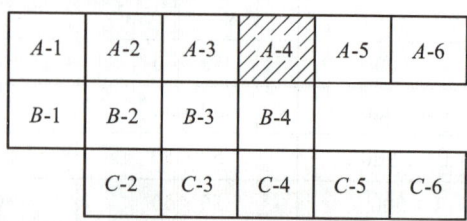
(b)行列式编号法

图 7.1.25　顺序编号法

③ 基本图号逐次编号法。

1:5 000~1:500 比例尺地形图采用正方形分幅时,1:5 000 图幅大小为 40 cm×40 cm,其他比例尺图幅大小则为 50 cm×50 cm。如图 7.1.26 所示,其编号方法如下:

以 1:5 000 比例尺图的图幅西南角之坐标数字(用阿拉伯数字,以 km 为单位)作为它的图号,并且作为包括于本图幅中 1:2 000~1:500 比例尺图的基本图号。

1:2 000 比例尺图的图号是在 1:5 000 比例尺图的基本图号末尾,附加一个罗马数字Ⅰ、Ⅱ、Ⅲ、Ⅳ为子号形成。

1:1 000 比例尺图的图号是在 1:2 000 比例尺图的基本图号末尾,附加一个罗马数字Ⅰ、Ⅱ、Ⅲ、Ⅳ为子号形成。

1:500 比例尺图的图号是在 1:1 000 比例尺图的基本图号末尾,附加一个罗马数字Ⅰ、Ⅱ、Ⅲ、Ⅳ为子号形成。

例如,某 1:5000 图幅西南角的坐标值($X=32$ km,$Y=56$ km),则其图幅编号为"32-56"。这个图号将作为该图幅中的其他较大比例尺所有图幅的基本图号。图 7-26 中,在 1:5 000 图号的末尾分别加上罗马字Ⅰ、Ⅱ、Ⅲ、Ⅳ,就是 1:2 000 比例尺图幅的编号,即甲图幅编号"32-56-Ⅰ"。同样,在 1:2 000 图幅编号的末尾分别再加上Ⅰ、Ⅱ、Ⅲ、Ⅳ,就是 1:1 000 图幅的编号,即乙图幅编号"32-56-Ⅳ-Ⅱ"。在 1:1 000 比例尺的图号末尾再加上Ⅰ、Ⅱ、Ⅲ、Ⅳ,就是 1:500 图幅的编号。即丙图幅编号"32-56-Ⅳ-Ⅲ-Ⅲ"。

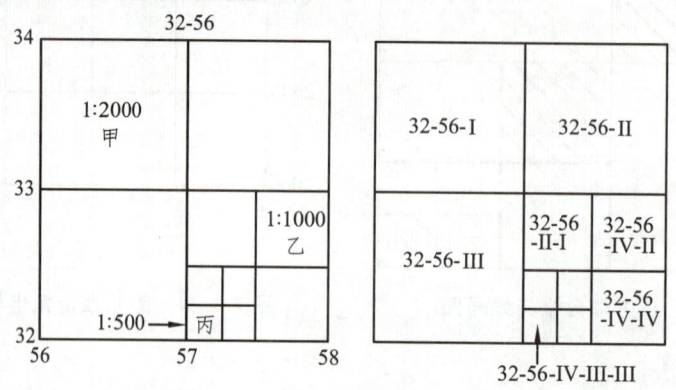

图 7.1.26　基本图号逐次编号法

这种方法的编号也能将测区的坐标值联系在一起，便于按坐标查找。

任务 7.2　大比例尺地形图的测绘

7.2.1　测图前的准备工作

1. 收集资料

测图前应收集有关测区的自然地理和交通情况资料，了解对所测地形图的专业要求，抄录测区内各级平面和高程控制点的成果资料；对抄录的各种成果资料应仔细核对，确认无误后，方可使用。测图前还应取得有关测量规范、图式等。

2. 仪器工具的准备

施测方案确定后，应根据测图方法准备测量仪器、工具和所需材料物品，并配备技术人员，对主要的仪器应进行检验和校正。

3. 图纸的准备

过去是将高质量的绘图纸裱糊在胶合板或铝板上，以备测图之用。目前，常规模拟测图所用的图纸一般为毛面聚酯薄膜，厚度为 0.07~0.1 mm，经过热定型处理、变形率小于 0.2‰，这种材料的优点是透明度好，伸缩性小，坚韧耐湿，可直接在图上着墨清绘，然后直接晒兰或制版印刷；其缺点是易燃、易折和易老化，所以在使用和保管中应注意防火和防折。

为了测绘、保管和使用方便，大比例尺地形图的图幅尺寸一般规定为 50 cm×50 cm、40 cm×50 cm 或 40 cm×40 cm 三种，可根据测区情况选择所需的图幅尺寸。

4. 绘制坐标方格网

为了将控制点准确地展绘在图纸上，也为了便于在地形图上进行距离量算，大比例尺地形图需要预先在图纸上绘制出直角坐标格网，又称为方格网，每个方格为 10 cm×10 cm。目前，在市面上可以买到印制好坐标格网的聚酯薄膜图纸，也可用下述方法自己绘制。

绘制坐标格网的方法因所使用的工具不同而有很多种，这里介绍对角线法。

如图 7.2.1 所示，在图纸上沿图纸对角线方向用一支约 1 m 长的直尺和铅笔轻轻地画出两条对角线并交于 O 点，以 O 为起点，以大约等于所绘图廓对角线 1/2 的长度在对角线上截取线段 OA、OB、OC、OD，用直线连接 $ABCD$ 四点得到矩形框；分别从 A、D 两点起沿 AB 和 DC 边向上每隔 10 cm 截取线段得到分点 1、2、3、4、5；再从 A、B 两点起沿 AD 和

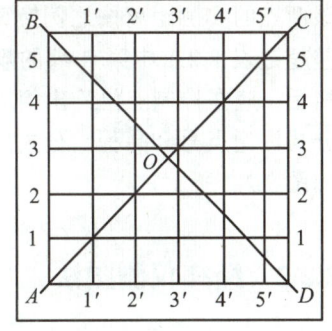

图 7.2.1　对角线法绘制方格网

BC 边分别向右每隔 10 cm 截取线段得到分点 1′、2′、3′、4′、5′。将上下和左右相应的同名分点连接起来，便构成了图纸上的方格网。

方格网绘好之后，必须严格地检查其绘制精度，检查的内容和限差规定见表 7.2.1。

当 1、2、3 项检查均合格之后，将对角线和多余的图形部分擦去，根据测图比例尺在纵横坐标线旁注记坐标值，即得到该图幅的内图廓和直角坐标格网。在市面上购买的现成坐标格网聚酯薄膜图纸也应作 1、2、3 项的检查。

表 7.2.1 方格网展绘的检查内容与限差

序号	图廓和坐标格网的检查内容	限差值（图上 mm）
1	内图廓边、图廓对角线的图上长度与理论长度之差	≤0.3
2	坐标格网边长与理论长度之差	≤0.2
3	坐标格网交点位于同一直线上的偏差	≤0.2
4	控制点间图上长度与其坐标反算长度之差	≤0.3
5	控制点的刺点孔径和坐标格网线粗	≤0.1

5. 展绘控制点

展绘控制点就是根据控制点的坐标值，确定并标注出该点在图纸上的位置。

例如，现要将控制点 A（548.06，636.78）展绘到测图比例尺为 1:1 000 的图纸上，其方法如下：

首先根据 A 点的坐标值找出它所在的方格 $klmn$（$x = 500 \sim 600$，$y = 600 \sim 700$），并用 A 点的坐标减去该方格的西南角 k 点的坐标，求出坐标差值 Δx 和 Δy：

$$\begin{cases} \Delta x = x_A - 500 = 548.06 - 500 = 48.06 \text{ m} \\ \Delta y = y_A - 600 = 636.78 - 600 = 36.78 \text{ m} \end{cases}$$

根据测图比例尺求出 Δx 和 Δy 的图上长度为 48.1 mm 和 36.8 mm；分别从 k 点和 n 点向上量取 48.1 mm 得到 a、b 两点，再从 k 点和 l 点向右量取 36.8 mm 得到 c、d 两点；连接 ab 和 cd，两线交点即为 A 点在图纸上的位置。

控制点展好后，应检查相邻控制点之间的长度是否与该两点的实测距离按比例换算后的图上长度相等，如果误差超过表 7.2.1 中第 4 项的规定，则应重新展绘。展绘合格后，应在控制点位绘出相应的控制点符号，并在旁边用分式注记点号和高程，分式的分子为点号、分母为高程，如图 7.2.2 所示。

7.2.2 经纬仪测图法

地形图测绘的目的就是将地面上的地物和地貌经测量后按一定的比例表示在图纸上。这个工作过程包括两个环节：第一，碎部测量，即测定地

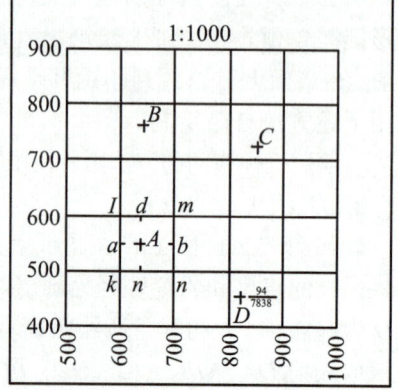

图 7.2.2 控制点展绘

物、地貌特征点（又称碎部点）的平面位置和高程；第二，根据这些碎部点，对照实地情况，用相应的符号在图上描绘出各种地物和地貌。在实际操作过程中，这两个环节是相互配合交叉进行的。下面仅以经纬仪测图法为例，对碎部测量作一简述。

1. 测站的设置和检查

测绘地形图的方法有白纸测图（手工测图）和数字化测图两种。白纸测图方法包括经纬仪测绘法、大平板仪法、小平板仪与经纬仪联合测绘法等。数字化测图包括利用全站仪或 RTK 采集数据的全野外数字化测图、航测与遥感测量以及老图数字化。本节讲授经纬仪测绘法。

经纬仪测绘法的实质是按极坐标定点进行测图，观测时先将经纬仪安置在测站上，绘图板安置于测站旁，用经纬仪测定碎部点的方向与已知方向之间的夹角、测站点至碎部点的距离和碎部点的高程；然后根据测定数据用量角器和比例尺把碎部点的位置展绘在图纸上，并在点的右侧注明其高程，再对照实地描绘地形。此法操作简单、灵活，适用于各类地区的地形图测绘。

具体操作步骤如下：

（1）安置仪器：如图 7.2.3 所示，安置仪器于测站点（控制点）A 上，量取仪器高 i，填入手簿（见表 7.2.2）。

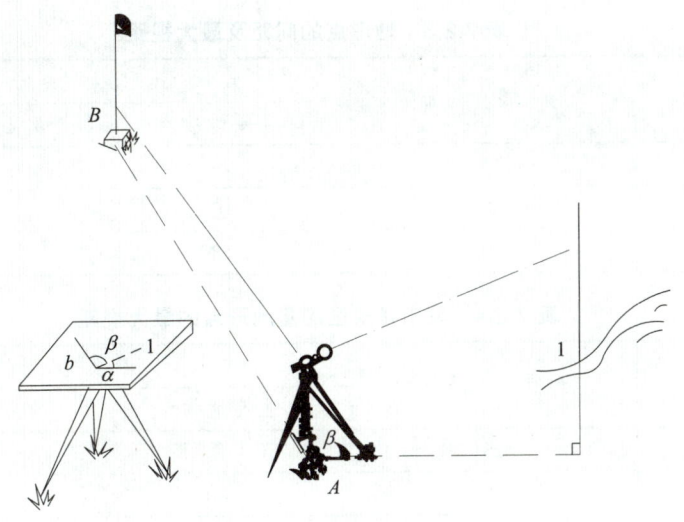

图 7.2.3　经纬仪测绘法

表 7.2.2　碎部测量记录手簿

碎部测量记录手簿									
测站：A	后视点：B	仪器高 $I_A=1.46$ m			测站高程 $H_A=56.43$ m			日期：	年　月　日	
点号	视距 kl/m	中丝读数 v/m	水平角 β/(° ′)	竖盘读数 L/(° ′)	竖直角 δ/(° ′)	水平距离 D/m	高差 h/m	高程 H/m	备注
1	28.1	1.460	102°00′	93°28′	−3°28′	28.00	−1.70	54.73	山脚
2	41.4	1.460	129°25′	74°26′	15°34′	38.42	10.70	67.13	山顶
…	…	…	…	…	…	…	…	…	…
50	37.8	2.460	286°35′	91°14′	−1°14′	37.78	−1.81	54.62	电杆

（2）定向：后视另一控制点 B，置水平度盘读数为 $0°00'00''$。

2. 碎部点的选择

测站点是碎部测量过程中安置仪器的点位，应尽量利用各级控制点作为测站点，并注意与周围待测绘地物地貌的通视情况。如果测区地物密集或地形复杂，原有的控制点不能满足碎部测量的需要时，可用支导线法、交会法等加密控制点。

测站点选好后，全组人员应先观察测站周围地物、地貌的分布情况，决定跑尺路线和联络方式等，使全组人员心中有数，工作有序。

在碎部点测量中，需要跑尺员在地物、地貌特征点上竖立标尺以便进行观测，所以碎部点也被称为立尺点。跑尺员应按预定路线去碎部点立尺。测定地物时，其立尺点应选在地物轮廓线的转折、弯曲等变化处及地物的交叉、交汇点，如房角、农田边界转折点、河流、道路、管线等的交汇点及转折点。地貌的测绘，其立尺点应选在地性线上以及能反映地貌基本形态的特征点上，如山脊线、山谷线、山脚线、山顶、谷口、鞍部、坡度变换点和方向变换点等。

为了能真实地表示实地情况，在地面平坦或坡度无显著变化地区，碎部点（地形点）的间距和测碎部点的最大视距，应符合表7.2.3的规定。城市建筑区的最大视距，应符合表7.2.4的规定。

表7.2.3　地形点的间距及最大视距

测图比例尺	地形点最大间距/m	最大视距/m	
		主要地物点	次要地物点和地形点
1∶500	15	60	100
1∶1 000	30	100	150
1∶2 000	50	180	250

表7.2.4　城市建筑区测量地形点的最大视距

测图比例尺	地形点最大间距/m	最大视距/m	
		主要地物点	次要地物点和地形点
1∶500	15	50（量距）	70
1∶1 000	30	80	120
1∶2 000	50	120	200

在碎部测量中，跑尺是一项很重要的工作。立尺点和跑尺路线的选择对地形图的质量和测图的速度都有直接影响。一般地物点的跑尺最好沿地物轮廓逐点立尺，测完一个地物后再转向另一个地物，以方便绘图。地貌的测绘，在地性线明显的地区，可沿地性线跑尺，如沿山脊线从山顶到山脚，再沿山谷线从谷口到鞍部；在平坦地区，一般常用环形法和迂回路线法来跑尺。

应合理、适当地掌握碎部点的密度，其原则是少而精。应以最少的碎部点，能全面、准确、真实地确定出地物、等高线的位置。

地形测图时，碎部点太多，不仅测图效率不高，同时还影响图面清晰，不便用图；而碎部点过稀，则不能保证测图质量。

对于地物测绘来说，碎部点的数量取决于地物的数量及其形状的繁简程度。对于地貌测绘来说，碎部点的数量，取决于地貌的复杂程度、等高距的大小及测图比例尺等因素。一般在地面坡度平缓处，碎部点可酌量减少，而在地面坡度变化较大，转折较多时，就应适量增多立尺点。在地形破碎地区应适当增加，高程注记点力求在图上分布均匀。

3. 碎部点的观测与记录计算

（1）立尺：立尺员依次将标尺立在地物、地貌特征点上。立标尺前，立尺员应弄清实测范围和实地情况，选定立尺点，并与观测员、绘图员共同商定跑尺路线。

（2）观测：转动照准部，瞄准点1的标尺，读取视距间隔 l，中丝读数 v，竖盘盘左读数 L 及水平角 β。

（3）记录：将测得的视距间隔、中丝读数、竖盘读数及水平角依次填入手簿，如表7.2.2所示。对于有特殊作用的碎部点，如房角、山头、鞍部等，应在备注中加以说明。

（4）计算：先由竖盘读数 L 计算竖直角 $\alpha = 90° - L$，按平距公式 $D = kl\cos^2\alpha$；高差公式 $h = \frac{1}{2}kl\sin 2\alpha + I - v$，分别用计算器计算出碎部点的水平距离和高程。

4. 展绘碎部点

用细针将量角器的圆心插在图纸上测站点 a 处，转动量角器，将量角器上等于 β 角值（碎部点1为102°00′）的刻划线对准起始方向线 ab（见图7.2.4），此时量角器的零方向便是碎部点1的方向；然后用测图比例尺按测得的水平距离在该方向上定出点1的位置，并在点的右侧注明其高程。基本等高距为 0.5 m 时，高程注记至厘米，基本等高距大于 0.5 m 时，高程注记至分米。同法，测出其余各碎部点的平面位置与高程，绘于图上，并随测随绘等高线和地物。

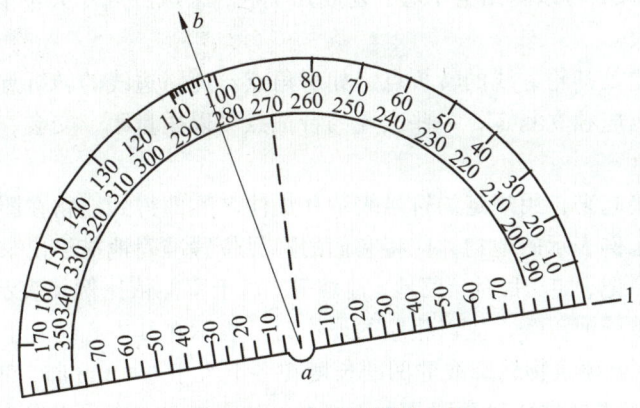

图 7.2.4　地形测量量角器

为了检查测图质量，仪器搬到下一测站时，应先观测前站所测的某些明显碎部点，以检查由两个测站测得该点平面位置和高程是否相符。如相差较大，则应查明原因，纠正错误，再继续进行测绘。

若测区面积较大，可分成若干图幅，分别测绘，最后拼接成全区地形图。为了相邻图幅的拼接，每幅图应测出图廓外 10 mm。

在测图过程中，应注意以下事项：

（1）为方便绘图员工作，观测员在观测时，应先读取水平角，再读取视距尺的三丝读数和竖盘读数；在读取竖盘读数时，要注意检查竖盘指标水准管气泡是否居中。读数时，水平角估读至5′，竖盘读数估读至1′即可。每观测 20~30 个碎部点后，应重新瞄准起始方向检查其变化情况，经纬仪测绘法起始方向水平度盘读数偏差不得超过 3′。

（2）立尺人员在跑点前，应先与观测员和绘图员商定跑尺路线；立尺时，应将标尺竖直，并随时观察立尺点周围情况，弄清碎部点之间的关系，地形复杂时还需绘出草图，以协助绘图人员作好绘图工作。

（3）绘图人员要注意图面正确、整洁，注记清晰，并做到随测点，随展绘，随检查。

（4）当每站工作结束后，应进行检查，在确认地物、地貌无测错或漏测时，方可迁站。

5. 地物地貌的绘制

（1）地物描绘。

地物测绘的质量和速度在很大程度上取决于立尺员能否正确合理地选择地物特征点。在某种意义上说，立尺员起指挥测图的作用。立尺员除须正确选择地物特征点外，还应结合地物分布情况，采用适当的跑尺方法，尽量做到不漏测、不重复。一般应遵循按下述原则：

① 地物较多时，应分类立尺，以免绘图员连错，不应单纯为立尺员方便而随意立尺。例如立尺员可沿道路立尺，测完道路后，再按房屋立尺。当一类地物尚未测完，不应转到另一类地物上去立尺。

② 当地物较少时，可从测站附近开始，由近到远，采用半螺旋形跑尺路线跑尺。待迁测站后，立尺员再由远到近，以半螺旋形跑尺路线回到测站。

③ 若有多人跑尺，可以测站为中心，划成几个区，采取分区专人包干的方法跑尺；也可按地物类别分工跑尺。

地物特征点主要是其轮廓线的转折点，如房角点、道路边线的转折点以及河岸线的转折点等。主要的特征点应独立测定，一些次要的特征点可以用量距、交会、推平行线等几何作图方法绘出。

将有关的点连接起来，用规定的符号表示并加注名称即得到地物在图纸上的图形。在地形图上，凡是能依比例表示的地物，应将它们的边界位置准确地描绘出来，在边界内填绘出相应的地物符号或注记，如居民地、菜地、池塘等。对于不能依比例尺表示的地物，如烟囱、水塔、单线道路、单线河流等，应以相应的地物符号表示在其中心位置上。

一般规定，凡主要建筑物轮廓线的凹凸长度在图上大于 0.4 mm 时，都要表示出来。例如对于 1:1 000 测图，主要地物轮廓凹凸大于 0.4 m 时应在图上表示出来。

以下按 1:500 和 1:1 000 比例尺测图的要求提出一些取点原则：

① 对于房屋，可只测定其主要房角点（至少 3 个），然后量取其有关的数据，按其几何关系用作图方法画出其轮廓线。

② 对于圆形建筑物，可测定其中心位置并量其半径后作图绘出；或在其外廓测定 3 点，然后用作图法定出圆心而作圆。

③ 对于公路，应实测两侧边线，而大路或小路可只测其一侧的边线，另一侧边线可按量

得的路宽绘出；对于道路转折处的圆曲线边线，应至少测定 3 点（起点、终点和中点）。

④ 围墙应实测其特征点，按半比例符号绘出其外围的实际位置。

测绘地物时要注意根据地物的重要程度等因素对地物点进行综合、取舍。地物的测绘应随测随绘，以便将描绘的地物与地面的实体进行对照，发现错误和遗漏能及时予以修正和补测。

（2）等高线勾绘。

地貌千姿百态，但从几何的观点分析，可以认为它是由许多不同形状、不同方向、不同倾角和不同大小的面组合成。这些面的相交棱线，称为地性线。地性线有两种：一种是由两个不同走向的坡面相交而成的棱线，称为方向变换线，如山脊线和山谷线；另一种是由两个不同倾斜的坡面相交而成棱线，称为坡度变换线，如陡坡与缓坡的交界线、山坡与平地交界的坡麓线等。在实际地貌测绘中，确定地性线的空间位置时，并不需要确定棱线上的所有点，而只需测定各棱交点的空间位置就够了，这些棱线交点称地貌特征点。测定地貌特征点，并以地性线构成地貌的"骨架"，地貌的形态就容易表示出来了。因此地貌的测绘，主要是测绘这些地貌特征点及其地性线。地貌主要是用等高线来表示，勾绘等高线在绘图过程中是最难、工作量最大的工作。

① 地貌的测绘方法。

a. 测绘地貌特征点。

地貌特征点包括：山的最高点、洼地的最低点、谷口点、鞍部的最低点、地面坡度和方向的变换点等。

测定地貌特征点，首先要恰当地选择地貌特征点。地貌特征点选择不当或漏测了某些重要地貌特征点，将会改变"骨架"的位置，这样就不能准确、真实地反映地表形态。

b. 连接地性线。

地性线是指山脊线、山谷线、坡缘线（不同倾角的坡面交界线）和山脚线。

根据图上展绘出的地貌点，对照实地将同一山体的地性线分别用实线或虚线连接起来，通常以实线连山脊线，虚线连山谷线。即构成了地貌形态的骨架，如图 7.2.5（a）所示。

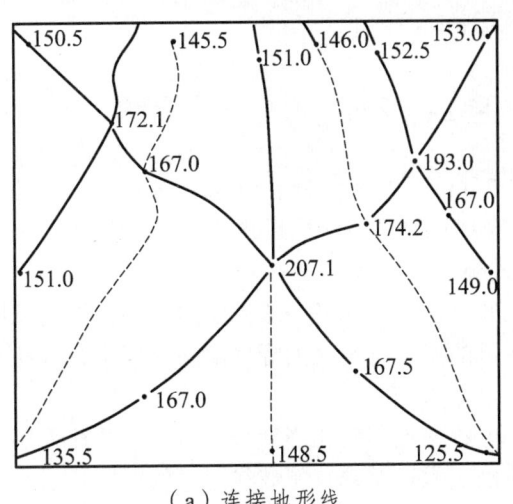

（a）连接地形线

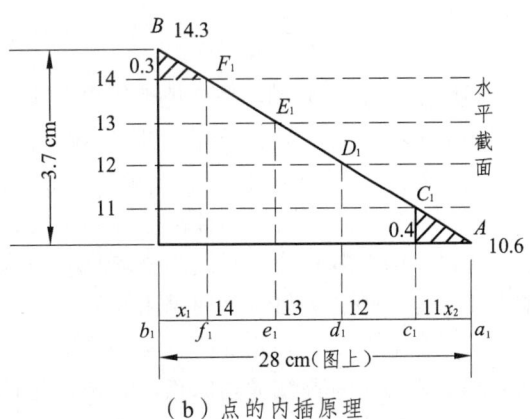

（b）点的内插原理

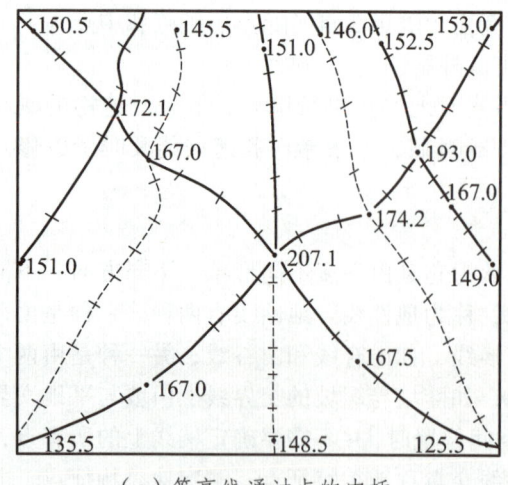 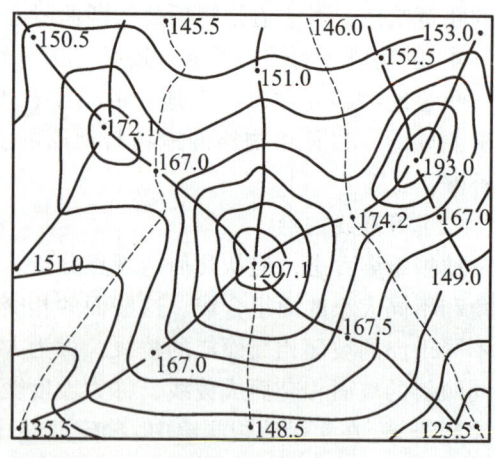

（c）等高线通过点的内插　　　　　　　　（d）勾绘等高线

图 7.2.5　勾绘等高线

c. 求等高线通过的点

等高线通过的地面点的高程一定是整米数或半米数，而测得的地貌点不一定恰好在等高线上，因此，必须在图上相邻地貌点之间内插出高程为整米或半米的等高线通过的点，再将高程相同的相邻点用圆滑的曲线连接起来，即绘成等高线。

连接地性线后，即可在同一条地性线上的两相邻点之间内插出其他等高线所通过的点位。例如在图 7.2.8（b）中，地性线上有相邻的 B、C 两点，高程分别是 14.3 m 和 10.6 m，两点间的高差为 3.7 m，两点间的平距在图上量得为 2.8 cm，以平距为横轴，以高差为纵轴，绘成断面图，即恢复出 BC 两点间的实地坡形。若地形图的等高距为 1 m，根据 B、C 点的高程，可以判断出在 CB 之间能找出 11 m、12 m、13 m 和 14 m 等高线所通过的位置。在两相邻碎部点之间找等高线通过的点是根据相似三角形的原理，采"先取头定尾，再中间等分"的方法内插分点。例如：求得 B 点到 14 m 等高线的高差为 0.3 m，由 11 m 等高线到 C 点的高差为 0.4 m，则 B 点到 14 m 等高线和 C 点到 11 m 等高线的平距 x_1 和 x_2 可以根据相似三角形的比例关系得

$$\frac{x_1}{0.3} = \frac{2.8}{3.7} \qquad x_1 = \frac{2.8 \times 0.3}{3.7} = 2.3 \text{（mm）}$$

$$\frac{x_2}{0.4} = \frac{2.8}{3.7} \qquad x_2 = \frac{2.8 \times 0.4}{3.7} = 3.0 \text{（mm）}$$

在图上从 B 点开始沿 BC 地性线方向量取 2.3 mm，即得到 14 m 等高线通过的点；从 C 点开始沿 CB 方向量取 3.0 mm，即得到 11 m 等高线通过的点，然后再将 11 m 到 14 m 等高线之间的长度三等分，就得到 12 m、13 m 等高线通过的点。

用同样的方法，可以内插出地性线上所有相邻碎部点之间各条等高线通过的点位。见图 7.2.8（c）。在实际作业中，用此法求算等高线通过的点，将会大大降低测图的效率，因此，整米高程点一般是用目估法内插求得的。

实际作业时，如果用解析方法来确定等高线通过的点，就相当麻烦和费时。往往采用目估内插法来确定等高线通过的点。方法是先目估确定靠近两端点等高线通过的点，然后在所确定的等高线点之间目估等分其他等高线通过的点。这种方法十分简单和迅速，但初学者不

易掌握，要反复练习，才能熟练、准确。

d. 勾绘等高线。

当在图上求得足够数量的等高线通过的点后，对照实地地形，将高程相同的相邻点用圆滑的曲线连接起来，即得到该片区地貌的等高线图形，如图 7.2.8（d）所示。最后将计曲线加粗，并选择适当位置在计曲线上加注高程。

在勾绘等高线时，应注意以下几点：

a. 应对照实地情况现场勾绘，这样绘制出的等高线才会更真实地逼近实际的地形。并且应该一边求等高线通过点，一边勾绘等高线，不要等到把全部等高线通过点都求出后再勾绘等高线。

b. 等高线为光滑曲线，注意加粗计曲线。

c. 高程注记字头朝北，等高线在注记处应断开。

实际做作业时，绝不是等到把全部等高线在地性线上的通过点确定下来后再勾绘等高线，而是一边求出两相邻地性线上的高程相等的等高线通过点，一边依实际地貌勾绘等高线，即等高线是随测随绘的，但在时间紧迫、地形又不复杂的情况下，可先行插绘计曲线。勾绘等高线是一项比较困难的工作，因为勾绘时依据的图上点只是少量的地貌特征点和地性线上等高线通过点。对于显示两地性线间的微型地貌来说，还需要一定的判断和描绘的实践技能，否则就不能更加客观地显示地貌的变化。待等高线勾绘完毕，所有地性线应全部擦去。

② 地貌测绘中立尺点的选择与密度。

a. 正确选择地貌特征点。

选错或漏测，将使绘出的等高线与实地不符。一般来说，地物特征点容易选择，而地貌特征点选择比较困难。例如在山区，由远从下往上看，很容易判认特征点的位置，而一走近时，就会难于辨认。因此，立尺者必须及早依斜坡由下而上地认定坡度变换点、方向变换点等位置，以免测错、测漏。

b. 注意地貌的综合取舍。

地貌千姿百态、千变万化，我们不可能，也无必要将地貌所有微小变化都测绘出来。为此，在保证地貌总体形态不变的情况下，根据测图比例尺和用图的目的，对一些小变化的地貌进行适当的综合取舍。例如，对于局部碎小地貌可以舍去不测，而对坎高小于半个基本等高距的地坎可以舍去或综合表示。

c. 合理测绘地貌特征点（立尺点）。

地貌特征点（立尺点）测绘数目的多少，原则上是少而精。特征点的多少，取决于地貌繁杂程度、测图比例尺和等高距等。立尺点过少，将使描绘缺乏依据而影响成图质量；立尺点过多不仅影响测图进度，而且造成图面混乱，影响表现总体的地貌。在坡度平缓地区，即使没有明显的地性线，为表达地面高低情况，在图中每方格内应均匀测定一定数量的高程点。总之，恰当地选择立尺点，对地貌测绘有很大的实际意义。因此平时就应结合实际情况，加以摸索、分析与研究，不断积累经验，以期测绘出高质量的地形图。

③ 测绘山地地貌时的跑尺方法

a. 沿山脊和山谷跑尺法。

对于比较复杂的地貌，为了绘图连线方便和减少其差错，立尺员应从第一个山脊的山脚，沿山脊往上跑尺。到山顶后，沿相邻的山谷线往下跑尺直至山脚。然后跑紧邻的第二个山脊线和山谷线，直至跑完为止。这种跑尺方法，立尺员的体力消耗较大。

b. 沿等高线跑尺法。

当地貌不太复杂，坡度平缓且变化较均匀时，立尺员按"之"字形沿等高线方向一排一排立尺。遇到山脊线或山谷线时顺便立尺。这种跑尺方法既便于观测和勾绘等高线，又易发现观测、计算中的差错。同时，立尺员的体力消耗也较小。但勾绘等高线时，容易判断错地性线上的点位，故绘图员要特别注意对于地性线的连接。

7.2.3 地形图的拼接

1. 地形图的检查

测区较大时，地形图是分幅测绘的，各相邻图幅必须能互相拼接成为一体，由于测绘误差的存在，在相邻图幅拼接处，地物的轮廓线、等高线不可能完全吻合。若接合误差在允许范围内，可进行调整；否则，对超限的地方须进行外业检查，在现场改正。

为便于拼接，要求每幅图的四周，均须测出图廓线外 5~10 mm。对线状地物应测至主要的转折点和交叉点；对地物的轮廓应将其完整地测出。为保证图边拼接精度，在建立图根控制时，在图幅边附近布设足够的解析图根点，相邻图幅均可利用它们来测图。

用聚酯薄膜测图时，可将相邻两幅图的图边上下重叠，进行透视接拼检查，如图 7.2.6 所示。当同一要素的拼接位移不超过规定的地物、地貌点位中误差的 $2\sqrt{2}$ 倍时，可在两幅图上各改正一半。地物点的点位中误差和等高线高程中误差限差规定见表 7.2.5。

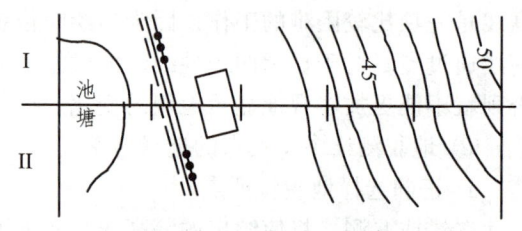

图 7.2.6 地形图的拼接

表 7.2.5 地物、地貌测图中误差限差

地物点对于附近控制点的平面位置中误差（图上精度）		由高程点插求的等高线对于附近图根点的高程中误差			
主要地物	次要地物	平坦地	丘陵地	山地	高山地
0.6 mm	0.8 mm	1/3 等高距	1/2 等高距	2/3 等高距	1 个等高距

位于图幅四角，即相邻四个图幅邻接处的图边，在拼接时应特别注意。

由于图纸本身性质不同，拼接时其做法也有所不同。常见有聚酯薄膜测图的拼接方法和白纸测图的接图方法两种。

（1）聚酯薄膜测图的拼接方法。

由于薄膜具有透明性，拼接时可直接将相邻图幅边上下准确地叠合起来，仔细观察接图边两边的地物和地貌是否互相衔接，地物有无遗漏，取舍是否一致，各种符号、注记是否相同，等等。接边误差如符合要求，即可按地物和等高线平均位置进行改正。具体做法是先将其中一幅图边的地物地貌按平均位置改正，而另一幅则根据改正后的图边进行改正。改正直线地物时，应按相邻两图幅中直线的转折点或直线两端点连接。改正后的地物和地貌应保持合理的走向。

（2）白纸测图的接图方法。

用白纸测图时，需用约 5 cm 宽、比图廓边略长的透明纸作为接图边纸。在接图边纸上须先绘出接图的图廓线、坐标格网线并注明其坐标值。然后将每幅图各自的东、南两图廓边附近 1~1.5 cm，以及图廓边线外实测范围内的地物、地貌及其说明符号、注记等摹绘于接图边纸上。再将此临摹好的东、南拼接图边分别与相邻图幅的西、北图边拼接。拼接注意问题和改正要求，与上述聚酯薄膜图纸接图方法相同。

2. 地形图的整饰（附 1∶1 000 地形图，16 开）

实测原图经过拼接和检查后，即可进行整饰，整饰的目的是使图面更加清晰、规范、合理。整饰应遵循先图内后图外，先地物后地貌，先注记后符号的原则进行。工作顺序为：内图廓、坐标格网，控制点、地形点符号及高程注记，独立物体及各种名称、数字的绘注，居民地等建筑物，各种线路、水系等，植被与地类界，等高线及各种地貌符号等。图外的整饰包括外图廓线、坐标网、经纬度、接图表、图名、图号、比例尺、坐标系统及高程系统、施测单位、测绘者及施测日期等。图上地物以及等高线的线条粗细、注记字体大小应按相应比例尺的《地形图图式》描绘。

7.2.4 全站仪数字化测图

随着科学技术的不断发展，由光电测距仪、电子经纬仪、微处理仪及数据记录装置融为一体的电子速测仪（简称全站仪）正日臻成熟，逐步普及。这标志着测绘仪器的研究水平制造技术、科技含量、适用性程度等，都达到了一个新的阶段。

全站仪是指能自动地测量角度和距离，并能按一定程序和格式将测量数据传送给相应的数据采集器。全站仪自动化程度高，功能多，精度好，通过配置适当的接口，可使野外采集的测量数据直接进入计算机进行数据处理或进入自动化绘图系统。与传统的方法相比，省去了大量的中间人工操作环节，使劳动效率和经济效益明显提高，同时也避免了人工操作、记录等过程中差错率较高的缺陷。

1. 数字化测图

数字化测图一般是指用全站仪在野外采集碎部点数据，并进行数据编码以描述测点的属性及点间关系，再自动将数据存储于仪器中或电子记录手簿中而成为数据文件（一般包括坐标文件和图形信息文件），然后，在室内通过串口线将数据输入计算机，在相应的成图软件下依据数据文件（和野外草图）进行人机交互编辑处理，绘成地形图并存为图形文件。这种以数字形式存储在数据载体上的地形图就是数字地形图，用绘图仪打印出来就成为纸质地形图，绘图所用的碎部点坐标数据文件、控制点成果等可通过打印机打印出来。数字化测图的基本作业流程如图 7.2.7 所示。

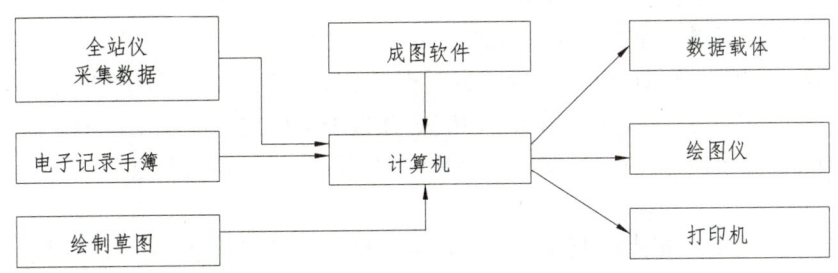

图 7.2.7　数字化测图的基本作业流程

2. 数字化测图特点

数字化测图与模拟测图相比有其明显的区别及特点：

（1）控制测量打破了分级布网、逐级控制的原则，一个测区可一次性整体布网、整体平差。

（2）测区控制点密度可以大大减少，控制点加密可与碎部测量同时进行，实现"边控制边碎部"的作业模式。

（3）模拟测图是在野外边测数据边绘图，工作紧张且工效低。数字化测图的野外工作只是观测记录数据和编辑属性码、绘制草图。属性码的编辑可在野外观测时输入记录器，也可回到室内根据草图编辑输入。

（4）碎部测量不受图幅边界的限制，外业不再分幅作业，待内业绘成图形后由软件根据图幅分幅表及坐标范围自动进行分幅和接边处理。

（5）数字化测图的工作效率高，绘成的数字化地图可直接作为地理信息系统和各种专题信息系统的资料。

3. 全站仪测图模式

（1）全站仪结合电子平板模式。该模式是以便携式电脑作为电子平板，通过通信线直接与全站仪通信、记录数据，实时成图。因此，它具有图形直观、准确性强、操作简单等优点，即使在地形复杂地区，也可现场测绘成图，避免野外绘制草图。目前这种模式的开发与研究相对比较完善，由于便携式电脑性能和测绘人员综合素质不断提高，因此它符合今后的发展趋势。

（2）直接利用全站仪内存模式。该模式使用全站仪内存或自带记忆卡，把野外测得的数据，通过一定的编码方式，直接记录，同时野外现场绘制复杂地形草图，供室内成图时参考对照。因此，它操作过程简单，无需附带其他电子设备，对野外观测数据直接存储，纠错能力强，可进行内业纠错处理。随着全站仪存储能力的不断增强，此方法进行小面积地形测量时，具有一定的灵活性。

（3）全站仪加电子手簿或高性能掌上电脑模式。该模式通过通信线将全站仪与电子手簿或掌上电脑相连，把测量数据记录在电子手簿或便携式电脑上，同时可以进行一些简单的属性操作，并绘制现场草图。内业时把数据传输到计算机中，进行成图处理。它携带方便，掌上电脑采用图形界面交互系统，可以对测量数据进行简单的编辑，减少了内业工作量。随着掌上电脑处理能力的不断增强，科技人员正进行针对于全站仪的掌上电脑二次开发工作，此方法将在实践中进一步完善。

4. 全站仪数字测图过程

全站仪数字化测图，主要分为准备工作、数据获取、数据输入、数据处理、数据输出等五个阶段。在准备工作阶段，包括资料准备、控制测量、测图准备等，与传统地形测图一样，在此不再赘述。现从全站仪数据采集到成图输出介绍数字化测图的基本过程。

（1）野外碎部点采集：全站仪数字化测图按工作方式的不同分为草图法和简码法。"草图法"数据采集模式，即在测量碎部点坐标数据时现场绘制草图，一般是测图现场比较凌乱时最好采用此法。当现场比较规整时，采用"简码法"数据采集模式，即在现场输入简码，室内自动成图，但外业测量的编码注记需要和CASS中的简码相对应。施测过程如下：

① 安置仪器。

在控制点、加密的图根点或测站点上架设全站仪，并量取仪器高，进行测站数据设置，包括输入测站点的三维坐标和仪器高。

② 后视定向。

瞄准后视点，锁定仪器水平度盘，输入定向参数，即输入后视点的坐标或定向边的方位角。

③ 定向检查。

测量某一已知点的坐标（误差小于图上 0.2 mm）。测量结果符合要求，定向结束；否则应重新定向，定向检核满足要求后才能进行碎部测量。

④ 碎部点测量。

按成图规范要求进行碎部点采集，碎部点是指地物特征点（指地物的轮廓点和中心点）和地貌特征点（指地貌的方向和坡度变化点），同时进行绘图信息的采集或者草图绘制。

结束前应再次进行定向检核，如发现定向有误，应查找原因进行改正或重新进行碎部测量。

（2）数据传输：用数据通信线连接电子手簿和计算机，把野外观测数据传输到计算机中，每次观测的数据要及时传输，避免数据丢失。

（3）数据处理：数据处理包括数据转换和数据计算。数据处理是对野外采集的数据进行预处理，检查可能出现的各种错误；把野外采集到的数据编码，使测量数据转化成绘图系统所需的编码格式。数据计算是针对地貌关系的，当测量数据输入计算机后，生成平面图形、建立图形文件、绘制等高线。

（4）图形处理与成图输出：编辑、整理经数据处理后所生成的图形数据文件，对照外业草图，修改整饰新生成的地形图，补测、重测存在漏测或测错的地方。然后加注高程、注记等，进行图幅整饰，最后成图输出。

下面以南方 CASS 软件为例讲解地形图的成图过程，主要介绍"点号定位"的成图模式，以软件目录下自带的练习数据 DEMO 文件夹内的 STUDY.DAT 数据为例。其具体格式为：点号，编码（可以为空），Y 坐标（横坐标），X 坐标（纵坐标），H（高程）。

房屋测量视频　　南方 Cass 软件绘制地形图视频

（1）定显示区。

定显示区就是通过坐标数据文件中的最大、最小坐标定出屏幕窗口的显示范围。进入 CASS 软件主界面，鼠标单击"绘图处理"项，如图 7.2.8 所示，然后移至"定显示区"项，使之以高亮显示，按左键，即出现一个对话窗，如图 7.2.9 所示，打开坐标数据文件，这时，命令区显示：

最小坐标(m)：X=31056.221，Y=53097.691

最大坐标(m)：X=31237.455，Y=53286.090

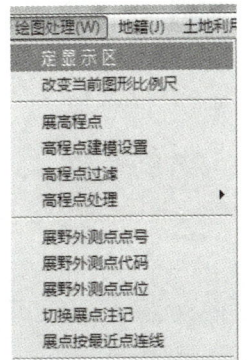

图 7.2.8 "定显示区"菜单

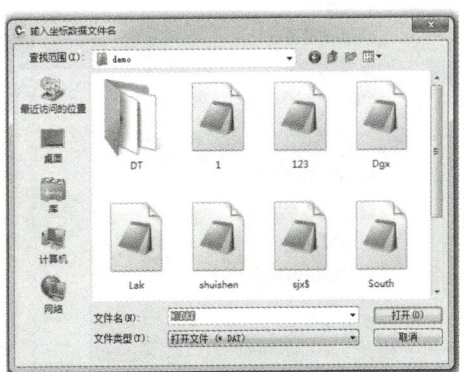

图 7.2.9 选择"点号定位"数据文件

（2）选择测点点号定位成图法。

移动鼠标至屏幕右侧菜单区，点击坐标定位项，即出现如图 7.2.10 所示的对话框，按左键选取点号定位，出现如图 7.2.11 所示的对话框，选取或输入点号坐标数据文件名，命令区提示：读点完成!共读入 106 个点。

图 7.2.10　选择测点点号定位成图法

图 7.2.11　输入点号坐标数据文件名

（3）展点。

先移动鼠标至屏幕的顶部菜单"绘图处理"项，按鼠标左键弹出下拉菜单，再移动鼠标选择"展野外测点点号"，如图 7.2.12 所示，按鼠标左键后输入测图比例尺分母，便出现如图 7.2.13 所示的对话框，输入对应的坐标数据文件名后，便可在屏幕上展出野外测点的点号，如图 7.2.14 所示。

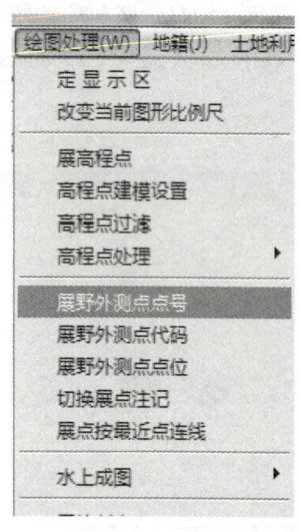
图 7.2.12　选择"展野外测点点号"

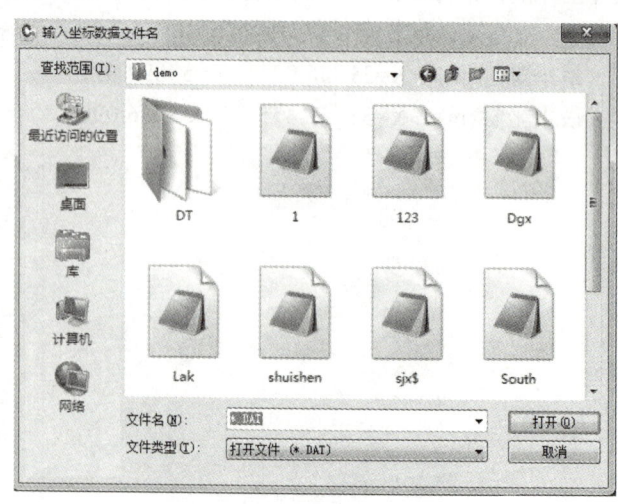
图 7.2.13　输入坐标数据文件名

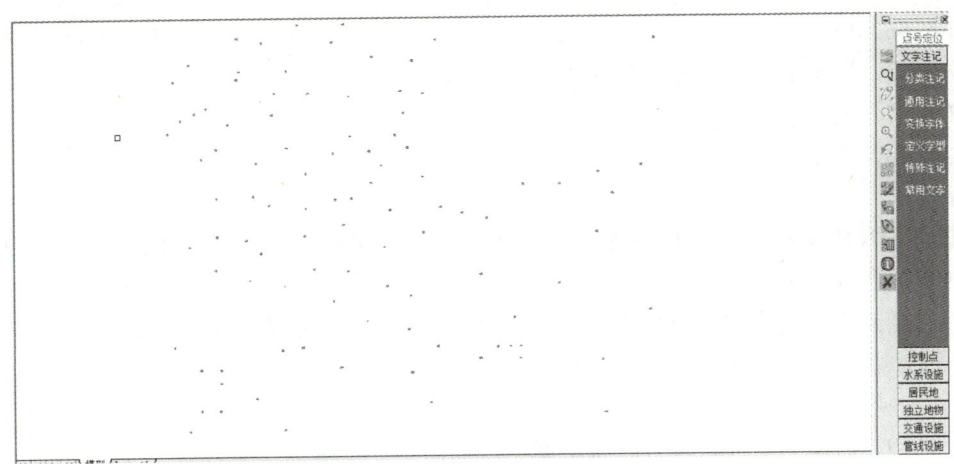

图 7.2.14　展点图

（4）绘平面图。

主要介绍典型地物的绘制方法，先选择右侧屏幕菜单的类别，再选择具体的细类，最后点击"OK"，依据草图按命令区提示输入即可绘制出地物。

① 绘制平行高速公路，选择右侧屏幕菜单的"交通设施/城际公路"按钮，弹出如图 7.2.15 所示的界面。

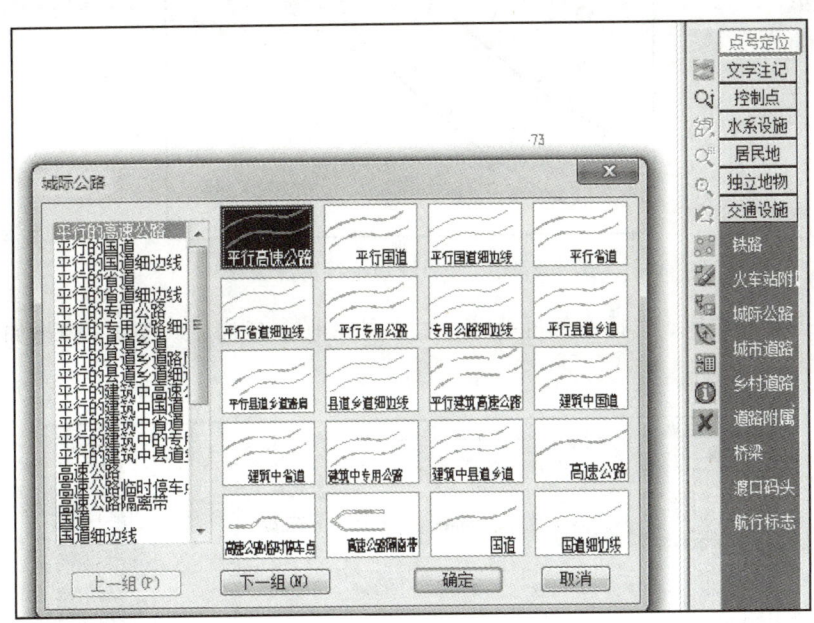

图 7.2.15　选择右侧屏幕菜单"交通设施/城际公路"

找到"平行高速公路"并选中，再点击"OK"。

命令区提示：点 P/<点号>（说明：依据草图上的公路一侧走向，依次输入点号，输入最后一点后回车）。

输入 92，回车。

输入 45，回车。

输入 46，回车。
输入 13，回车。
输入 47，回车。
输入 48，回车。
回车

拟合线<N>?输入 Y，回车。（说明：输入 Y，将该边拟合成光滑曲线；输入 N（缺省为 N），则不拟合该线）。

1. 边点式/2.边宽式/(按 ESC 键退出)，回车（默认 1）（说明：选 1（缺省为 1），将要求输入公路对边上的一个测点；选 2，要求输入公路宽度。）

对面一点

输入 19，回车。平行高速公路就绘好了，如图 7.2.16 所示。

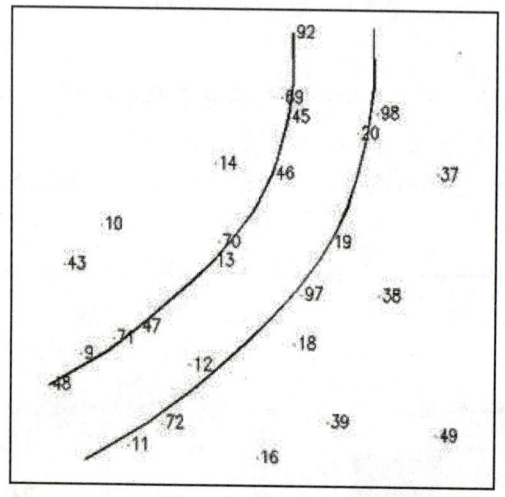

图 7.2.16 绘制好的平行高速公路

② 绘制多点砼房屋，选择右侧屏幕菜单的"居民地/一般房屋"选项，弹出如图 7.2.17 所示的界面。

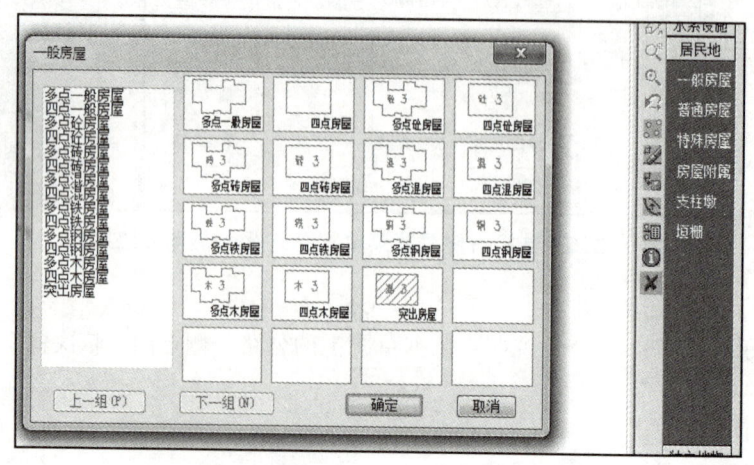

图 7.2.17 选择屏幕菜单"居民地/一般房屋"

先用鼠标左键选择"多点砼房屋",再点击"OK"按钮。

命令区提示:

输入 49,回车。

输入 50,回车。

输入 51,回车。

输入 J,回车(说明:闭合 C/隔一闭合 G/隔一点 J/微导线 A/曲线 Q/边长交会 B/回退 U/)。

输入 52,回车。

输入 53,回车。

输入 C。

输入层数<1>:输入 3,回车(默认输 1 层)。多点砼房屋就绘好了,如图 7.2.18(a)所示。

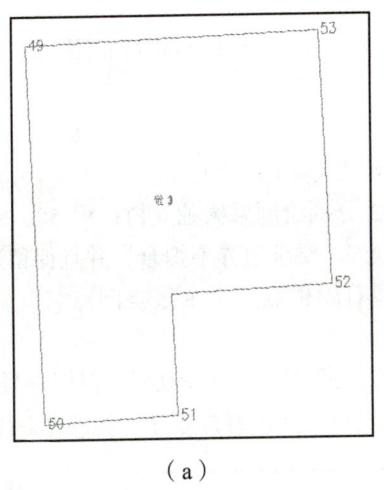
（a）

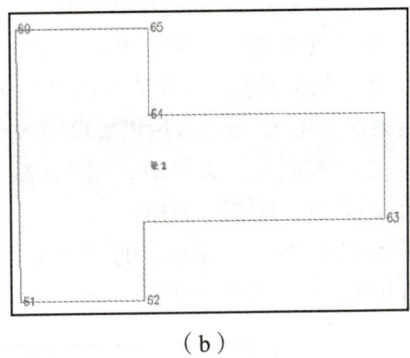
（b）

图 7.2.18 绘制好的多点砼房屋

下面再绘一个多点砼房屋,命令区提示:

输入 60,回车。

输入 61,回车。

输入 62,回车。

输入 a,回车(说明:闭合 C/隔一闭合 G/隔一点 J/微导线 A/曲线 Q/边长交会 B/回退 U/点 P/<点号>。微导线 - 键盘输入角度(K)/<指定方向点(只确定平行和垂直方向)>用鼠标左键在 62 点上侧一定距离处点一下)。

距离<m>:输入 4.5,回车。

输入 63,回车。

输入 j,回车。(说明:闭合 C/隔一闭合 G/隔一点 J/微导线 A/曲线 Q/边长交会 B/回退 U/点 P/<点号>)

输入 64,回车。

输入 65,回车。

输入 C,回车(说明:闭合 C/隔一闭合 G/隔一点 J/微导线 A/曲线 Q/边长交会 B/回退 U/点 P/<点号>)。

输入层数:<1>输入 2，回车。如图 7.2.18(b)所示。

说明："微导线"功能由用户输入当前点至下一点的左角（°）和距离（m），输入后软件将计算出该点并连线。要求输入角度时若输入 K，则可直接输入左向转角，若直接用鼠标点击，只可确定垂直和平行方向。此功能特别适合知道角度和距离但看不到点的具体位置的情况，如房角点被树或路灯等障碍物遮挡时。

① 在"居民地"菜单中，用 3、39、16 三点完成利用三点绘制 2 层砖结构的四点房；用 68、67、66 绘制不拟合的依比例围墙；用 76、77、78 绘制四点棚房。

② 在"交通设施"菜单中，用 86、87、88、89、90、91 绘制拟合的小路；用 103、104、105、106 绘制拟合的不依比例乡村路。

③ 在"地貌土质"菜单中，用 54、55、56、57 绘制拟合的坎高为 1 m 的陡坎；用 93、94、95、96 绘制不拟合的坎高为 1 m 的加固陡坎。

④ 在"独立地物"菜单中，用 69、70、71、72、97、98 分别绘制路灯；用 73、74 绘制宣传橱窗；用 59 绘制不依比例肥气池。

⑤ 在"水系设施"菜单中，用 79 绘制水井。

⑥ 在"管线设施"菜单中，用 75、83、84、85 绘制地面上输电线。

⑦ 在"植被园林"菜单中，用 99、100、101、102 分别绘制果树独立树；用 58、80、81、82 绘制菜地（第 82 号点之后仍要求输入点号时直接回车），要求边界不拟合，并且保留边界。

⑧ 在"控制点"菜单中，用 1、2、4 分别生成埋石图根点，命令区提问点名、等级时，分别输入 D121、D123、D135。

最后选取"编辑"菜单下的"删除"二级菜单下的"删除实体所在图层"，鼠标符号变成了一个小方框，用左键点取任何一个点号的数字注记，所展点的注记将被删除，如图 7.2.19 所示。

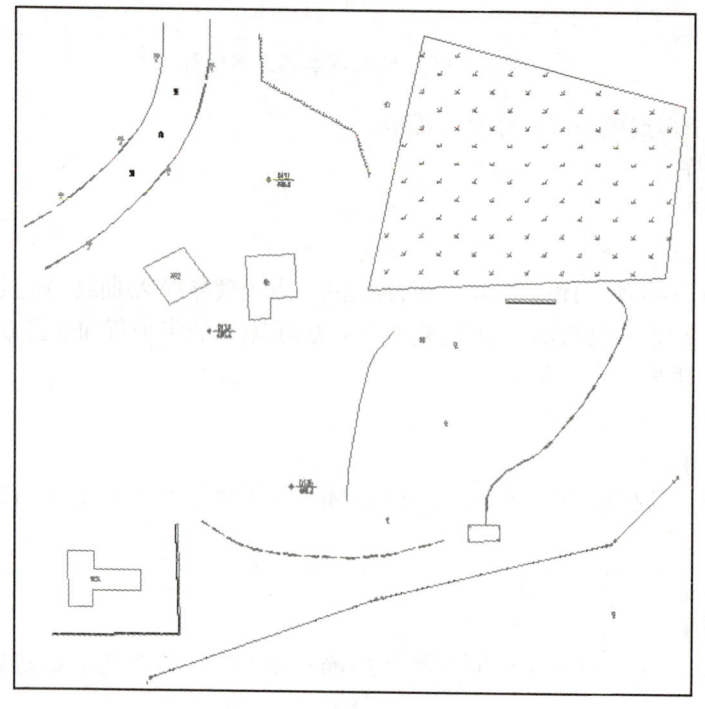

图 7.2.19　study 平面图

(5)绘等高线。

展高程点：用鼠标左键点击"绘图处理"菜单下的"展高程点"，将会弹出数据文件的对话框，找到数据文件，选择"确定"，命令区提示：注记高程点的距离(m):直接回车，表示不对高程点注记进行取舍，全部展出来。

建立 DTM 模型：用鼠标左键点取"等高线"菜单下"建立 DTM"，弹出如图 7.2.20 所示的对话框。

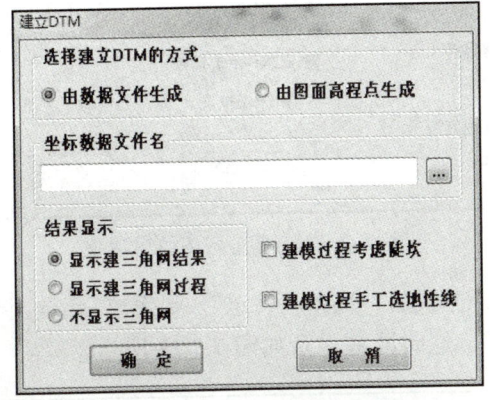

图 7.2.20　建立 DTM 对话框

根据需要选择建立 DTM 的方式和坐标数据文件名，然后选择建模过程是否考虑陡坎和地性线，选择"确定"，生成如图 7.2.21 所示 DTM 模型。

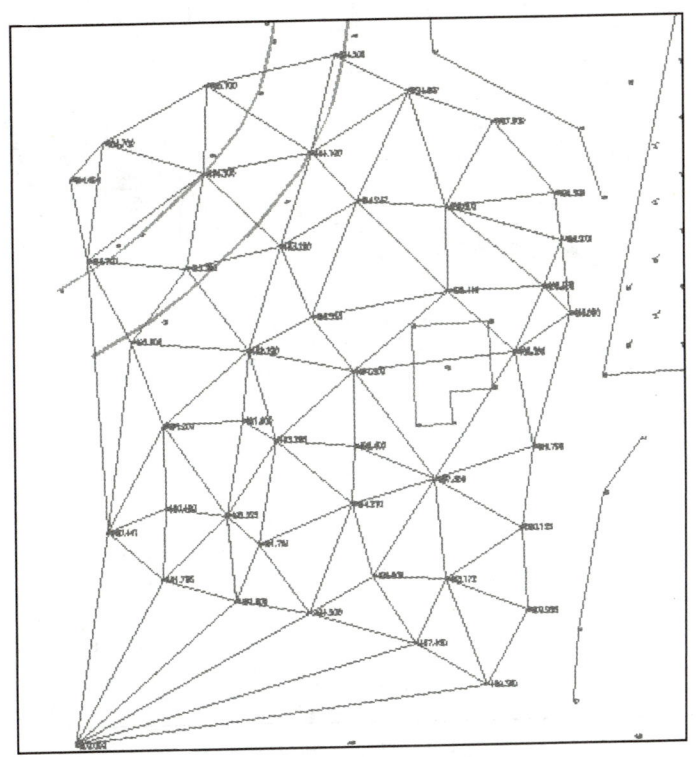

图 7.2.21　建立 DTM 模型

绘等高线：用鼠标左键点取"等高线/绘制等高线"，弹出如图 7.2.22 所示的对话框。

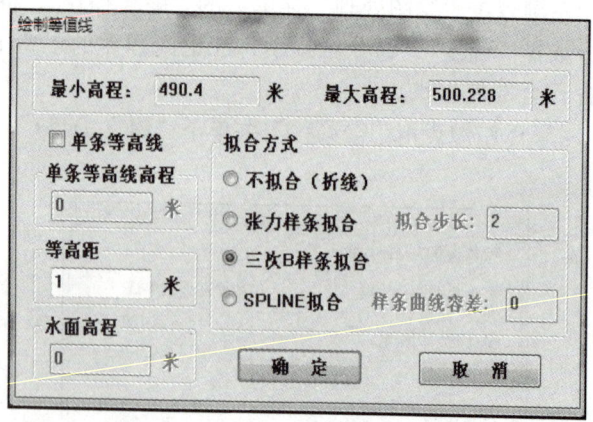

图 7.2.22　绘制等高线对话框

输入等高距后选择拟合方式后，选择"确定"。则系统马上绘制出等高线。再选择"等高线"菜单下的"删三角网"，这时屏幕显示如图 7.2.23 所示。

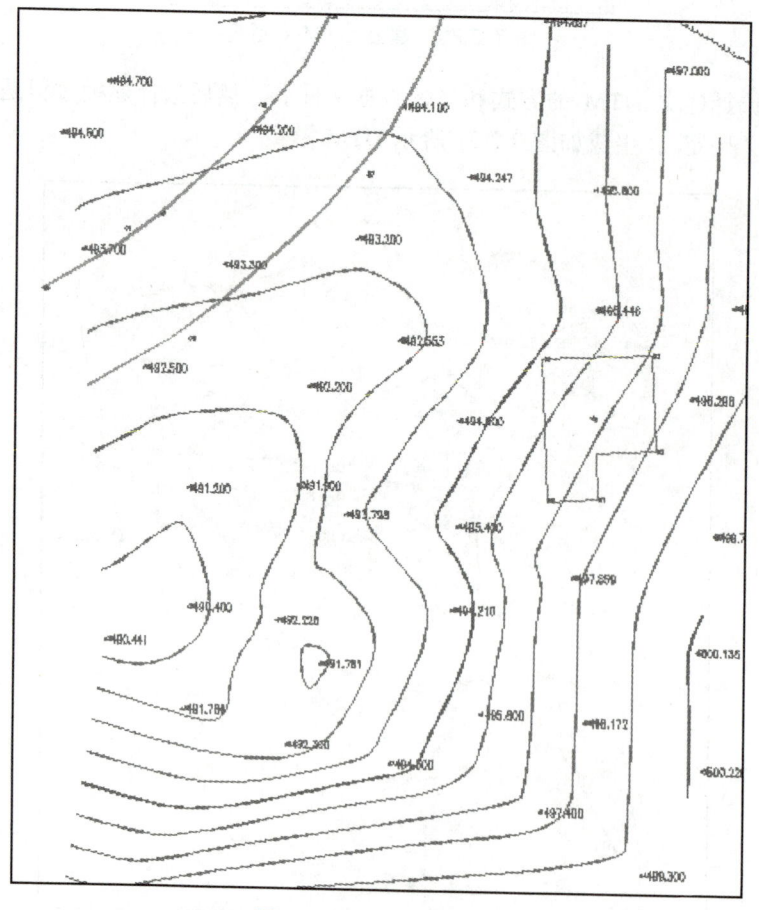

图 7.2.23　绘制等高线

等高线的修剪：利用"等高线"菜单下的"等高线修剪"二级菜单，如图 7.2.24 所示。

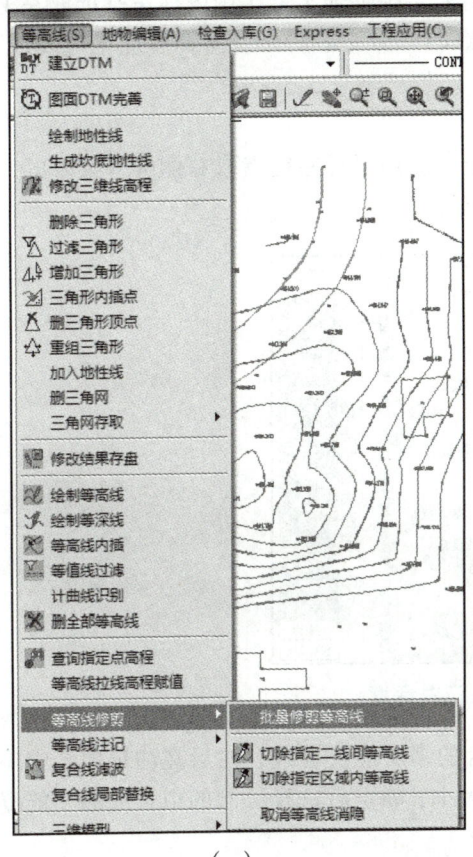

（a）

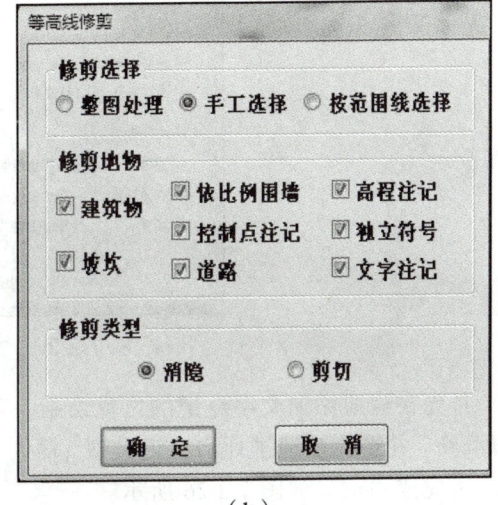

（b）

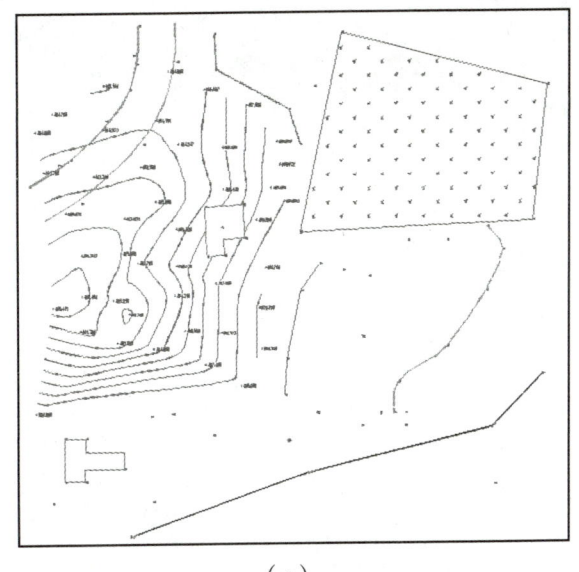

（c）

图 7.2.24　"等高线修剪"菜单

用鼠标左键点取"批量修剪等高线",选择"建筑物",软件将自动搜寻穿过建筑物的等高线并将其进行整饰。点取"切除指定二线间等高线",根据提示依次用鼠标左键选取左上角的道路两边,CASS 软件将自动切除等高线穿过道路的部分。点取"切除穿高程注记等高线",软件将自动搜寻,把等高线穿过注记的部分切除。

（6）加注记。

下面我们在平行高速公路上加"海滨路"三个字。用鼠标左键点取右侧屏幕菜单的"文字注记-通用注记"项,弹出如图 7.2.25 所示的界面。

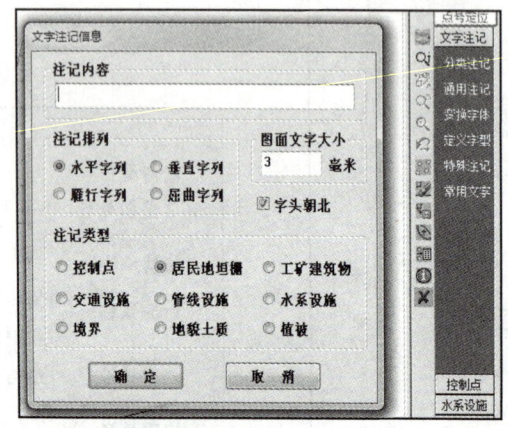

图 7.2.25　文字注记对话框

首先在需要添加文字注记的位置绘制一条拟合的多功能复合线,然后在注记内容中输入"海滨路"并选择注记排列和注记类型,输入文字大小,确定后选择绘制的拟合的多功能复合线即可完成注记,如图 7.2.26 所示。

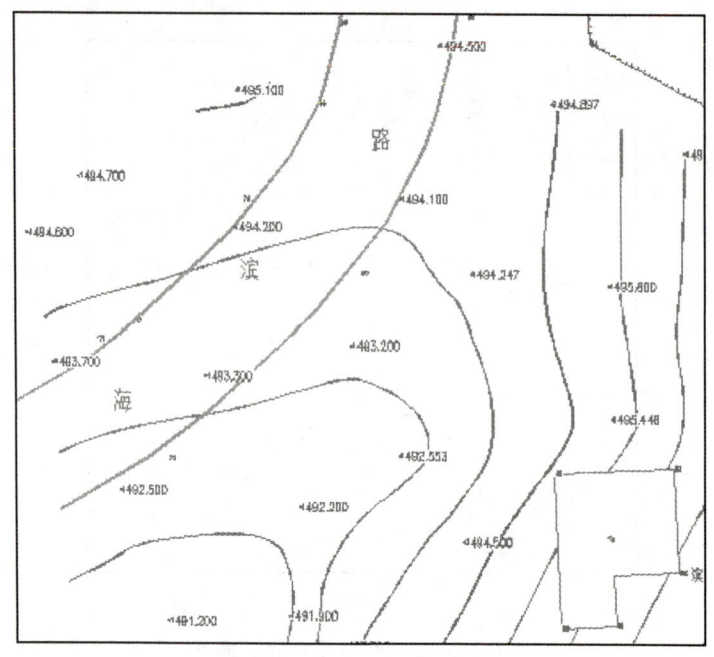

图 7.2.26　文字注记

（7）加图框。

用鼠标左键点击"绘图处理"菜单下的"标准图幅（50×40）"，弹出如图7.2.27所示的界面。

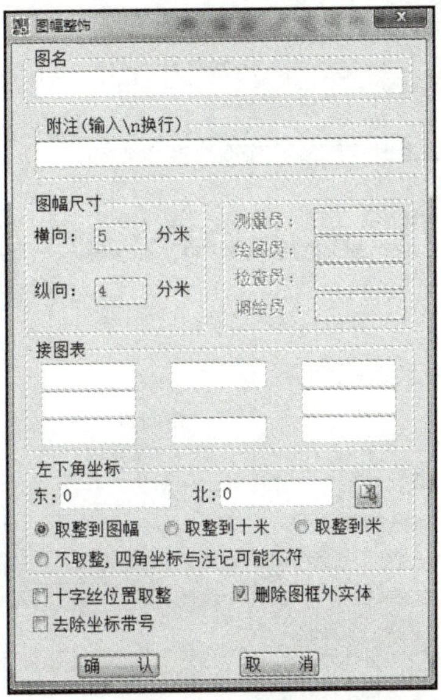

图 7.2.27　图幅信息

在"图名"栏里，输入"羊马村"；在"左下角坐标"的"东""北"栏内分别输入"53080""31050"；在"删除图框外实体"栏前打勾，然后点击确认，如图7.2.28所示。可以将图框左下角的图幅信息更改成符合需要的字样，将图框和图章用户化。

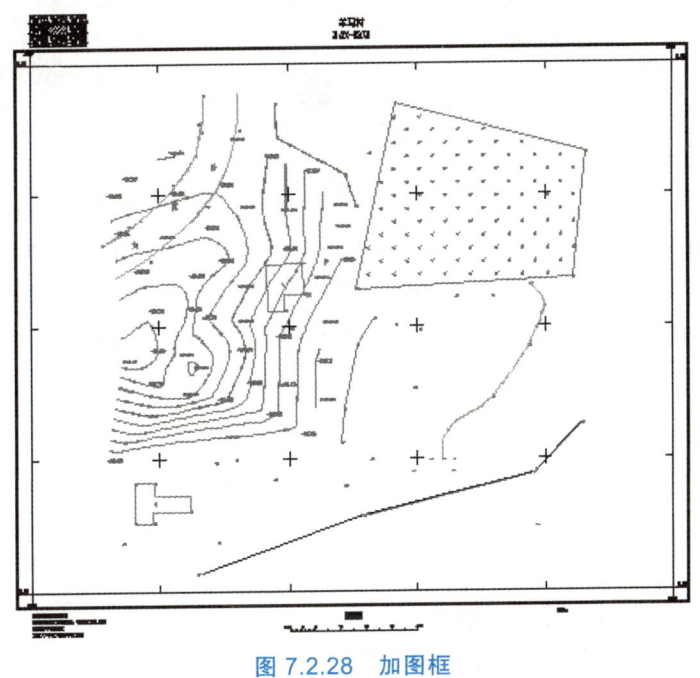

图 7.2.28　加图框

（8）绘图输出。

用鼠标左键点取"文件"菜单下的绘图输出便可进行打印，如图 7.2.29。

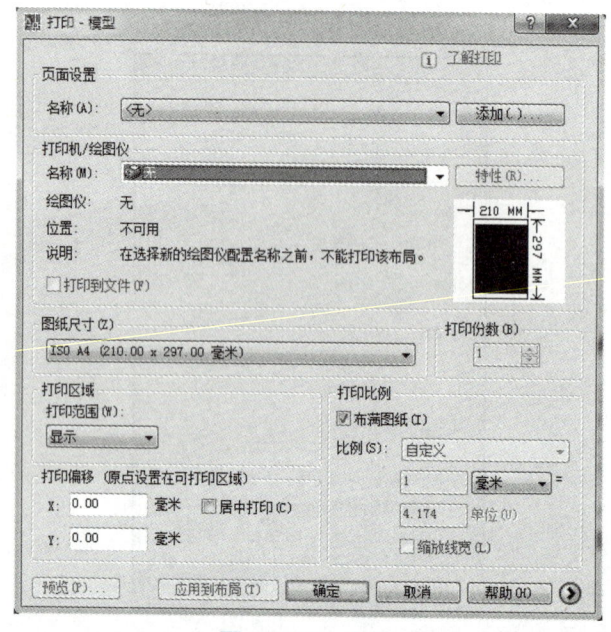

图 7.2.29　出图

选好图纸尺寸、图纸方向之后，用鼠标左键点击"窗选"按钮，用鼠标圈定绘图范围。将"打印比例"一项选为"2∶1"（表示满足 1∶500 比例尺的打印要求），通过"部分预览"和"全部预览"可以查看出图效果，满意后就可单击"确定"按钮进行绘图。

小　结

本项目主要讲述了地形图的基本知识以及大比例尺地形图测绘的基本作业方法。通过学习，要弄清地形图、平面图、比例尺、比例尺精度、等高线、等高距等基本概念；熟悉地物、地貌在地形图上的表示方法；重点应掌握测图作业方法，包括坐标格网的绘制、控制点的展绘、地形图的绘制、地形图的拼接等；插绘等高线的方法应多加练习。同时，对数字测图能有一定的了解和掌握。

思考题

7-1　地形图与平面图有什么区别？

7-2　什么叫地形图比例尺？在地形图上为什么要绘制图示比例尺？

7-3 什么叫比例尺精度？它在测绘工作中有何作用？

7-4 大比例尺地形图是如何分幅和编号的？

7-5 地物符号分为哪几类？各在什么情况下使用？

7-6 什么叫符号的定位点、定位线？符号的定位点、定位线是如何规定的？

7-7 什么叫等高线、等高距、等高线平距？

7-8 等高线是如何分类的？

7-9 山丘、洼地、山脊、山谷、鞍部等高线图形各有何特点？在地形图上如何区分山丘与洼地？

7-10 等高线有哪些特性？

7-11 测图时，应如何选择碎部点？

7-12 简述经纬仪测绘法在一个测站测绘地形图的工作步骤。

7-13 何谓数字化测图？与模拟测图相比有哪些特点？

7-14 简述全站仪数字测图过程。

习 题

7-1 某控制点的地理坐标为东经 102°18′36″，北纬 28°36′18″，该点所在 1∶5 万比例尺梯形分幅的编号为多少？

7-2 根据图上各碎部点的平面位置和高程，试勾绘等高距为 1m 的等高线。图中点划线表示山脊线，虚线表示山谷线。

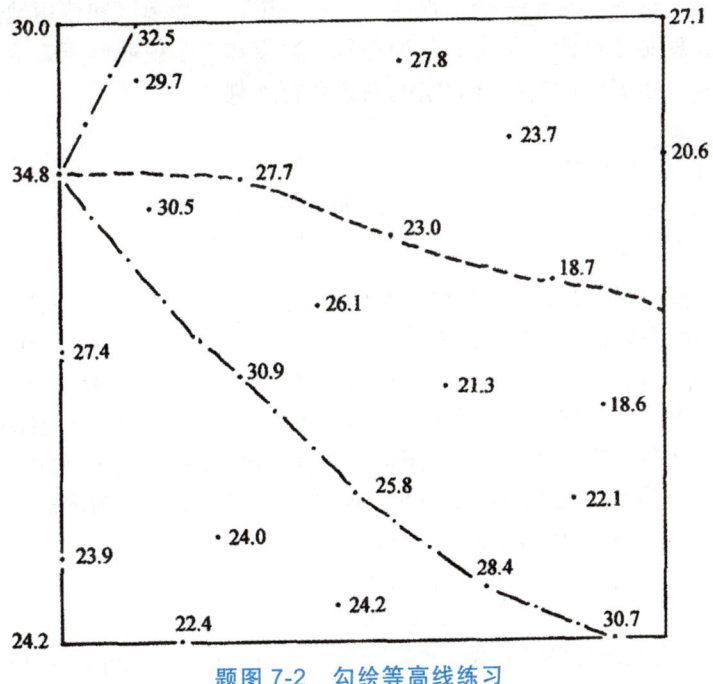

题图 7-2 勾绘等高线练习

项目 8 地形图的应用

【学习目标】

通过本项目学习,具有在纸质地形图上正确求出点的坐标、距离与方位角、地面点的高程和两点间的坡度的能力,了解面积的量算方法、地形图在工程建设中的应用等,逐步养成"爱岗敬业、实事求是"的职业素养。

案例：

根据该地形图测量某一地面点的高程。

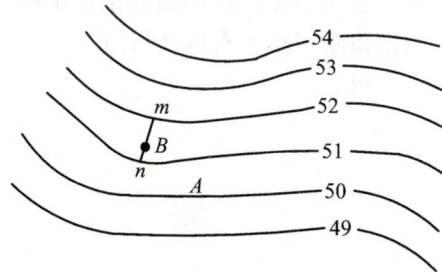

任务 8.1 地形图的判读

地形图能比较全面、客观地反映地面情况,是工程建设规划设计、施工管理等各项工作中是不可缺少的基本资料。对于一个工程技术人员来讲,正确阅读和使用地形图是十分必要的。判读地形图,就是了解图上所有的各种符号、数字和文字说明等所表达的内容,并将其与实地情况相联系。地形图的判读分为室内判读和野外判读。

8.1.1 地形图的室内判读

1 图廓外的有关注记

在图上方中央标有图名和图号,图名一般以图幅内主要的居民地或山名来命名,图号是按照图幅西南角的坐标取整来编号的,以千米为单位。在图下方中央标有地形图的比例尺,本图比例尺为 1∶1 000。四个图廓点标有图廓点坐标注记,比例尺还可以根据图廓点坐标求得,在图的左下方标有直角坐标系统和高程系统以及等高距等;在图的右下方标有测绘单位,绘图员及测图日期等;另外在图的左上方还标有图幅接图表,用来说明本幅图和其他图幅的关系。

图的方向以上方为北。地形图图幅的北方向都是以坐标北方向为准的,为了实地定向的需要,有的图幅上还绘有三北方向图。

2. 地物的判读

识读地物,要结合成图时采用版本的《地形图图式》进行,对照版图式,可以得知图 8.1.1 内有居民点李家村，在李家村房屋周围有一片旱地、零星树木和竹丛。在图幅的东北角有梨园一块，梨园南侧有一条碎石公路，沿公路两侧是路堑（未加固斜坡），公路南侧有一片旱地，旱地南侧有一条铁路，沿铁路南侧有路堤(加固斜坡)。有一条清水河从西北流向东南，该河除主河道外，还有两条支流，清水河两岸有大面积的稻田；从东至西，从南至北有小路通过，小路通至清水河边设有人渡，小路跨越清水河支流架设有一座人行小桥；在凤凰岭主峰上有小三角点一个，南边山上长有大面积的灌木林，北山坡上有一座宝塔，宝塔东北侧山坡有一片坟地，在图幅中央有一座瓦窑。

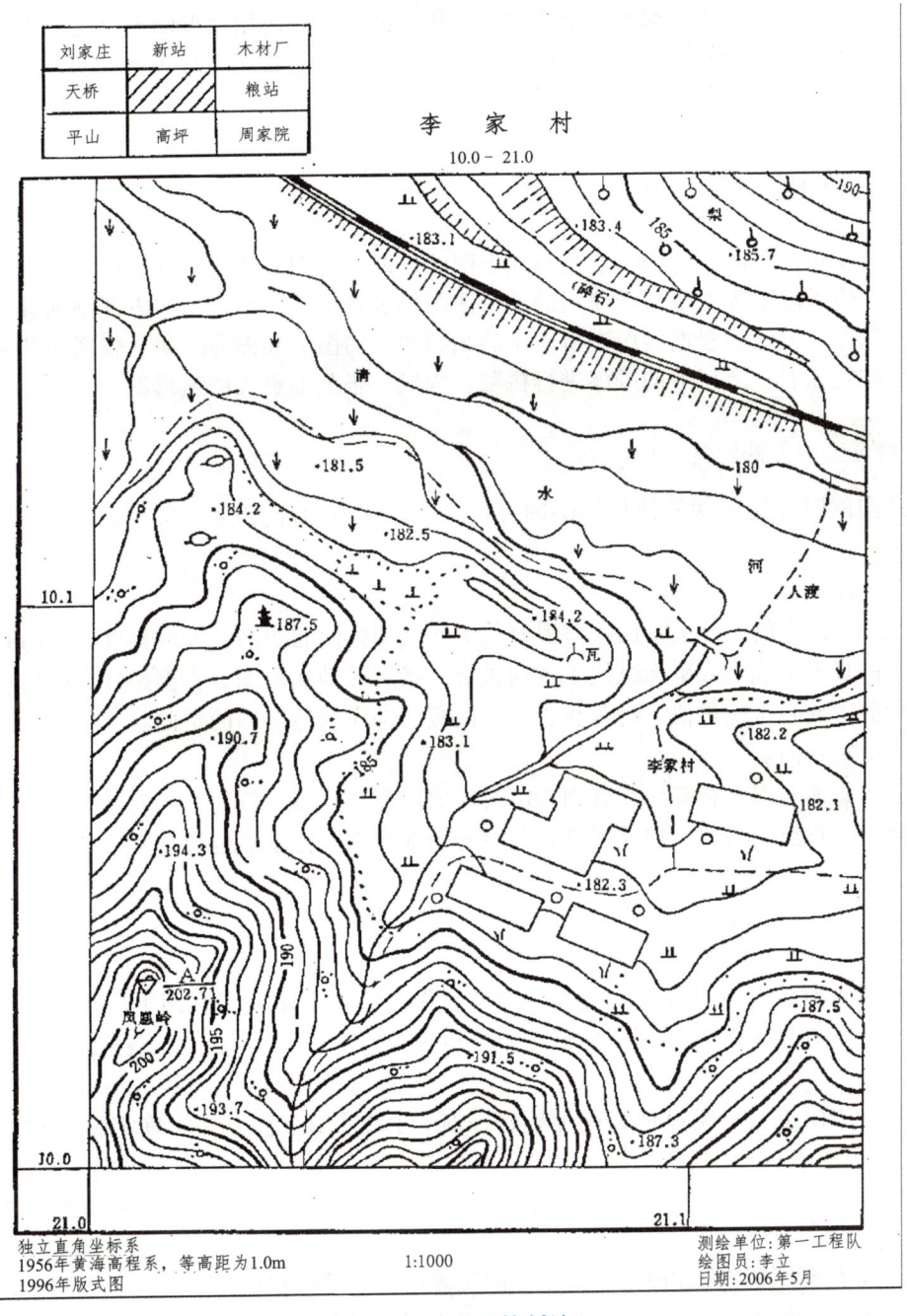

图 8.1.1 地形图的判读

3. 地貌的判读

地貌主要用等高线表示,要结合高程注记来判断地貌的类型。图 8.1.1 的南边有凤凰岭山,地势很陡,凤凰岭主峰向北延伸是该山的一条主要山脊,在主峰的东侧还有小山脊,两山脊之间便是山谷,紧靠主峰的这条山谷比较长,图幅东北角为山坡地,地势比较平缓;清水河河岸两侧地势平缓,是一狭长平坦地区。

在识读地形图时,还应注意地面上的地物和地貌不是一成不变的。由于城乡建设事业的迅速发展,地面上的地物、地貌也随之发生变化,因此,在应用地形图进行规划以及解决工程设计和施工中的各种问题时,除了细致地识读地形图外,还需进行实地察勘,以便对建设用地作出全面正确的了解。

8.1.2 地形图的野外判读

在野外使用地形图时,经常要进行地形图的定向、在图上确定站立点位置、地形图与实地对照以及野外填图等工作。当使用的地形图图幅数较多时,为了使用方便则须进行地形图的拼接和粘贴,方法是根据接图表所表示的相邻图幅的图名和图号,将各幅图按其关系位置排列好,按左压右、上压下的顺序进行拼贴,构成一张范围更大的地形图。

1. 地形图的野外定向

地形图的野外定向就是使地形图的方位与实地东西南北方位一致。常用的方法有以下两种:

(1)罗盘定向。

根据地形图上的三北关系图,将罗盘仪的指北端指向北图廓,并使刻度盘上的南北线与地形图上的真子午线(或坐标纵线)方向重合,然后转动地形图,直至磁针北端指示的角值为磁偏角值(或磁坐偏角值)时为止,固定图板,即完成地形图的定向。

(2)地物定向。

首先,在地形图上和实地上分别找出对应的两个位置点,例如,本人站立点、房角点、道路或河流转弯点、山顶、独立树等;然后转动地形图,使图上位置与实地位置一致,即完成定向。

2. 在地形图上确定站立点位置

当站立点附近有明显地物和地貌时,可利用它们确定站立点在图上的位置。例如,站立点的位置是在图上道路或河流的转弯点、房屋角点、桥梁一端,以及在山脊的一个平台上等。

当站立点附近没有明显地物或地貌特征时,可以采用交会方法来确定站立点在图上的位置。

3. 地形图与实地对照

当进行了地形图定向和确定了站立点的位置后,就可以根据图上站立点周围的地物和地貌符号,找出与实地相对应的地物和地貌,或者观察了实地物和地貌来识别其在图上的位置。地形图和实地对照通常是先识别主要和明显的地物、地貌,再按关系位置识别其他地物、地貌。通过地形图和实地对照,可进一步了解和熟悉地形情况,同时可以快捷地比较出实地地形是否发生了变化。

4. 野外填图

野外填图是指把土壤普查、土地利用、矿产资源分布等情况填绘于地形图上。野外填图时,应注意沿途具有方位意义的地物,随时确定站立点在图上的位置,同时,站立点要选择视线良好的地点,便于观察较大范围的填图对象,确定其边界并填绘在地形图上。通常用罗盘仪或目估方法确定填图对象的方向,用目估、步测或皮尺确定距离。

任务 8.2 地形图的基本应用

8.2.1 求点的坐标

如图 8.2.1 所示,欲求图上 A 点的坐标,首先要根据 A 点在图上的位置,确定 A 点所在的坐标方格 $abcd$,方格西南角点 a 的坐标为 $x_a = 2\,600$ m, $y_a = 1\,600$ m。过 A 点作平行于 x 轴和 y 轴的两条直线 gh、ef,与坐标方格相交于 g、h、e、f 四点,再按地形图比例尺量出 $ag = 48.6$ m,$ae = 60.7$ m,则 A 点的坐标为

$$x_A = x_a + ag = 2\,600 + 48.6 = 2\,648.6 \text{ m}$$
$$y_A = y_a + ae = 1\,600 + 60.7 = 1\,660.7 \text{ m}$$

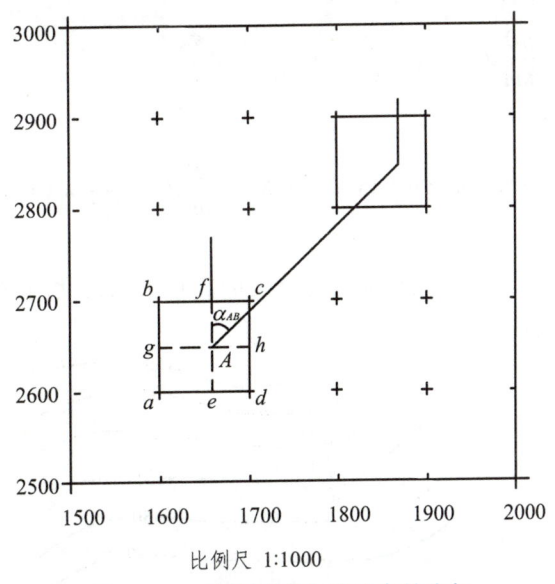

图 8.2.1 在地形图上确定点的坐标

8.2.2 求两点间的距离

利用图上 A、B 两点的坐标反算直线 AB 的水平距离,即

$$D = \sqrt{(x_B - x_A)^2 + (y_B - y_A)^2} \qquad (8.2.1)$$

上述方法为解析法,另还有图解法,即用卡规在图上直接卡出线段长度,再在直线比例尺上比量,可直接读得水平距离。

8.2.3 求某直线的方位角

利用图上 A、B 两点的坐标,然后按下式计算 AB 的坐标方位角

$$\alpha_{AB} = \arctan \frac{y_B - y_A}{x_B - x_A} \qquad (8.2.2)$$

精度要求不高时,也可用量角器直接量取。

8.2.4 求某点的高程

地形图上一点的高程,可利用图上的等高线及其高程标注来确定。

(1)如果一点的位置恰好在某一条等高线上,则该点的高程就等于这条等高线的注记高程,如图 8.2.2 中 A 点的高程为 50 m。

(2)如果一点的位置在两条等高线之间,则可用内插法求得这点的高程。图 8.2.2 中 B 点位于 51 m 和 52 m 两等高线之间,通过 B 点作一条垂直于相邻两等高线的线段 mn,再在图纸上量取 nB 和 nm 的长度,则 B 点对 n 点的高差 Δh 为

$$\Delta h = \frac{nB}{nm} d \qquad (8.2.3)$$

式中,d 为等高距(m)。

假定量得 $nB = 3.0$ mm,$nm = 6.7$ mm,则 $\Delta h = \dfrac{nB}{nm} d = \dfrac{3.0}{6.7} \times 1.0 = 0.45$ m,则 B 点的高程为 $51 + 0.45 = 51.45$ m。

精度要求不高时,也可以根据相邻两等高线的高程采用目估的方法确定。

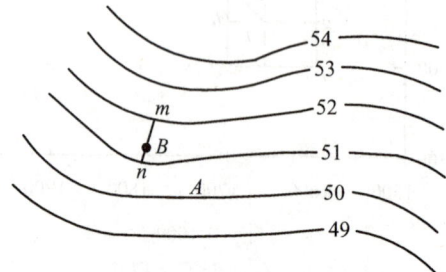

图 8.2.2 确定点的高程

8.2.5 求某直线的坡度

求出直线的长度及两端点的高程后,则直线的坡度可按下式计算:

$$i = \frac{h}{D} = \tan\alpha \tag{8.2.4}$$

式中　h——直线两端点间高差;
　　　D——直线的实地水平距离;
　　　α——直线的倾斜角;
　　　i——坡度,一般用百分数或千分数表示。"-"为下坡,若为"+"则为上坡。当地面两点间穿过的等高线平距不等时,计算的坡度则为两点间的平均坡度。

例如,A、B 两点的水平距离 $D_{AB} = 100$ m,高程分别为 $H_A = 51.53$ m,$H_B = 50$ m,则直线 AB 的坡度为

$$i = \frac{h_{AB}}{D_{AB}} = \frac{50 - 51.53}{100} = -1.53\% = -15.3\text{‰} \tag{8.2.5}$$

8.2.6 面积量算

面积量算的方法有多种,下面介绍几种常用的方法。

1. 几何图形法

若平面图上图形是由直线连接的多边形,可将图形划分为三角形、矩形、梯形或平行四边形等最简单规则的图形,用直尺量出面积计算的元素,根据三角形、梯形等图形面积计算公式计算其面积,则各图形面积之和就是所要求的面积。

2. 解析法

如果欲求面积的图形边界为直线,图形为任意多边形,且各顶点的坐标已知时,则可利用各点坐标以解析法计算面积。具体步骤如下:

如图 8.2.3 所示,1234 为任意四边形,顶点按顺时针编号,其坐标分别为 (x_1, y_1)、(x_2, y_2)、(x_3, y_3)、(x_4, y_4),则四边形 1234 的面积等于相应梯形面积的代数和,即

$$\begin{aligned}
S &= S_{ac21} + S_{cd32} - S_{ab41} - S_{bd34} \\
&= \frac{1}{2}[(x_1 - x_2)(y_1 + y_2) + (x_2 - x_3)(y_2 + y_3) - (x_1 - x_4)(y_1 + y_4) - (x_4 - x_3)(y_4 + y_3)] \\
&= \frac{1}{2}[x_1(y_2 - y_4) + x_2(y_3 - y_1) + x_3(y_4 - y_2) + x_4(y_1 - y_3)]
\end{aligned}$$

若图形为 n 边形,则可得面积计算的通式为

$$S = \frac{1}{2}\sum_{i=1}^{n} x_i(y_{i+1} - y_{i-1}) \tag{8.2.6}$$

或 $$S = \frac{1}{2}\sum_{i=1}^{n} y_i(x_{i-1} - x_{i+1}) \tag{8.2.7}$$

式中　当 $i = n$ 时，$x_{n+1} = x_1$，$y_{n+1} = y_1$；当 $i = 1$ 时，$x_{i-1} = x_n$，$y_{i-1} = y_n$。

实际计算中可同时采用两公式计算，以便检核。注意四边形的编号为顺时针。

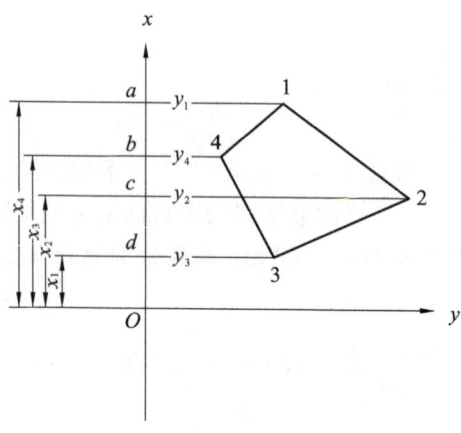

图 8.2.3　解析法面积量算

3. 平行线法（积距法）

先在透明纸上，画出间隔相等的平行线，为了计算方便，间隔距离取整数为好，一般为 1 mm、2 mm、5 mm 或 1 cm。将绘有平行线的透明模片覆盖在图形上，并且使图形位于模片中央，旋转平行线，使两条平行线与图形边缘相切，则相邻两平行线间截割的图形面积可全部看成是梯形，梯形的高为平行线间距 h，用直尺分别量取各条中位线的长度 l_i，则待测图形的面积为：

$$S = l_1 \times h + l_2 \times h + l_3 \times h + \cdots + l_n \times h = h \times \sum l \tag{8.2.8}$$

式中　h——两条平行线的间距；

　　　$\sum l$——中位线长之和。

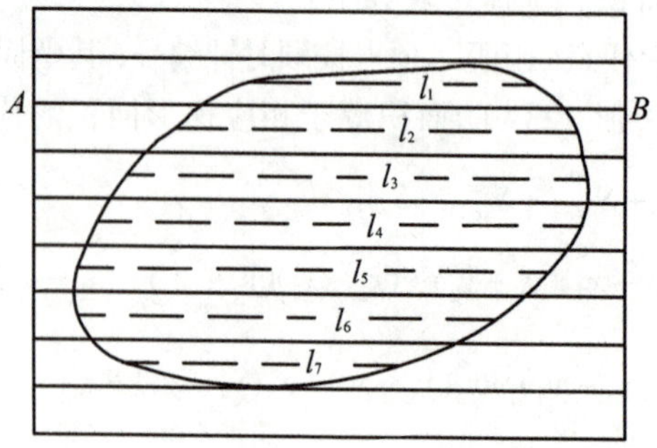

图 8.2.4　平行线法

4. 方格法（格网法）

将透明方格纸覆盖在图形上，首先数出该图形包含的整方格数和不完整的方格数，然后再用目估法将不完整的方格凑成整方格数,累加出总方格数。最后用总方格数乘以每一个方格代表的实地面积,即得待测图形的总面积。计算公式为

$$S = n \cdot A \tag{8.2.9}$$

式中 S——所量图形的面积;
n——所数的方格总数;
A——每个方格代表的实地面积。

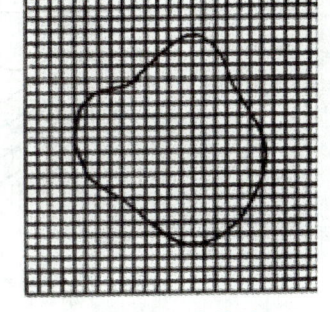

图 8.2.5　方格法

为提高量算精度,最好将方格纸或模片按不同方向放置,进行两次量算,两次量算结果若在允许限差内,则取其平均值作为最后的结果。

5. 数字化仪法

通过数字化仪对图形的数字化,以获得点的坐标值,计算出直线或曲线的长度,进而求出面状图形的面积。

6. 光电扫描仪法

光电扫描仪法是通过光电扫描来量算面积的一种方法。光电面积量测仪器基本都是依据图形分割计数的原理设计的,它具有操作简便、速度快、精度较高等优点。

任务 8.3　地形图在工程建设中的应用

8.3.1　绘制已知方向的纵断面图

在道路、管道等工程设计中,为进行填、挖土(石)方量的概算、合理确定线路的纵坡等,均需了解沿线路方向上的地面起伏变化情况,为此常根据大比例尺地形图的等高线绘制线路的纵断面图。

如图 8.3.1 所示,要求绘出 AB 方向的断面图。具体步骤如下:

(1)在图 8.3.2 中绘出直角坐标系,横轴表示水平距离,纵轴表示高程。为了绘图方便,水平距离的比例尺一般选择与地形图相同;为了较明显地反映路线方向的地面起伏,以便于在断面图上作竖向布置,取高程比例尺是水平距离比例尺的 10 倍或 20 倍。

(2)在图 8.3.1 中设直线 AB 与等高线的交点分别为 1,2,3,4,…,以线段 $A1$,$A2$,$A3$,…,AB 为半径,在图 8.3.1 的横轴上以 A 为起点,截得对应 1,2,…,B 点,即两图中同名线段一样长。

(3)把图 8.3.1 中 A,1,2,…,B 点的高程作为图 8.3.2 中横轴上同名点的纵坐标值,这样就作出断面上的地面点,把这些点依次平滑地连接起来,就形成断面图。

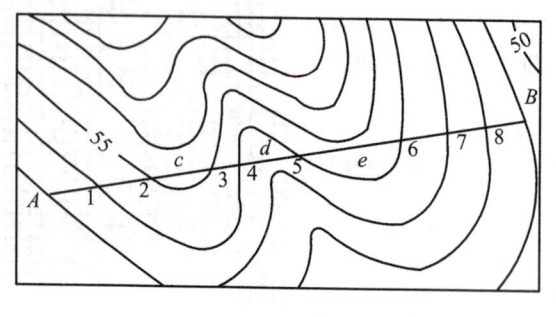

图 8.3.1 等高线图

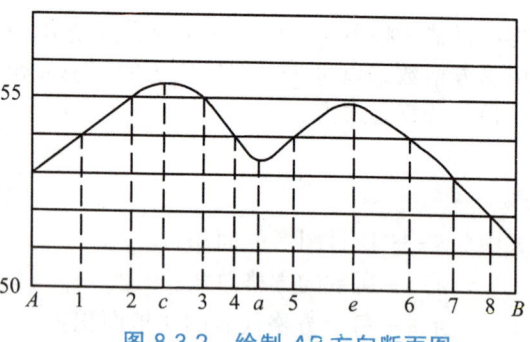

图 8.3.2 绘制 AB 方向断面图

为了较合理地反映断面的起伏,应根据相邻等高线 55 m 和 56 m 内插出 2、3 点之间的 c 点高程。同法内插出 d、e 点。此外应注意,在纵轴注记的起始高程 50 m 应比 AB 断面上最低点 B 的高程略小一些。这样绘出的断面线完全在横轴的上部。

8.3.2 在地形图上按限坡选择最短路线

在道路、管线等工程规划设计阶段,一般先在地形图上进行选线。线路的选择需要考虑很多因素,比如地质、地形条件,其中按限制坡度要求选定一条最短路线是一个重要的方面。下面说明根据地形图等高线,按规定坡度选择最短路线的方法。

如图 8.3.3 所示,设从 A 点到山头 B 点选定一条最短路线,限制坡度为 5%,地形图比例尺为 1∶10 000,等高距为 5 m。具体方法如下:

(1) 根据限制坡度 i 和等高距 h 确定线路上相邻两等高线间的最小平距。则实地平距 D 为

$$D = \frac{h}{i} = \frac{5}{0.05} = 100 \text{ (m)}$$

测图比例尺为 1∶10 000,则 100 m 对应的图上距离 d 为

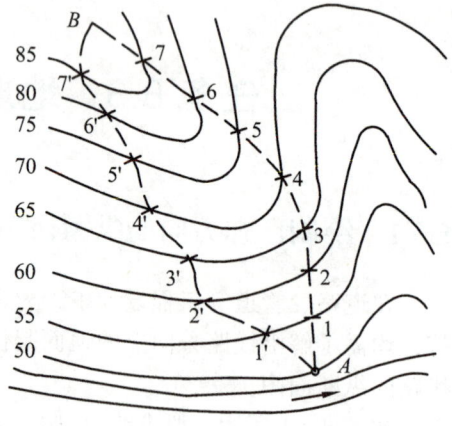

图 8.3.3 按限坡选择最短路线

$$d = 100 \text{ m} \times \frac{1}{10000} = 1 \text{ cm}$$

(2) 以 A 点为圆心,以 d 为半径,用圆规画弧,作圆弧交 55 m 等高线于 1 或 1'。再以 1 或 1' 为圆心,按同样的半径交 60 m 等高线于 2 或 2'。同法可得一系列交点,直到 B。把相邻点连接,即得两条符合于设计要求的路线的大致方向。然后通过实地踏勘,综合考虑选出一条较理想的公路路线。

在实际工作中,定线时还需考虑工程上的其他因素,如少占或不占耕地、居民地,避开不良地质构造,减少工程费用等,最后确定一条最佳路线。

8.3.3 汇水面积的边界线及水库库容

1. 汇水面积边界线的确定

当在山谷或河流修建大坝、架设桥梁或敷设涵洞时，都要知道有多大面积的雨水汇集在这里，这个面积称为汇水面积，再根据该地区的降雨量就可确定流经该处的水流量，这是设计桥梁、涵洞或水坝容量的重要数据。图 8.3.4 中虚线所包围的部分就是汇水面积。汇水面积的边界是根据等高线的分水线(山脊线)来确定的，勾绘分水线时应注意以下几点：

（1）分水线与等高线正交，应通过山顶、鞍部及凸向低处等高线的拐点，在地形图上应先找出具有这些特征的地貌，然后进行勾绘。

（2）边界线由坝的一端开始，最后回到坝的另一端，形成闭合环线。闭合环线所围的面积，就是流经坝址的汇水面积。

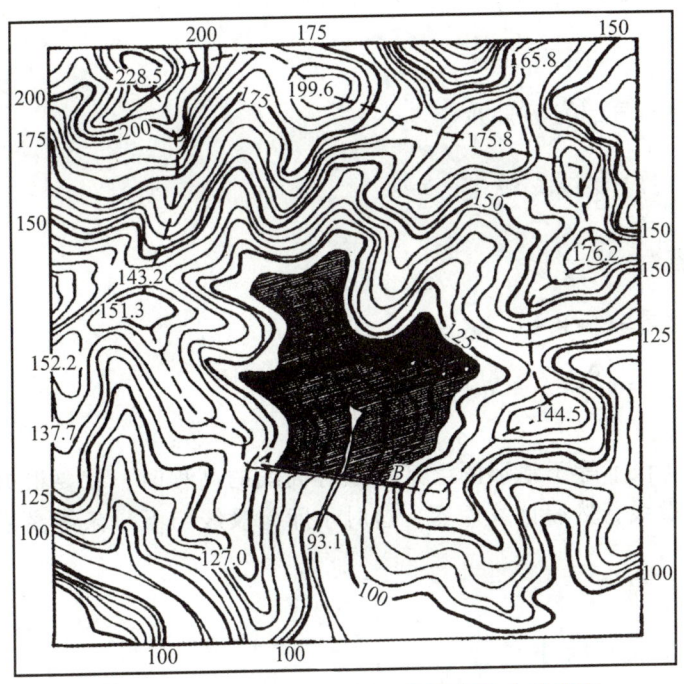

图 8.3.4 在地形图上确定汇水面积和水库库容

2. 水库库容的计算

水库的蓄水量称为库容，即水库蓄水位面以下的容积。计算库容一般采用等高线法，先求出图 8.3.4 中阴影部分各条等高线所围成的面积，然后计算各相邻两等高线之间的体积，其总和即为库容。

如图 8.3.5 所示，设 S_1 为淹没线高程的等高线所围成的面积，S_2，S_3，…，S_n，S_{n+1} 为淹没线以下各等高线所围成的面积，其中 S_{n+1} 为最低一根等高线所围成的面积，h 为等高距，h' 为最低一根等高线与库底的高差，则相邻等高线之间的体积及最低一根等高线与库底之间的体积用平均断面法分别计算，计算公式为

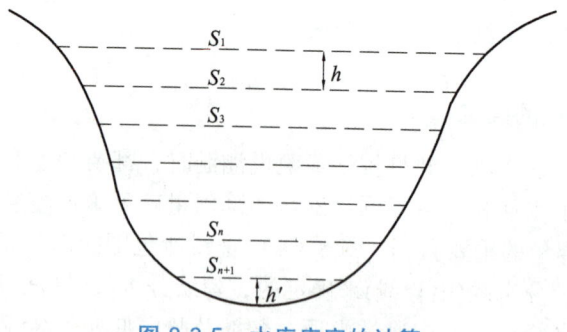

图 8.3.5 水库库容的计算

$$V_1 = \frac{1}{2}(S_1 + S_2)h$$
$$V_2 = \frac{1}{2}(S_2 + S_3)h$$
$$\vdots$$
$$V_n = \frac{1}{2}(S_n + S_{n+1})h$$
$$V_n' = \frac{1}{3} \times S_{n+1} \times h'$$

于是,水库的库容为

$$V = V_1 + V_2 + \cdots + V_n + V'$$
$$= \left(\frac{S_1}{2} + S_2 + S_3 + \cdots + \frac{S_{n+1}}{2}\right)h + \frac{S_{n+1}}{3}h'$$

如果溢洪道高程不等于地形图上某一条等高线的高程时,就要根据溢洪道高程用内插法求出水库淹没线,然后计算库容,这时水库淹没线与下一条等高线间的高差不等于等高距。

8.3.4 利用地形图做场平计算

在各种工程建设中,除对建筑物要作合理的平面布置外,往往还要对原地貌作必要的改造,以便适于布置各类建筑物,排除地面水以及满足交通运输和敷设地下管道等。这种地貌改造称为平整土地。

在平整土地工作中,常需预算土、石方的工程量,即利用地形图进行填挖土(石)方量的概算。其方法有多种,其中方格法(或设计等高线法)是应用最广泛的一种。下面分两种情况介绍该方法。

1. 平整为水平场地

图 8.3.6 为 1:1 000 地形图,要求将原有一定起伏的地形按照填、挖土(石)方量平衡的原则平整成一水平场地。步骤如下:

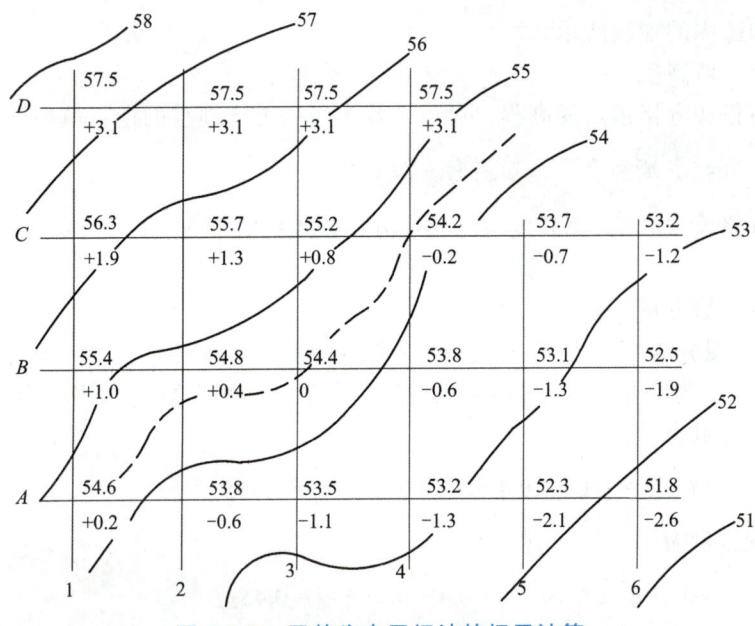

图 8.3.6 平整为水平场地的场平计算

（1）绘制方格网并求格网点高程。

在地形图上拟平整场地范围内绘方格网，方格网边长主要取决于地形的复杂程度、地形图比例尺的大小和土石方估算的精度要求，一般为 10 m 或 20 m。方格网绘制完后，根据地形图上的等高线，用内插法求出每一方格顶点的地面高程，并注记在相应方格顶点的右上方。

（2）确定场平的设计高程。

应根据工程的具体要求确定设计高程。大多数工程要求挖方量和填方量大致平衡，这时设计高程的计算方法是：先将每一方格的 4 个格点高程相加后除以 4，得各方格的平均高程；再将每个方格的平均高程相加后除以方格总数，即得设计高程。从计算设计高程的过程和图 8.3.6 可以看出，角点 A1、D1、D4、C6、A6 的高程只参加一次计算，边点 B1、C1、D2、D3、C5…的高程参加两次计算，拐点 C4 的高程参加三次计算，中点 B2、C2、C3…的高程参加四次计算，因此，设计高程的计算公式为

$$H_{设}=\frac{\Sigma H_1 + 2\Sigma H_2 + 3\Sigma H_3 + 4\Sigma H_4}{4n}$$

式中 H_1——一个方格的顶点，即外转角点；

H_2——二个方格的公共顶点，即边线点；

H_3——三个方格的公共顶点，即拐角点；

H_4——四个方格的公共顶点，即方格网内部各方格顶点；

n——方格总数。

按照上式，图 8.3.6 中的场平设计高程为 54.4 m

设计高程也可以根据工程要求直接给出。

（3）绘制填、挖边界线。

根据 $H_{设}$ = 54.4 m，在地形图上用内插法绘出 54.4 m 的等高线，该线就是填、挖边界线，

也称为零线，如图中的虚线所示。

（4）计算挖、填高度。

根据设计高程和方格顶点的高程，可以计算出每一方格顶点的挖、填高度，即

$$挖、填高度 = 地面高程 - 设计高程$$

将图中各方格顶点的挖、填高度写于相应方格顶点的右下方。正号为挖深，负号为填高，如图 8.3.6 所示。

（5）计算挖、填方量。

计算挖、填方量分两种情况：一种是整个方格都是填方或都是挖方；另一种是既有填方又有挖方。例如方格Ⅰ全为挖方，方格Ⅱ既有填方又有挖方。下面以这两个方格为例说明计算方法。

方格Ⅰ的挖方量为

$$V_1 = S_1 \times [(1.0 + 0.4 + 1.3 + 1.9) \div 4] = 1.15 S_1$$

方格Ⅱ的挖方量为

$$V_{2挖} = S_{2挖} \times [(0 + 1 + 0.4 + 0.2) \div 4] = 0.4 S_{2挖}$$

方格Ⅱ的填方量为

$$V_{2填} = S_{2填} \times [(0 + 0 - 0.6 + 0) \div 4] = -0.15 S_{2填}$$

式中，V 代表挖、填方量，S 代表方格或方格中的挖、填面积。

最后根据各方格的填、挖方量，分别汇总场地的总填、挖方量。总填、挖方量应基本平衡。

2. 平整为倾斜场地

当地面坡度较大时，可以按照填、挖土（石）方量基本平衡的原则，将地形整理成具有一定坡度的倾斜面。如图 8.3.7 所示，欲将图中的地面平整为倾斜场地，坡度要求从北到南为 -4%。具体步骤如下：

（1）绘制方格网，求方格网点的地面高程，方法与水平场地平整相同。图 8.3.7 中方格边长为 20 m。

（2）计算各方格网点的设计高程。

与水平场地平整计算设计高程的方法相同，计算出场地的平均高程，作为场地重心的设计高程（图中场地重心 P 的设计高程 $H_设 = 55.03$ m）。根据重心设计高程和设计坡度即可推算各网格点的设计高程。例如，最上一排各网格点的设计高程为 $55.03 + 30 \times 4\% = 56.23$ m，仿此可求得其他各排方格网点的设计高程。设计高程标注在相应点位的右下角。

（3）计算各方格网点的填挖深度。

（4）确定填挖边界线。

用相邻方格网点的填挖深度确定零点位置，将其相连即为填挖分界线，如图 8.3.7 中的虚线所示。

（5）计算填挖方量。

与水平场地平整计算填、挖方量的方法相同，计算出各方格的填、挖方量并汇总出总填、挖方量。

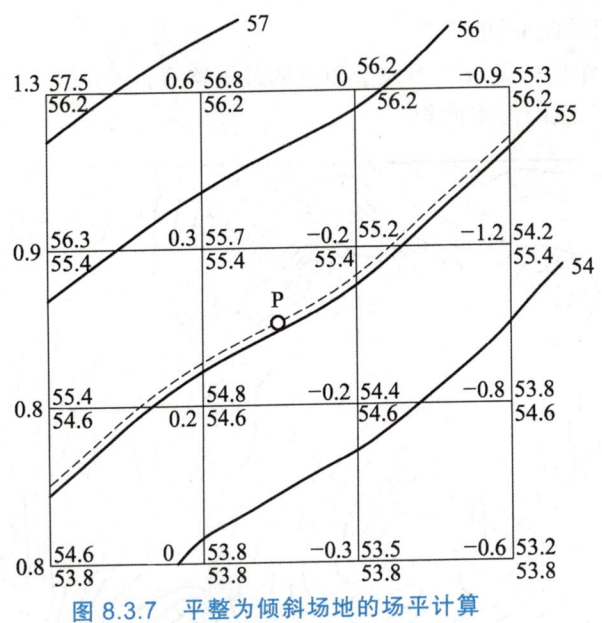

图 8.3.7 平整为倾斜场地的场平计算

小　结

本项目讲述了地形图识读、地形图应用的基本内容以及在工程建设中的应用。地形图识读必须掌握原则，熟悉识读的基本内容。对于地形图的基本应用、在工程建设中的应用应多加练习、掌握原理方法。练习中应根据各专业特点以及仪器设备情况有所侧重。

思考题

8-1　地形图识读主要从哪几个方面进行？
8-2　在地形图上如何确定点的坐标和高程？
8-3　在地形图上如何确定直线的长度、坐标方位角和坡度？
8-4　在地形图上如何按给定的坡度选定最短路线？
8-5　何谓汇水面积？为什么要计算汇水面积？

习　题

8-1　如图所示地形图的比例尺为 1∶5 000，请在图中完成如下作业：
（1）求出 AB 的水平距离及两点间的高差；

(2) 绘制 AB 间的断面图；

(3) 从 C 到 D 作出一条坡度不大于 20% 的最短路线；

(4) 绘出通过 C 点的汇水面积。

题 8-1 图

8-2 某块地建立方格网，方格边长为 10 m，测得各方格点的高程如图 8-2 所示（数字以米为单位）。现将场地平整为水平场地，试求：

(1) 平整土地设计高程；

(2) 在各方格点旁的括号内标出施工量（填"−"，挖"+"）；

(3) 在图上标出填挖分界线（注明它到方格顶点的距离）；

(4) 分别计算各填挖的土方量（要列计算式子）及总填挖方。

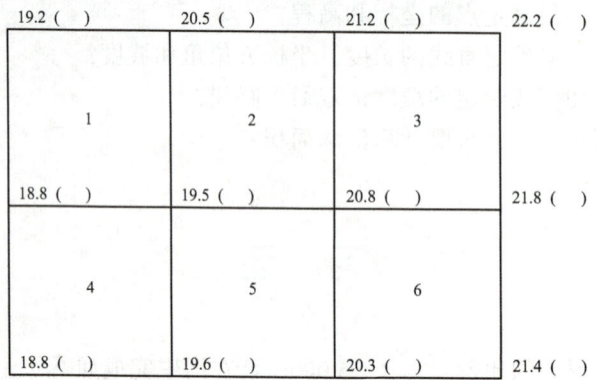

题 8-2 图

项目 9　施工测量

【学习目标】

本项目主要了解施工测量的任务、精度要求；掌握角度、距离、高程放样的基本方法；掌握点位测设、圆曲线主点测设以及坡度线测设的基本方法，养成按规范、规程严格作业的工程质量意识和工作态度。

案例：

为修建校内实训基地，需根据设计图对建筑物进行定位，控制开挖深度、垫层标高、基础标高等工作，而这些工作都离不开施工测量。

任务 9.1　了解施工测量

9.1.1　概　述

测量贯穿于工程建设的各个阶段，工程施工阶段所进行的测量工作称为施工测量（测设或放样）。施工测量的目的是将图纸上设计好的建筑物的平面位置、形状和高程标定在施工现场的地面上，并在施工过程中指导施工，使工程严格按照设计的要求进行建设。施工测量的主要内容有平面定位测量、轴线（垂直）测量、标高（水平）测量、施工阶段建筑沉降观测。

由于施工测量的精度要求较高，为了保证各建筑物测设的平面位置和高程都符合设计要求，施工测量和测绘地形图一样，也必须遵循"由整体到局部、先高级后低级、先控制后碎部"的原则，即先在施工现场建立统一的施工控制网，然后以此为基础，测设出各建筑物和构筑物的细部位置。对于大中型工程的施工测量，要先在施工区域内布设施工控制网，而且要求布设成两级，即首级控制网和加密控制网。首级控制点相对固定，布设在施工场地周围不受施工干扰、地质条件良好的地方。加密控制点直接用于测设建筑物的轴线和细部点。不论是平面控制还是高程控制，在测设细部点时要求一站到位，减少误差的累计。

施工测量的精度随建筑材料、施工方法等因素而改变。在精度要求方面，测绘地形图的精度要求分布均匀，而施工放样的精度，则有所侧重。对于同一建筑物，主轴线的测设虽然有些误差，那也只是使整个建筑物的位置产生微小的偏移，影响不大；但对于建筑物的细部点而言，必须保证其位置准确，否则将直接影响到建筑物各个部位的几何关系和整个工程的质量。因此，测设细部的精度一般比测设主轴线的精度要求要高。例如，测设高速公路的精度比测设一般公路的精度高；测设钢筋混凝土工程比土石方工程的精度高；金属构筑物的安装测量精度要求则更高。因此，在拟定施工放样方案时，应该根据不同的施工对象，选用不同精度的测量仪器和测量方法，以保证工程质量的同时，不浪费人力与物力。

9.1.2 施工坐标系与测量坐标系换算

为了便于获得放样数据和便于施工放样,设计图上常常以建筑物的主轴线为基准建立一种独立的平面直角坐标系,这种坐标系称为施工坐标系,建筑物各轮廓点的平面位置以施工坐标来表示。然而在施工场地建立的平面控制网一般采用测量坐标系。在建筑物施工放样的过程中,通常要进行这两种坐标间的换算。

1. 将施工坐标换算为测量坐标

如图 9.1.1 所示,设 XOY 为测量坐标系,$X'O'Y'$ 为施工坐标系。若已知施工坐标系原点 O' 在测量坐标系中的坐标 (X_O, Y_O) 以及纵轴的旋转角(方位角)α。则 P 点的施工坐标 (X'_P, Y'_P) 换算成测量坐标 (X_P, Y_P) 的公式为

$$\left. \begin{array}{l} X_P = X_O + X'_P \cos\alpha - Y'_P \sin\alpha \\ Y_P = Y_O + X'_P \sin\alpha + Y'_P \cos\alpha \end{array} \right\} \tag{9.1.1}$$

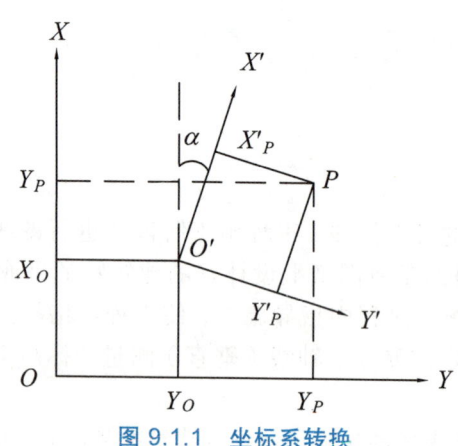

图 9.1.1 坐标系转换

2. 将测量坐标换算为施工坐标

如图 9.1.1 所示,若已知施工坐标系原点 O' 在测量坐标系中的坐标 (X_O, Y_O) 以及纵轴的旋转角(方位角)α。则 P 点的测量坐标 (X_P, Y_P) 换算成施工坐标 (X'_P, Y'_P) 的公式为

$$\left. \begin{array}{l} X'_P = (X_P - X_O)\cos\alpha + (Y_P - Y_O)\sin\alpha \\ Y'_P = -(X_P - X_O)\sin\alpha + (Y_P - Y_O)\cos\alpha \end{array} \right\} \tag{9.1.2}$$

任务 9.2 施工测量基本工作

9.2.1 测设已知水平距离

在施工放样过程中,经常需要将图上设计的水平距离在实地标定出来,也就是沿给定的

方向，定出直线上另外一点，使得两点间的水平距离为给定的已知值，即距离放样。距离放样一般采用钢尺丈量，当精度要求较高时采用电磁波测距仪或全站仪型速测仪，精度要求不高时可采用视距法放样。现将钢卷尺放样方法和精度介绍如下：

1. 用钢尺测设水平距离

如图 9.2.1 所示，设 A 为地面上已知点（起点），D 为设计的水平距离，要在地面上给定的方向上测设出 B 点，使得 AB 两点间的水平距离等于 D。

（1）一般量距方法。

一般量距方法是从 A 点开始，沿给定方向用钢尺量取水平距离 D，在地面上标定一点 B'；然后往返丈量 AB' 的距离，若相对误差在限差以内，取其平均值 D'，根据 D' 与 D 的差值对 B' 点加以改正，求得 B 点的最后位置。改正数 $\Delta D = D - D'$，当 $\Delta D > 0$ 时，向外改正；当 $\Delta D < 0$ 时，向内改正。

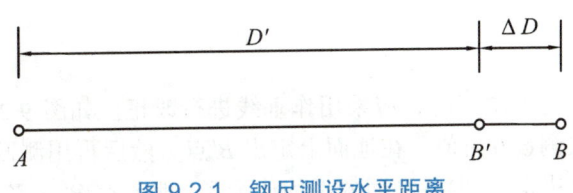

图 9.2.1 钢尺测设水平距离

（2）精密量距。

若测设精度要求较高，可在定出 B' 点后，用检定过的钢尺采用精密量距方法往返丈量 AB' 的距离，并加以尺长改正、温度改正和倾斜改正，求出 AB' 的精确水平距离 D'，然后根据 D' 与 D 的差值 $\Delta D (\Delta D = D - D')$ 沿 AB 方向对 B' 点进行改正。

2. 用光电测距仪测设水平距离

当测设精度要求较高时，一般采用光电测距仪测设法。首先在测站点（已知起点）上安置光电测距仪，照准已知方向，反射棱镜在已知方向上前后移动，使仪器显示值略大于测设的距离，定出一临时点。在该临时点上安置反射棱镜，测出水平距离 D'，求出 D' 与应测设的水平距离 D 之差 $\Delta D = D - D'$。然后根据 ΔD 的数值前后移动棱镜，直至测设的距离等于设计距离 D 为止，并用木桩标定其点位。将反光棱镜安置于放样点，再实测其距离，其不符值应在限差之内，否则应再次进行改正，直至符合限差为止。

9.2.2 测设已知水平角

测设已知水平角，就是根据已知方向和一个设计的水平角，测设出另一方向，使得两方向间的水平角等于给定的值，这项工作叫水平角的放样。在施工方格网的测设和建筑物的放样中，经常采用极坐标法定点，这种方法就是已知水平角值放样的具体应用之一。

1. 一般方法

当测设水平角的精度要求不高时，可用盘左、盘右取平均值的方法，获得欲测设角度。

如图 9.2.2 所示，设 OA 为地面上的已知方向，O 为角顶点，β 为已知水平角角值，欲测设 $\angle AOB$，使 $\angle AOB$ 等于已知角值 β。首先将经纬仪安置在 O 点，盘左位置照准 A 点，使水平度盘读数为 $0°00'00''$，然后顺时针方向转动照准部，使水平度盘读数刚好为 β 值，在视线方向上定出 B_1 点；盘右位置，重复上述操作步骤，定出 B_2 点。若 B_1、B_2 两点不重合，取其中点 B，则 OB 方向就是所要测设的方向，$\angle AOB$ 即为要测设的 β 角。

图 9.2.2　角度测设的一般方法　　　　图 9.2.3　角度测设的精密方法

2. 精密方法

当测设水平角的精度要求高时，应采用作垂线进行改正。如图 9.2.3 所示，在 O 点安置经纬仪，先用一般方法测设 β 角值，在地面上定出 B' 点，然后再用测回法观测 $\angle AOB'$ 几个测回（测回数由精度要求决定），取各测回的平均值为 β'，即 $\angle AOB' = \beta'$。设 $\Delta\beta = \beta' - \beta$，根据 OB' 的长度和 $\Delta\beta$ 可计算过 B' 点且垂直于 OB' 方向的改正值 $B'B$，即

$$B'B = OB' \tan \Delta\beta \approx OB' \times \frac{\Delta\beta}{\rho''} \quad (9.2.1)$$

式中，$\rho = 206\,265''$。

过 B' 点作 OB' 的垂线，再从 B' 点起沿垂线方向量取 $B'B$，定出 B 点，则 $\angle AOB$ 就是要测设的 β 角。当 $\Delta\beta < 0$ 时，说明 $\angle AOB'$ 偏小，应沿 OB' 垂线方向向外改正；反之，应向内改正。

9.2.3　测设已知高程

在工程建筑物的基础开挖、浇筑立模和结构安装等各施工工序中，点的高程是由设计部门给定，而地面上却没有标出这个点设计高程的位置，这就需要通过高程放样把这个点的高程位置在地面上标出来。例如，房屋建筑中室内地坪的设计高程，在图纸上往往标成 ± 0.000，而地面上却没有这个点，这就需要把这个点在地面上标出来。测设已知高程就是根据附近已知水准点，采用水准测量方法，在给定的点位上标定出给定高程的位置。根据现场情况的不同，可采用不同的测设方法，分述如下。

1. 视线高程法

（1）测设已知高程的点。

如图 9.2.4 所示，欲根据水准点 A 的高程 H_A，测设 B 点，使其高程为设计高程 H_B，则 B 点尺上应读的前视读数为

$$b_{应} = (H_A + a) - H_B \quad (9.2.2)$$

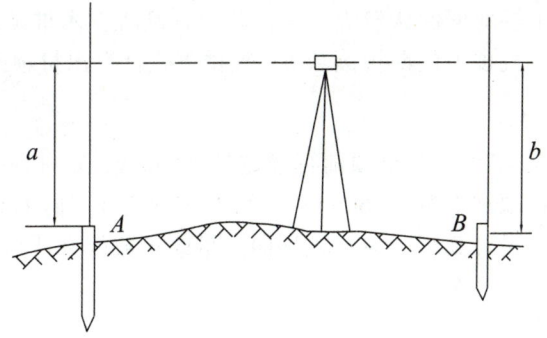

图 9.2.4 视线高程法

测设方法如下：
① 安置水准仪于 A 与 B 点中间，整平仪器。
② 后视水准点 A 上的立尺，读得后视读数为 a，则仪器的视线高 $H_I = H_A + a$。
③ 将水准尺紧贴 B 点木桩侧面上下移动，直至前视读数为 $b_应$ 时，在桩侧面沿尺底画一横线，此线即为设计高程 H_B 的位置。

【例1】 已知水准点 A（$H_A = 749.492$ m），现欲在 B 点的木桩上测设 $H_B = 750.012$ m，在 AB 之间安置水准仪，测得 A 点上的后视读数 $a = 1.360$ m，试计算 B 点前视尺应有的读数 $b_应$？

解： $b_应 = (H_A + a) - H_B = (749.492 + 1.360) - 750.012 = 0.840$ (m)

（2）测设已知高程的水平面。

如图 9.2.5 所示，在建筑施工场地测设的方格网中要求利用已知水准点 A（高程为 H_A），测设一设计高程为 H_B 水平面。测设方法如下：
① 首先在欲测设施工场地与水准点 A 之间置水准仪；
② 后视水准点 A 上的尺，读得后视读数为 a，计算出仪器的视线高为：$H_I = H_A + a$，于是算得在待测设点立尺上应有的前尺读数 $b_应 = H_I - H_B$；
③ 依次在待测设点上立尺，使各木桩顶的尺上读数都等于 $b_应$，此时，各桩顶就构成一个测设的水平面。

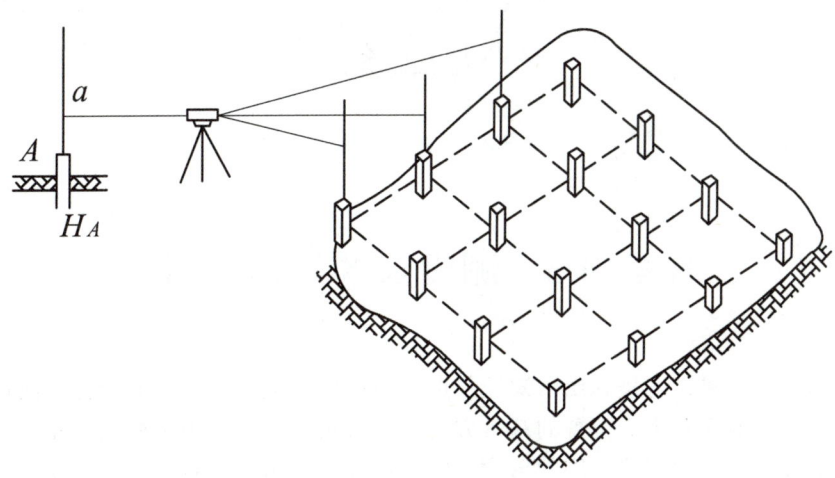

图 9.2.5 视线高程法

如果测设的建筑施工场地面起伏较大，无法将设计高程在木桩顶部或一侧标出时，可将水准尺立在桩顶上，读取桩顶上的前视读数 b，根据下式计算出桩顶改正数：

$$h = b - b_{应} \tag{9.2.3}$$

假如应读前视读数是 1.700 m，桩顶前视读数是 1.540 m，则桩顶改正数为 -0.160 m，表示设计高程的位置在自桩顶往下量 0.160 m 处，可在桩顶上注"向下 0.160 m"即可。如果改正数为正，说明桩顶低于设计高程，应自桩顶向上量改正数得设计高程。

2. 高程传递法

当欲测设的高程与已知高程间的高差较大，单靠水准尺不能测设时，可借助于钢卷尺进行高程传递。传递高程有从低处向高处传递和从高处往低处传递两种情况，其方法相同。现以高处向低处传递为例进行说明。

如图 9.2.6 所示，已知地面上水准点 A 的高程为 H_A，欲测设基坑内设计点 B 的高程 H_B。可在坑边的木杆上悬挂钢尺，使钢尺零点朝下，下端挂 10 kg 重锤，观测时在地面上和坑内各安置一台水准仪，分别读取地面水准点 A 的水准尺读数 a 和钢尺读数 b 及 c，根据水准测量原理，按式（9.2.4）求得 B 点上应有的立尺读数 $d_{应}$，即

$$d_{应} = (H_A + a) - (b - c) - H_B \tag{9.2.4}$$

仿照前述同样的方法在 B 点处的木桩上标定设计高程位置即可。

当需要从地面上放样高层建筑物高程时，可采用同样的方法进行，但式（9.2.4）应做相应的改变。

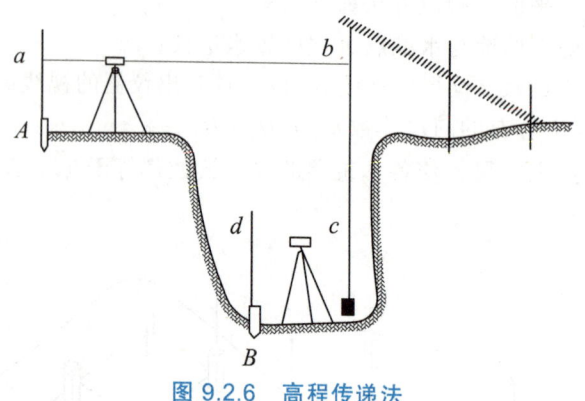

图 9.2.6 高程传递法

任务 9.3 测设点的平面位置

测设点的平面位置，就是利用已知控制点，根据设计坐标，在地面上标出测设点的平面位置的工作。测设地面点平面位置的基本方法有：直角坐标法、极坐标法、角度交会法、距离交会法。测设时，应根据控制网的形式、实地情况、建筑物的特点、放样精度以及所采用的仪器设备等，选择最适宜的方法进行。现对常用的测设方法介绍如下。

9.3.1 直角坐标法

当施工场地布设有建筑基线或建筑方格网时,可以采用直角坐标法测设点的平面位置。该方法具有计算简单、放样方便等优点。

如图 9.3.1 所示,施工现场布设有 100 m×100 m 的建筑方格网,某厂房 4 个角点的坐标为已知,现以角点 A 为例说明放样方法:

(1)根据角点 A 的设计坐标确定其所在的方格;

(2)计算出与所在方格角点的纵横坐标差 Δx_A、Δy_A;

(3)将经纬仪安置在方格网的角点 M 上,正镜,照准另一个角点 P,沿此方向线从 M 点用钢尺测设距离 Δy_A,标定终点 N;再将仪器移置于 N 点,后视 M 点,用正倒镜测设 90°的方法,在标定的垂线上,从 N 点测设距离 Δx_A,即可标定 A 点。其他角点 B、C、D 可用同样方法测设。最后,应测量 AB、BC、CD、DA 边的长度,以检验放样长度与设计长度之差是否符合规范要求。

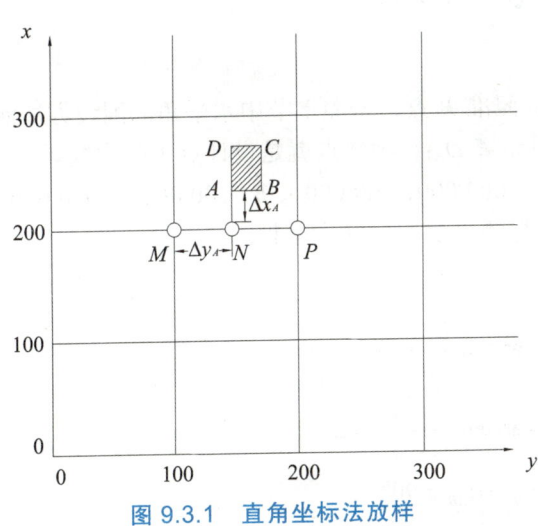

图 9.3.1 直角坐标法放样

9.3.2 极坐标法

极坐标法是在一个控制点上,以已知方向线为起始边,测设一个水平角,并从测站点起在该角度所在前视边方向上测设一段设计距离,来确定设计点的平面位置。

如图 9.3.2 所示,A、B 为已知控制点,其坐标分别为 $A(X_A,Y_A)$,$B(X_B,Y_B)$,点 1 为建筑物的一个角点,其设计坐标为 (X_1,Y_1),现欲采用极坐标法测设出点 1,测设方法如下:

(1)根据坐标反算公式计算放样数据。

$$\left.\begin{array}{l}\alpha_{AB}=\arctan\dfrac{y_B-y_A}{x_B-x_A}\\[2mm]\alpha_{A1}=\arctan\dfrac{y_1-y_A}{x_1-x_A}\\[2mm]\beta=\alpha_{A1}-\alpha_{AB}\end{array}\right\} \quad (9.3.1)$$

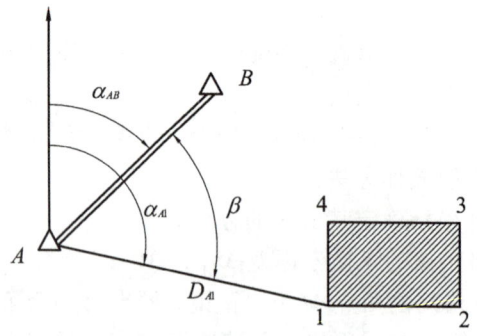

图 9.3.2 极坐标法放样

应当注意,若算得 $\beta < 0°$,则应将 β 加上 $360°$。

$$D_{A1} = \sqrt{(x_1 - x_A)^2 + (y_1 - y_A)^2} \tag{9.3.2}$$

(2)实地测设点1。

在 A 点安置经纬仪,照准 B 点,按照上节中水平角的测设方法测设出 β 角以定出 $A1$ 所在方向,沿此方向上测设距离 D_{A1},则终点就是设计点1的位置。

【例2】 设已知边 $A(600.000, 900.000)$、$B(500.000, 1\,000.000)$,待定点 $P(400.000, 700.000)$。试计算用极坐标测设 P 点的测设数据。

解:

$$\begin{cases} \alpha_{AB} = \arctan\dfrac{y_B - y_A}{x_B - x_A} = 135° \\ \alpha_{AP} = \arctan\dfrac{y_P - y_A}{x_P - x_A} = 225° \\ \beta = \alpha_{Ap} - \alpha_{AB} = 90° \end{cases}$$

$$D_{AP} = \sqrt{(x_P - x_A)^2 + (y_P - y_A)^2} = 282.843 \text{ (m)}$$

9.3.3 角度交会法

角度交会法适用于待测设点离控制点较远或量距较困难的地区。在桥梁等工程中,常采用这种方法测设点位。

角度交会法是在两个已知点上设站,利用设计点与已知点的坐标,计算两个水平角度,根据两个方向线直接交会出点的平面位置。如图 9.3.3(a)所示,A、B 为已有的两个控制点,其坐标已知,待定点 P 的设计坐标也已知。放样前,先按控制点与设计点坐标计算坐标方位角 α_{AP}、α_{BP},再计算水平角 β_1、β_2。测设时,在 A 点安置经纬仪,以 B 点为后视方向,测设 β_1,画出方向13;同时在 B 点安置经纬仪,以 A 点为后视方向,测设 β_2,画出24方向,两方向交点即为 P 点的位置。

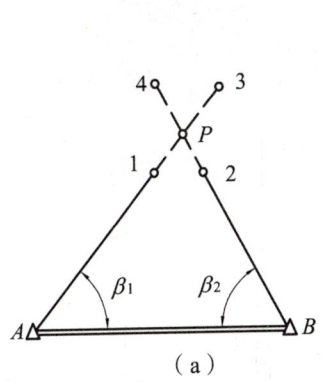
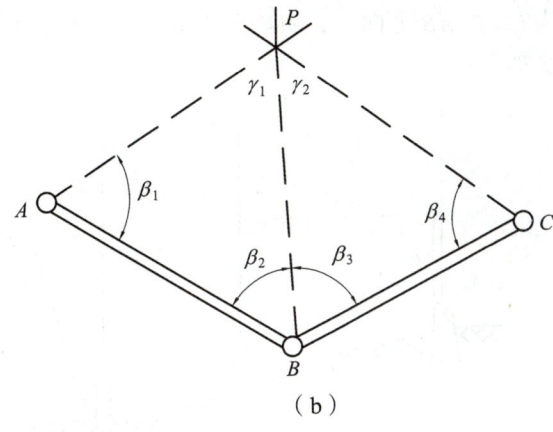

图 9.3.3 角度交会法放样

为提高放样精度，通常用三个控制点三台经纬仪进行交会，如图 9.3.3（b）所示。测设时，在 A、B、C 点各安置一台经纬仪，分别测设 β_1、β_2、β_4 定出三个方向，其交点即为 P 点的位置。由于测设误差的存在，三个方向往往不交于一点，而形成一个误差三角形（称为示误三角形），如果示误三角形最长边不超过 4 cm，则取三角形的重心作为 P 点的最终位置。

9.3.4　距离交会法

距离交会是由两个控制点各测设一段已知水平距离，交会出点的平面位置。距离交会法适用于场地平坦、量距方便，且待测设点与控制点的距离不超过一整尺长的施工场地，一般用于厂房等的放样。

如图 9.3.4 所示，A、B 为已知控制点，P 为待测设点，根据控制点和待测设点的坐标，按坐标反算公式计算出测设距离 D_{AP}、D_{BP}，在实地上用两把钢尺以 A、B 为圆心，分别以 D_{AP}、D_{BP} 为半径在地面上画圆弧，两圆弧的交点，即为 P 点的平面位置。

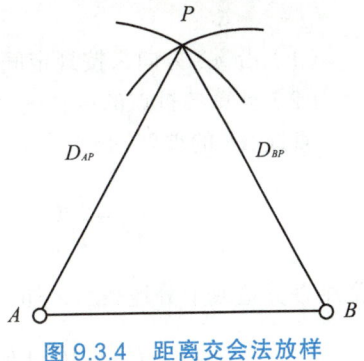

图 9.3.4　距离交会法放样

任务 9.4　测设已知坡度线

坡度线的测设是根据附近水准点的高程、设计坡度和坡度线端点的设计高程，用高程测设的方法将坡度线上各点的设计高程，标定在地面上。在平整场地、敷设管道及修建公路、铁路、渠道等工程时都需要测设给定的坡度线，常用的测设方法有水平视线法和倾斜视线法两种。

9.4.1　水平视线法

如图 9.4.1 所示，A、B 为设计坡度线的两端点，其设计高程分别为 H_A 和 H_B，AB 的设计

坡度为 i，在 AB 方向上，每隔距离 d 定一木桩，要求在木桩上标定出坡度为 i 的坡度线。测设方法如下：

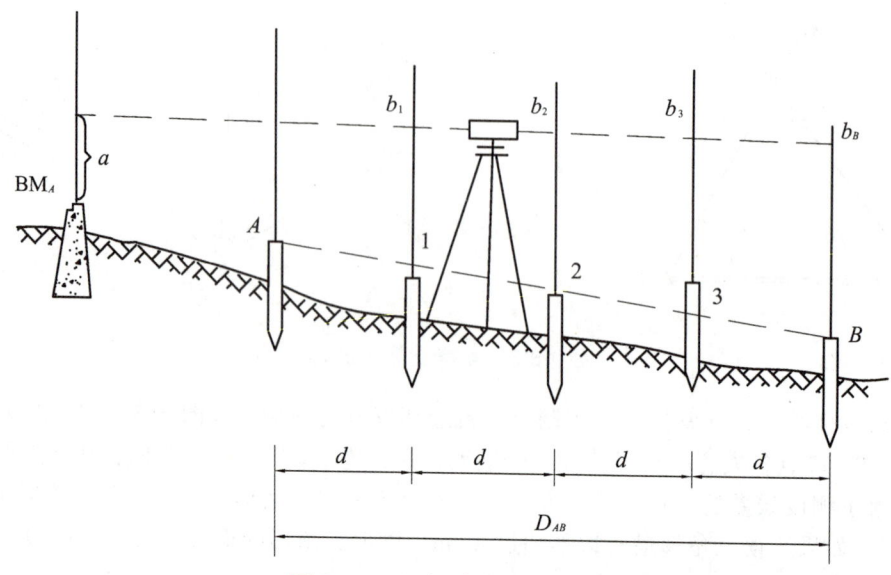

图 9.4.1　已知坡度线的测设

（1）沿 AB 方向，按规定间距 d 标定出中间 1、2、3 各点。
（2）计算各桩点的设计高程：
直线 AB 的坡度 i 是直线两端点的高差 h_{AB} 与其水平距离 D_{AB} 之比，即

$$i_{AB} = \frac{h_{AB}}{D_{AB}} \tag{9.4.1}$$

常用百分地或千分地表示，如 $i=+2\%$（上坡），$i=-2\%$（下坡），则各桩的设计高程计算公式为

$$H_{设} = H_{起} + h_{起设} = H_{起} + i \cdot D \tag{9.4.2}$$

得：第 1 点的设计高程　　　　$H_1 = H_A + i \times d$
　　第 2 点的设计高程　　　　$H_2 = H_1 + i \times d$
　　第 3 点的设计高程　　　　$H_3 = H_2 + i \times d$
　　B 点的设计高程　　　　　$H_B = H_3 + i \times d$
　　或（用于计算检核）　　　　$H_B = H_A + i \times D_{AB}$
坡度 i 有正有负，计算设计高程时，坡度应连同其符号一并运算。
（3）适当位置安置水准仪，后视点上立尺，读取后视读数 a，并计算视线高程 H_1：

$$H_1 = H_{BM_A} + a \tag{9.4.3}$$

（4）根据各桩的设计高程，计算各桩点上水准尺的应读前视数 $b_{应}$：

$$b_{应} = H_1 - H_{设计} \tag{9.4.4}$$

（5）将水准尺分别贴靠在各木桩的侧面，上、下移动尺子，直至尺读数为 $b_{应}$ 时，紧靠水

准尺底面在木桩上画一横线，该线即在 AB 的坡度线上。当木桩无法继续向下打时，可直接读取水准尺桩顶上的读数 b，b 与 $b_{应}$ 之差即为该桩处的填挖土高度。

9.4.2　倾斜视线法

如图 9.4.2 所示，A、B 为坡度线的两端，其水平距离为 D，A 点的高程为 H_A，要沿 AB 方向测设一条坡度为 i 的坡度线。测设方法如下：

（1）先根据 A 点的高程 H_A，已知坡度线的坡度 i 和 AB 的水平距离 D，计算 B 点的设计高程 H_B，即

$$H_B = H_A + i \times D \tag{9.4.5}$$

按高程放样的方法，将坡度线 A、B 两端点的设计高程测设在地面木桩上。

（2）将水准仪安置在 A 点上，使基座上一个脚螺旋在 AB 方向上，其余两个脚螺旋的连线与 AB 方向垂直，量取仪器高 i。

（3）旋转 AB 方向上的脚螺旋或微倾螺旋，使十字丝横丝对准 B 点水准尺上等于仪器高 i 处。此时，视线与设计坡度线平行。

（4）在中间各点 1、2、3 的木桩侧面立尺，上、下移动水准尺，直至尺上读数等于仪器高 i 时，沿尺子底部在木桩上画一横线，则各桩横线的连线即为设计坡度线。

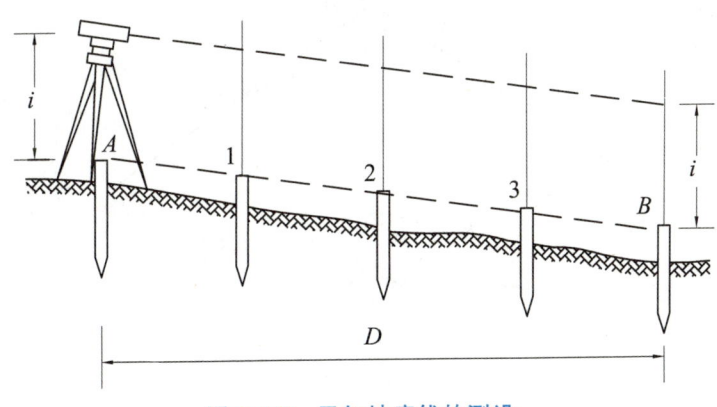

图 9.4.2　已知坡度线的测设

当设计坡度较大时，可用经纬仪代替水准仪。

任务 9.5　测设圆曲线

铁路、公路、渠道等线路由一个直线方向转至另一直线方向时（其转折点称为交点，以 JD 表示），必须用平面曲线来连接。曲线的形式较多，其中圆曲线是最基本的一种平面曲线。圆曲线的测设分两步进行，先测设曲线上起控制作用的主点（曲线起点 ZY、中点 QZ、终点 YZ），称为主点测设；然后以主点为基础，详细测设曲线上其他细部点，称为详细测设。本

任务只介绍主点测设，详细测设在后续工程测量教材中介绍。

9.5.1 圆曲线主点的测设

1. 曲线主点测设元素计算

如图 9.5.1 所示，交点 JD 的转折角 α（前一直线的延长线与后一直线的夹角，在延长线左侧的为"偏左"，在右侧的为"偏右"）与圆曲线的设计半径 R 为已知，圆曲线的测设元素计算如下：

切线长　　　$T = R\tan\dfrac{\alpha}{2}$ 　　　　　　　　　　　　　　　　　　　　（9.5.1）

曲线长　　　$L = R\alpha\dfrac{\pi}{180}$ 　　　　　　　　　　　　　　　　　　　　（9.5.2）

外矢距　　　$E = R\left(\sec\dfrac{\alpha}{2} - 1\right)$ 　　　　　　　　　　　　　　　　　（9.5.3）

切曲差　　　$q = 2T - L$ 　　　　　　　　　　　　　　　　　　　　　　　（9.5.4）

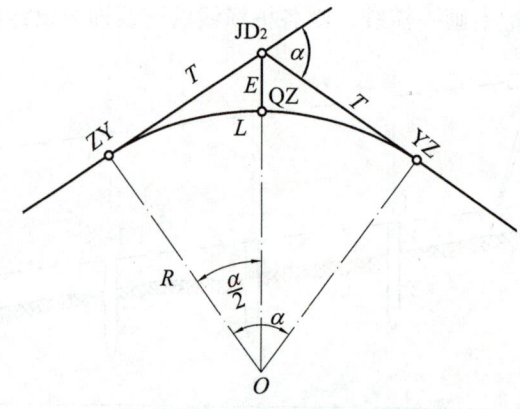

图 9.5.1　圆曲线主点的测设

【例 1】　如图 9.5.1 所示，若圆曲线的半径 $R = 100$ m，测得转折角 $\alpha = 23°20'$（偏右），求圆曲线各要素。

解：由式（9.5.1）~（9.5.4）求得

$$T = 100\tan\dfrac{23°20'}{2} = 20.65 \text{（m）}$$

$$L = 100 \times \dfrac{\pi}{180} \times 23°20' = 40.72 \text{（m）}$$

$$E = 100 \times \left(\sec\dfrac{23°20'}{2} - 1\right) = 2.11 \text{（m）}$$

$$q = 2 \times 20.65 - 40.72 = 0.58 \text{（m）}$$

2. 圆曲线主点桩号的计算

线路测量中,路线上的点号通常用该点距线路起点的里程来表示,点号又叫做里程桩号。线路起点的里程桩号为 0 + 000,"+"号前为千米数,"+"号后为米数,以后各点均以离起点的距离作为其桩号,例如某点的桩号为 2 + 360,表示该点离起点的距离为 2 360 m。交点的桩号可由中线测量得到,根据交点的桩号和曲线元素,可计算出各主点的桩号。由图 9.14 可以看出:

$$ZY_{点桩号} = JD_{点桩号} - T \tag{9.5.5}$$

$$QZ_{点桩号} = ZY_{点桩号} + \frac{L}{2} \tag{9.5.6}$$

$$YZ_{点桩号} = QZ_{点桩号} + \frac{L}{2} \tag{9.5.7}$$

为了避免计算中的错误,可用下式进行计算检核

$$JD_{点桩号} = YZ_{点桩号} - T + q \tag{9.5.8}$$

【例 2】 如图 9.5.1 所示,若路线转折点 P 的里程桩号为 4 + 238.89,试求主点的里程。

解: 按主点桩号计算公式得

$$ZY_{点桩号} = JD_{点桩号} - T = K4 + 218.24 \text{ m}$$

$$QZ_{点桩号} = ZY_{点桩号} + \frac{L}{2} = K4 + 238.60 \text{ m}$$

$$YZ_{点桩号} = QZ_{点桩号} + \frac{L}{2} = K4 + 258.96 \text{ m}$$

检核: $\quad JD_{点桩号} = YZ_{点桩号} - T + q = K4 + 238.89 \text{ m}$

3. 圆曲线主点的测设

圆曲线桩号和主点桩号计算无误后,即可进行圆曲线主点测设,测设方法如下:

(1)用经纬仪测设。

在实地测设曲线上各个主点时,在交点 JD 上安置经纬仪,照准相邻后交点方向,自测站起沿该方向量取切线长 T,得曲线起点 ZY,打一木桩,标明桩号;照准相邻前交点方向,自测站起沿该方向量取切线长 T,得曲线终点 YZ,打一木桩,标明桩号;然后仍照准前交点方向,配置水平度盘读数为 0°,顺时针转动照准部,使水平度盘读数为平分角值 $\beta = (180° - \alpha)/2$,沿此向量取外矢距 E,方得曲线中点 QZ,打一木桩,标明桩号。

(2)用全站仪测设。

利用全站仪测设圆曲线,具有速度快、精度高、现场条件适应性强的特点,因此得到了广泛应用。全站仪测设圆曲线的方法仍然是极坐标法。测设时,仪器安置在平面控制点或线路交点上,输入测站点坐标和后视点坐标(或后视方位角),再输入放样点的坐标,仪器即自动计算出测设角度和距离,据此进行放样。下面介绍放样点(主点)坐标的计算方法。

如图 9.5.2 所示,设 JD_1、JD_2、JD_3 的坐标分别为 (x_1, y_1)、(x_2, y_2)、(x_3, y_3),JD_2 至

JD_1、JD_3 及圆心 O 的方位角分别为 α_{2-1}、α_{2-3} 及 α_{2-O}，则

$$\alpha_{2-1} = \arctan \frac{y_1 - y_2}{x_1 - x_2} \tag{9.5.9}$$

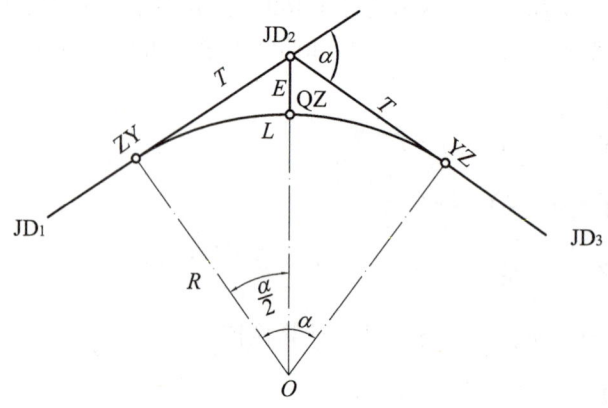

图 9.5.2　曲线点坐标计算

$$\alpha_{2-3} = \arctan \frac{y_3 - y_2}{x_3 - x_2} \tag{9.5.10}$$

$$\alpha_{2-O} = \alpha_{2-1} \pm (180° - \alpha)/2 \tag{9.5.11}$$

式中，α 为线路转折角；当线路左转时，"±"中取"+"号，右转时取"-"号。于是三主点的坐标为

$$\left. \begin{array}{l} X_{ZY} = x_2 + T\cos\alpha_{2-1} \\ Y_{ZY} = y_2 + T\sin\alpha_{2-1} \end{array} \right\} \tag{9.5.12}$$

$$\left. \begin{array}{l} x_{YZ} = x_2 + T\cos\alpha_{2-3} \\ y_{YZ} = y_2 + T\sin\alpha_{2-3} \end{array} \right\} \tag{9.5.13}$$

$$\left. \begin{array}{l} x_{QZ} = x_2 + E\cos\alpha_{2-O} \\ y_{QZ} = y_2 + E\sin\alpha_{2-O} \end{array} \right\} \tag{9.5.14}$$

小　结

本项目是施工测量的基础。通过本项目的学习，应明确施工测量的任务和精度要求，熟练掌握三项基本测设工作、平面点位测设的几种方法、坡度线测设方法、圆曲线主点测设方法。各种测设中，放样数据的准备是前提，因此放样数据的计算必须熟练掌握。

思考题

9-1　施工测量的任务是什么？

9-2　基本测设工作有哪些？如何测设已知水平距离、已知水平角和已知高程？

9-3　测设点位的方法有哪几种?各适用于什么场合？

9-3　用水准仪按倾斜视线法测设已知坡度线时，对仪器的安置有何要求？

9-4　什么是圆曲线的主点？圆曲线元素有哪些？如何测设圆曲线的主点？

习　题

9-1　先用一般方法测设一直角 $\angle ABC$，再进行多测回观测得其角值为 $90°00'18''$，已知 BC 距离为 100.000 m，试计算改正该角值的垂距，改正的方向是向内还是向外？

9-2　设水准点 A 的高程为 583.163 m，现要测设高程为 583.000 m 的 B 点，仪器安置在 AB 两点之间，在 A 尺上读数为 1.219 m，则 B 尺上读数应为多少？如何进行测设？

9-3　已知 A、B 两点的坐标分别为（x_A = 1 897.710 m，y_A = 759.314 m）、（x_B = 1 842.802 m，y_B = 800.024 m）。设计点 P 的坐标为（x_P = 1 865.611 m，y_P = 759.305 m），试分别用极坐标法、角度交会法及距离交会法计算测设 P 点所需的放样数据。

9-4　要在 AB 方向测设一条坡度为 -2% 的坡度线，已知 A 点的高程为 736.425 m，AB 之间的水平距离为 100 m，则 B 点的设计高程应为多少？

9-5　已知线路交点的里程桩号为 6 + 342.674，线路转折角（右角）为 $25°18'$，圆曲线设计半径为 300 m，试计算圆曲线元素和各主点里程，并说明主点测设步骤。

参考文献

[1] 武汉测绘科技大学测量学编写组（陆国胜修订）. 测量学：第 3 版[M]. 北京：测绘出版社，1994.
[2] 李天和. 工程测量学（非测绘类）[M]. 郑州：黄河水利出版社，2006.
[3] 李天和. 地形测量[M]. 重庆：重庆大学出版社，2009.
[4] 覃辉，唐平英，余代俊. 土木工程测量：第 2 版[M]. 上海：复旦大学出版社，2005.
[5] 李天和. 地形测量[M]. 郑州：黄河水利出版社. 2012.
[6] 中华人民共和国国家质量监督检验检疫总局，国家标准化管理委员会. 国家基本比例尺地形图图式第 1 部分 1∶500、1∶1 000、1∶2 000 地形图图式：GB/T 20257.1—2017[S]. 北京：测绘出版社，2007.
[7] 国家技监局. 国家基本比例尺分幅与编号：GB/T 13989—2012[S]. 北京：中国标准出版社，1993.
[8] 中华人民共和国国家质量监督检验检疫总局，国家标准化管理委员会. 数字测绘成果质量检查与验收：GB/T 18316—2008 [S]. 北京：中国标准出版社，2008.
[9] 杨中利，汪仁银. 工程测量[M]. 北京：中国水利水电出版社，2007.
[10] 覃辉. 测量学[M]. 北京：中国建筑工业出版社，2007.
[11] 武汉测绘科技大学测量学编写组. 测量学[M]. 北京：测绘出版社，2000.
[12] 蓝善勇，王万喜，鲁有柱. 工程测量[M]. 北京：中国水利水电出版社，2009.
[13] 甄红锋，崔德芹. 建筑工程测量[M]. 郑州：黄河水利水电出版社，2010.
[14] 顾孝烈，鲍峰，程效军. 测量学：第 4 版[M]. 上海：同济大学出版社，2011.
[15] 何习平. 测量技术基础：第 3 版[M]. 重庆：重庆大学出版社，2013.
[16] 靳祥升. 测量平差：第 2 版[M]. 郑州：黄河水利出版社，2010.
[17] 何保喜. 全站仪测量技术[M]. 郑州：黄河水利出版社，2005.